高等职业技术教育机电类专业系列教材

电 工 基 础

第2版

主　编　储克森

副主编　眭　玲

参　编　王秋根　余丙荣

　　　　李　程

主　审　周元一

机 械 工 业 出 版 社

本教材是高等职业技术教育系列教材《电工基础》的修订本。修订时考虑到当前生源的多元性和适应现代职教体系的发展，教材基本内容突出实用性，以必需、够用为度，讲述电工技术中电路与磁路的基本概念，基本规律和基本分析方法。

主要内容有直流电路、电容、电感、正弦交流电路、互感耦合电路、磁路与铁心线圈电路等。

本书可作为高等职业院校电气自动化、机电一体化、生产过程自动化等电类专业教学教材，也可作为各类成人高等专科院校电类专业教材，并可供工程技术人员参考。

图书在版编目（CIP）数据

电工基础/储克森主编．—2版．—北京：机械工业出版社，2007.6（2025.5重印）

高等职业技术教育机电类专业系列教材

ISBN 978-7-111-12757-4

Ⅰ．电…　Ⅱ．储…　Ⅲ．电工学-高等学校：技术学校-教材　Ⅳ．TM1

中国版本图书馆CIP数据核字（2007）第040979号

机械工业出版社（北京市百万庄大街22号　邮政编码100037）
责任编辑：于　宁　版式设计：霍永明　责任校对：李秋荣
封面设计：鞠　杨　责任印制：单爱军
北京盛通数码印刷有限公司印刷
2025年5月第2版第18次印刷
184mm×260mm・13.5印张・328千字
标准书号：ISBN 978-7-111-12757-4
定价：39.80元

电话服务　　　　　　　　网络服务
客服电话：010-88361066　机　工　官　网：www.cmpbook.com
　　　　　010-88379833　机　工　官　博：weibo.com/cmp1952
　　　　　010-68326294　金　书　网：www.golden-book.com
封底无防伪标均为盗版　　机工教育服务网：www.cmpedu.com

前　言

本书是高等职业技术教育系列教材《电工基础》的修订本。为使课程教学内容更好地适应高职高专教育的培养目标，修订本在保证基本内容、基本原理和基本分析方法的前提下，着重强调实际工程应用能力的培养，突出基本思路与方法的介绍。在习题的内容及要求上作了筛选，删去了一些过分强调技巧或较繁琐的题目。

本教材基本内容包括电路的基本概念和基本定律，直流电阻电路的分析，电容、电感，正弦交流电路，互感耦合电路，磁路与铁心线圈电路等。除基本内容外，书中还编入了四章标有“△”号的内容，可供不同专业选用；同时也是为满足想继续学习深造同学学习的需要。此外，书中还编写了六篇“阅读与应用”课题，以拓宽学生的知识面。

本教材在编写时，考虑到高等职业教育的特点，力图做到“必需、够用、实用、能用”，着重讲述基本概念、基本规律，注重讲解基本分析方法和培养学生分析问题和解决问题的能力。书中有典型例题，各章附有丰富的思考题和习题，便于学生掌握和巩固所学知识，**且章后思考题和习题按节编排**，便于老师课后布置作业和学生课前预习。

本教材由安徽机电职业技术学院副教授周元一担任主审并编写了第四、十章；安徽机电职业技术学院储克森编写了第一、三章；余丙荣编写了第二章；眭玲编写了第五、六章；王秋根编写了第七、八章；安徽扬子职业技术学院李程编写了第九、十一章。全书由储克森统稿。

为了便于教师教学和学生自学，本书配有助教盘，内容包括电子教案、教学参考（本章重点与难点、有关内容的说明、解题举例和习题答案）和模拟试卷，凡选用本书作为授课用书的学校，均可免费索取，咨询电话：010－88379375。

本教材在编写时，参阅了许多同类教材和资料，得到了不少启发和教益，在此向编著者致以诚挚的谢意。

本教材于2013年被评为安徽省“十二五”规划教材（皖教［2013］11号）。

真诚希望各位同行专家及广大读者在使用本教材时，对书中存在的不足和错误，予以批评指正。

编　者

目　　录

绪　论

电能的应用极其广泛，它是全球可持续发展的关键，是当前网络世界的前提，是现代工业、农业、国防、交通、商业、通信及科研等部门所依赖的能源。

电能之所以得到广泛的应用，是因为它具有易于转换、便于输送和控制三大优点，这是其他能源无可比拟的。

新世纪将是高新技术产业发展的时代，电气化、信息化将渗透到各行各业中，这就要求从事电气专业的高、中级技术人才牢固掌握电工技术，以适应形势发展的需要。

电工基础是电气专业的一门重要技术基础课，其任务是使电气专业的高、中级技术人员获得电工技术的基本理论、基本知识、基本技能，为进一步学习专业基础课及专业课打下必要的基础。同时，通过电工技术基础课程的学习，使学员们树立辩证唯物主义的观点和实事求是的科学态度，培养分析问题和解决问题的能力。

电工技术基础是一门理论与实践相结合的课程。学习这门课程时，首先要注意掌握基本概念，理解这些概念的物理意义，弄清各个概念间的区别与联系；第二是要掌握电路和磁路的基本定律和定理，理解这些定律和定理所反映的客观规律及使用条件；第三是要逐步学会分析和解决电工技术问题的原理和方法，学会把复杂的问题化解为若干简单的问题来解决。

教材各章后编排了适当数量的思考题与习题，同学们要在理解基本理论的基础上，独立完成一定数量的习题，通过做习题，可以巩固和加深对所学理论的理解，并培养分析能力和运算能力。

学习电工基础课程的同时，必须同步开设一定数量的电工技术实验。通过实验可以训练操作技能，学会正确使用常用电工仪表、电工仪器及电气设备；通过实验可以培养实践能力和严谨的科学作风；通过实验也可巩固所学的理论。

随着电工技术的发展，电路元件的概念、电路分析的理论和方法将有新的发展，更为广阔的、日新月异的领域还有待大家去学习和探索。

第一章　电路的基本概念和基本定律

所有电气设备的运行都必须有电流的作用。产生电流的一个必要条件就是要构成闭合电路。电路是电工技术的主要研究对象，为了对各种电路进行分析和研究，必须熟悉电路的基本概念和基本规律。学好本章内容，是为以后各章的学习打下良好的基础。

第一节　实际电路和电路模型

一、实际电路的构成和作用

实际电路是为了实现某种特定要求，由电源设备、用电器具、导线等相互连接而构成的，它提供了电流流通的路径。图 1-1 和图 1-2 所示的就是两个实际电路的例子。

图 1-1 是手电筒电路。开关 S 合上后，随着电流的通过，电池将非电能——化学能转换成电能，沿着导电的筒壁将电能传送给电珠，电珠将它吸收的电能转换成所需的非电能——光能。电工技术中，把提供电能的设备或器件称为“电源”，如图 1-1 中的干电池 E 就是电源；把吸取电能的设备或器件称为“负载”，如图 1-1 中的电珠 R 就是负载。电力系统中，发电厂的发电机组就是电源，经传输线将电能传送到各用电单位。这一类电路的作用是进行能量的转换、传输和分配。

图 1-2 是一个最简单的收音机电路。该电路将施加的电信号——线圈感应出的电压，经过处理变换成耳机所需要的电信号，该电信号是电路的输出信号。这一类电路主要作用是对电信号的处理和传递。通常把输入信号称做“激励”，把输出信号称做“响应”。电信系统进行的也是类似的处理，不过它也是一个很复杂的实际电路。

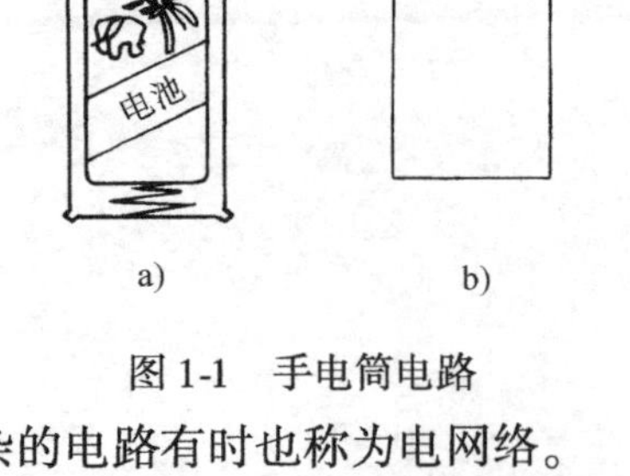

图 1-1　手电筒电路

图 1-2　简单收音机电路

复杂的电路有时也称为电网络。

在其他一些场合，如自动控制设备、计算机等方面，为了实现不同要求有各式各样的具体电路。

二、电路模型

为了便于研究各类具体电路，在电工技术中，常用一些理想电路元件及其组合来表征电气设备和器件的主要电性能。表 1-1 中列出了常用的几种理想电路元件及其图形符号。所谓理想电路元件，就是把实际电路元件忽略次要性质，只表征它的主要电性能的“理想化了”的“元件”。

表 1-1　常用的几种理想电路元件及其图形符号

元件名称	图形符号	元件名称	图形符号
电阻	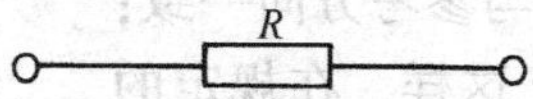	电池[①]	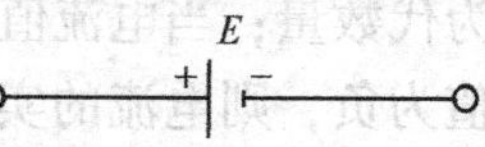
电感	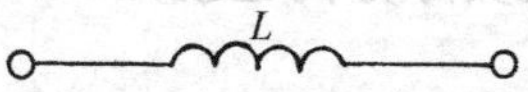	理想电压源	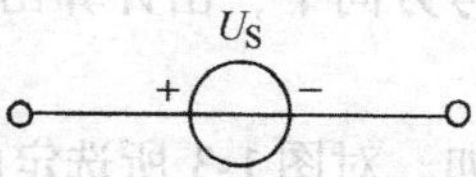
电容	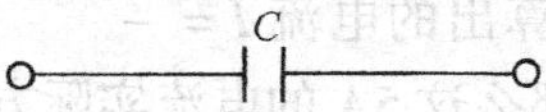	理想电流源	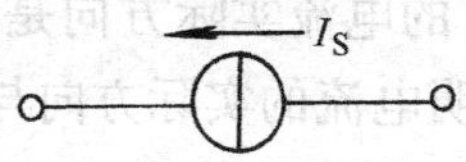

① 电池是具体实物，不是理想电路元件，如果不考虑内阻，可视为理想直流电压源。

用理想元件及其组合代替实际电路中的电气设备和器件，便形成该实际电路所对应的由理想电路元件构成的“电路模型”。

今后本书中未加特殊说明时，我们所说的电路均指这种抽象的电路模型，所说的元件均指理想元件。

第二节　电流、电压及其参考方向

不论电能的输送和转换，还是信号的传递和处理，常离不开电流和电压这两个物理量。所以在对电路进行分析或计算之前，需要再认识一下这两个基本物理量。电流和电压在物理学中已经讲过，这里再认识，是要强调它们的参考方向。

一、电流 I

电荷的定向运动形成电流。单位时间内通过导体截面的电荷量定义为电流。在金属导体内，电流是自由电子的定向运动形成的，习惯上将正电荷移动的方向规定为电流的实际方向。

对直流电流

$$I = \frac{Q}{t} \tag{1-1}$$

对交流电流

$$i = \frac{dq}{dt} \tag{1-2}$$

式中，I 和 i 分别为直流电流和交流电流；Q 和 dq 分别为在时间 t 和 dt 内通过导体的电荷量。

在国际单位制中，电荷量的单位是库（C）；时间的单位是秒（s）；电流的单位是安

(A)；电流的倍数单位有千安（kA）及毫安（mA）等。

$$1kA = 10^3 A \qquad 1mA = 10^{-3} A$$

在电路中，有时对电流的实际方向很难预先准确判断；有时电流的实际方向随时间在不断地变化，如交流电流就是这样。这就是说，在电路中难以标出电流的实际方向，为了分析与计算方便，引入了电流“参考方向”。

如图 1-3 所示，图中箭头是任意指定的该段电路中电流的“参考方向”，这个方向不一定就是电流的实际方向。在规定了参考方向后，电流成为代数量；当电流值为正，则电流的实际方向与参考方向一致；当电流值为负，则电流的实际方向与参考方向相反。这样，在规定的电流参考方向下，由计算出的电流值的正负，电流的实际方向也就知道了。

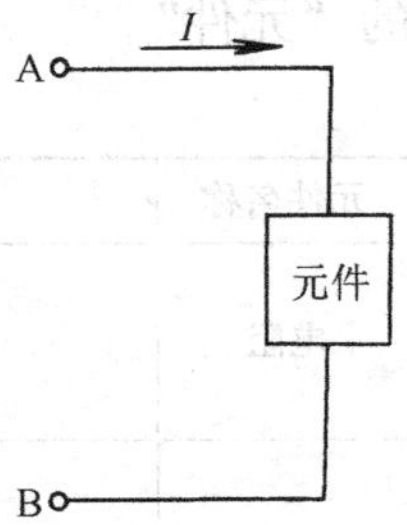

图 1-3 电流参考方向

例如，对图 1-3 所选定的电流参考方向下，已算出电流 $I=5A$，可知这 5A 的电流实际方向是由 A 端流向 B 端；如果算出的电流 $I=-5A$，说明电流的实际方向与选定的参考方向相反，那么这 5A 的电流实际方向是从 B 端流向 A 端。

必须指出，电流的参考方向可以任意假定，而电流的实际方向是客观存在的，不会因参考方向选取不同而改变。今后电路图上所标定的都是任意选取的电流参考方向。本书将电流的（参考）方向标在所流经的电路段的旁侧。

[例 1-1] 如图 1-4 所示的一段电路上的电流参考方向已选定，对图 1-4a，已知 $I_A=-10A$；对图 1-4b，已知 $I_B=8A$，试指出各图中电流的实际方向。

解：对图 1-4a，$I_A<0$，电流实际方向与参考方向相反，电流实际方向由 B 端流向 A 端；对图 1-4b，$I_B>0$，电流实际方向与参考方向相同，电流实际方向由 C 端流向 D 端。电流实际方向是不必在图上标出的。

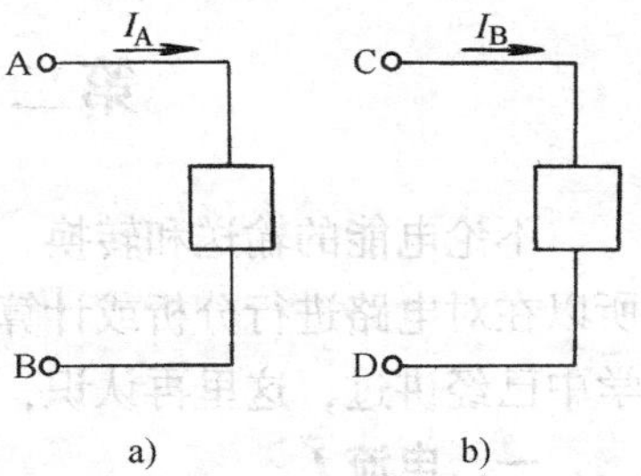

图 1-4 例 1-1 图

二、电压 U

电荷在电场力作用下形成电流。在这个过程中，电场力推动电荷运动做功。为了表示电场力对电荷做功的能力，我们引入“电压”这个物理量。

如图 1-5 所示的一段电路中，若正电荷 Q 在电场力作用下从 A 点运动到 B 点时，电场力做的功是 W，则 A、B 两点之间的电压 U_{AB}定义为

$$U_{AB} = \frac{W}{Q} \tag{1-3}$$

从数值上看，A、B 之间的电压就是电场力把单位正电荷从 A 点移动到 B 点所做的功。在国际单位制中，电荷的单位是库仑（C），功的单位是焦耳（J），电压的单位是伏特（V），电压的倍数单位是千伏（kV）及毫伏（mV）等。

$$1kV = 10^3 V \qquad 1mV = 10^{-3} V$$

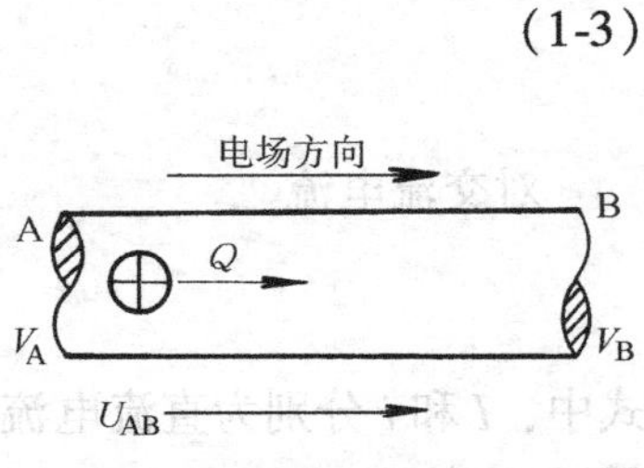

图 1-5 电压的概念

电压也是有方向的，电压的实际方向是电场力移动正电

荷的方向，如图 1-5 所示。

有时，电压的实际方向在电路中很难标出。和对待电流一样，可以在所研究的电路两点之间任意选定一个方向作为“参考方向”，在电压参考方向下，再依据电压值的正负，就可以确定电压的实际方向。电压实际方向不必标出。两点间电压的标法可以用箭头，也可用正负号，本书一般情况下用箭头来标注参考方向。

如图 1-6 所示，在一段电路上选定电压的参考方向由 A 点指向 B 点。若某一电压值大于零（$U>0$），则电压的实际方向与参考方向相同；如果某电压值小于零（$U<0$），则该电压的实际方向与参考方向相反。电压实际方向是客观存在的，它不因电压参考方向的选取不同而改变。由上述可知，若采用双下标来写电压，则 $U_{AB}=-U_{BA}$。

［例 1-2］ 如图 1-6 所示的电压参考方向下，若已知 $U=-100V$，试回答电压的实际方向。

解：因为 $U<0$，所以电压的实际方向与参考方向相反，即由 B 点指向 A 点。

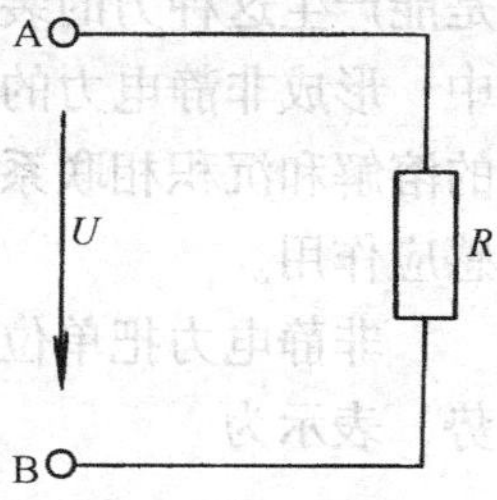

图 1-6 电压参考方向

三、电位 *V*

除电压之外，在电路分析中常使用电位 V 这个物理量（在物理学中，把电位称为电势）。在电路中若指定某点（可任意选取）为参考点，如 O 点，电路中其他点，如 A 点，把 A 点到 O 点之间的电压称为 A 点的电位，即

$$V_A=U_{AO}$$

电路中某点的电位就是该点到参考点之间的电压，这就是说，求电位的问题实质上就是求电压的问题。

电位参考点也称零电位点，即 $V_O=0$。电路中的参考点可以任意选取，但同一电路中只能选一个参考点（如接地点或设备的外壳）。当电位参考点确定后，电路中各点的电位也只有一个数值，称为“电位单值性”。电位比零电位点高的点为正电位点，电位比零电位点低的点称为负电位点。

下面简要说明一下，电路中任意两点 A 和 B 的电位（V_A 和 V_B）与这两点间的电压（U_{AB}）的关系。

如图 1-7 所示的一段电路中，取 O 为电位参考点，图中符号（⊥）表示接地。由电位定义可知

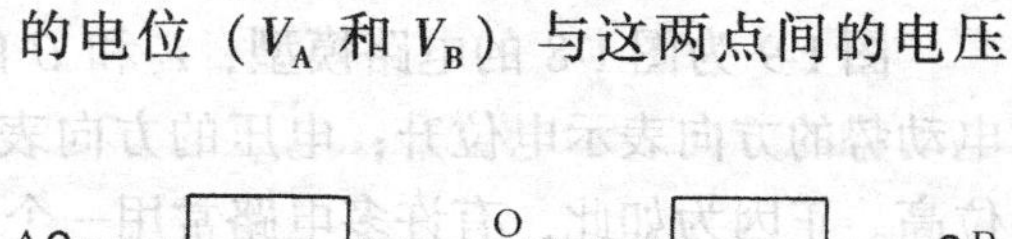

$$V_A=U_{AO} \qquad V_B=U_{BO}$$

图 1-7 电压与电位差

则两点电位之差为

$$V_A-V_B=U_{AO}-U_{BO}=U_{AO}+U_{OB}=U_{AB}$$

这里的 $U_{AO}+U_{OB}$ 就是将单位正电荷从 A 点经 O 点移到 B 点电场力做的功，也就是 A、B 两点间的电压，可写成

$$U_{AB}=V_A-V_B \tag{1-4}$$

这就是说，某两点间的电压，就是该两点电位之差。一般电压用两个字母标注下脚，电位用一个字母标注下脚。不难看出电位的单位和电压一样，也是伏（V）。在引入电位概念

后，就可以说，电压的实际方向是由高电位点指向低电位点。

需要指出：当所选的电位参考点变动时，各点的电位值也相应地变动，但电路中两点间的电压不会改变，这一点不难理解，各点电位值作相同的变化，不会影响它们的差值。

四、电动势*E*

图 1-8 所示的两个电极 A 和 B，A 带正电称为正极，B 带负电称为负极，电荷在 A、B 间的电场中受到电场力的作用。用导线经过负载把 A、B 两极连接起来，在电场力的作用下，正电荷沿着导线从 A 移到 B，形成了电流 I。随着正电荷不断地从 A 移到 B，A、B 两极间的电场逐渐减弱，以至消失，这样，导线中的电流也会减至零。为了维持连续不断的电流，必须保持 A、B 间有一定的电位差，即保持一定的电场。这就需要有一种力来克服电场力把正电荷不断地从 B 极移到 A 极去。电源就是能产生这种力的装置，这种力称为非静电力。不同类型的电源中，形成非静电力的过程不同。在干电池中，非静电力是与离子的溶解和沉积相联系的化学作用；在发电机中，非静电力是电磁感应作用。

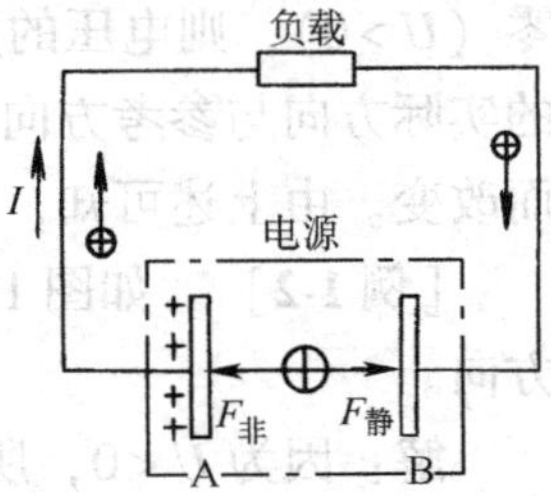

图 1-8　非静电力做功的示意图

非静电力把单位正电荷从电源的负极移到正极所做的功称为电源的电动势。对直流电动势，表示为

$$E=\frac{W}{Q} \tag{1-5}$$

电动势的单位也是伏（V）。

电动势的实际方向习惯规定为从电源的负极指向其正极，即从低电位点指向高电位点。

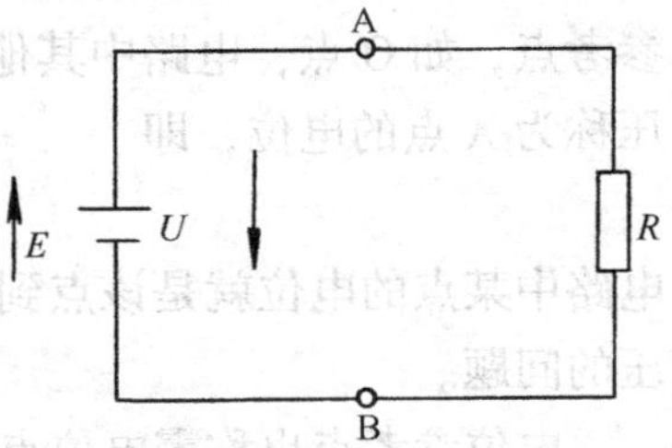

图 1-9　电动势与电压的关系

电动势与电压是两个不同的概念，但是，都可以用来表示电源正负极之间的电位差。且从电源对外部电路所表示的客观效果来看，既可用正、负极间的电动势来表示，也可用其间的电压来表示，但要注意两者的区别和联系。

图 1-9 为图 1-8 的电路模型，E 和 U 的方向刚好相反。这是因为它们的物理意义不同：电动势的方向表示电位升；电压的方向表示电位降，但它们反映的都是 A 点电位比 B 点电位高。正因为如此，有许多电路常用一个与电源电动势大小相等、方向相反的电压来表示电源。

第三节　电 阻 元 件

一、电阻与电阻元件

电流在导体中流动通常要受到阻碍作用，反映这种阻碍作用的物理量称为电阻。在电路图中常用“理想电阻元件”来反映物质对电流的这种阻碍作用。电阻元件的图形符号如图 1-10 所示，文字符号用 R 表示。

图 1-10　电阻元件符号

就长直导体而言，在一定温度下，电阻值可用下式计算

$$R = \rho \frac{l}{S} \tag{1-6}$$

式中　l——导体长度（m）；

S——导体截面积（m^2）；

ρ——材料的电阻率（Ω·m）。

电阻 R 的单位是欧（Ω），电阻的倍数单位有千欧（kΩ）、兆欧（MΩ）等。几种常见金属材料的电阻率见表 1-2。

$$1M\Omega = 10^3 k\Omega = 10^6 \Omega$$

电阻的倒数称为电导，用 G 表示，即 $G = 1/R$，电导的单位为西门子（S）。

表 1-2　几种常用金属材料的电阻率及电阻温度系数

材料名称	电阻率（ρ）/Ω·m（20℃时）	平均电阻温度系数（α）/（1/℃）（0～100℃）
银	1.59×10^{-8}	0.0038
铜	1.69×10^{-8}	0.0040
铝	2.65×10^{-8}	0.00423
铁	9.78×10^{-8}	0.0050
钨	5.48×10^{-8}	0.0045
钢	$(1.3\sim2.5)\times10^{-7}$	0.006
康铜	$(4\sim5.1)\times10^{-7}$	0.000005
锰铜	4.2×10^{-6}	0.000006
黄铜	$(7\sim8)\times10^{-6}$	0.002
镍铬合金	1.1×10^{-6}	0.00015
铁铬合金	1.4×10^{-6}	0.00028

二、电阻元件的电压、电流关系

如图 1-11 所示，电阻元件两端加电压 u，通过电阻元件的电流为 i，它们的参考方向一致，如图上所标。电压和电流选取这样相互一致的参考方向称为“关联参考方向”。

电阻元件的电气特征可以通过电压 u 和电流 i 之间的函数关系来表达，即

$$u = f(i) \tag{1-7}$$

或

$$i = F(u) \tag{1-8}$$

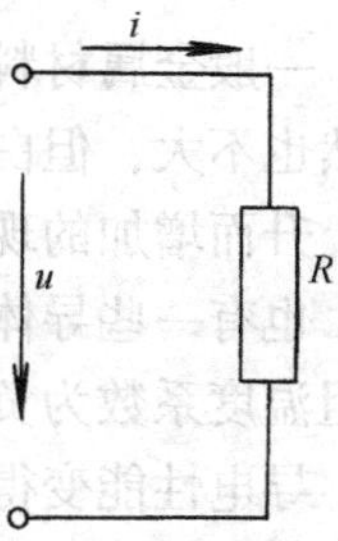

图 1-11　关联参考方向

电压和电流的这种函数关系称为“伏—安特性”。伏安特性通常是由实际电阻通过实验取得数据将其绘成曲线，称为“伏—安特性曲线”。电阻元件的伏—安特性曲线是通过 $u-i$ 直角坐标系原点的曲线。图 1-12 是一组通过原点的直线，表示这些电阻元件上的电压与电流成正比，即

$$u = Ri \tag{1-9}$$

或

$$i = \frac{u}{R} \tag{1-10}$$

可以说 R 是 u、i 函数关系中的一个系数，由图 1-12 可见，不同的电阻值，只是直线的斜率不同，即

$$\tan\alpha = \frac{u}{i} = R \tag{1-11}$$

若电阻元件的伏—安特性曲线是一条通过原点的直线，则称为“线性电阻元件”，电阻值是一个常数，与 u 或 i 的数值大小无关。在图 1-12 中，可知 $R_1 > R > R_2$。

图 1-13 所示的一组伏—安特性曲线，不是通过原点的直线，这种电阻元件称为“非线性电阻元件”。非线性电阻伏安关系只能用式（1-7）或式（1-8）表示，而不能用式（1-9）或式（1-10）表示。

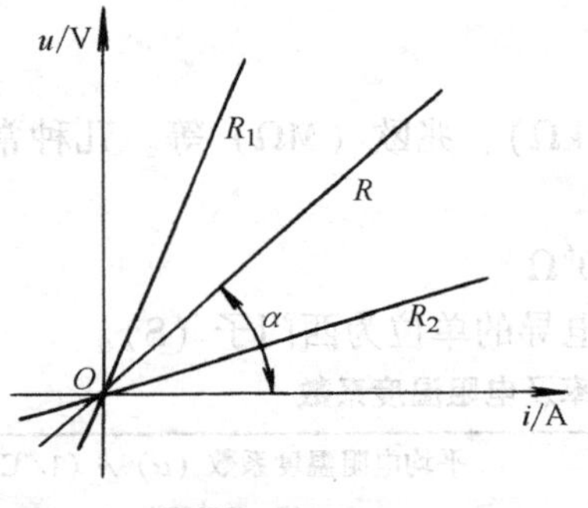

图 1-12　线性电阻伏-安特性曲线

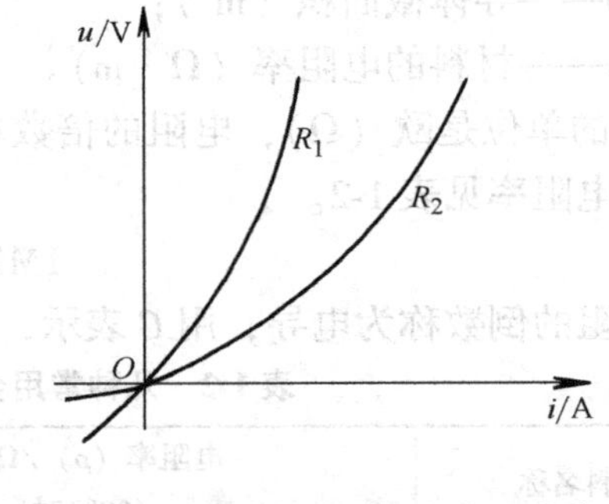

图 1-13　非线性电阻伏-安特性曲线

三、电阻值与温度的关系

通过实验可以发现，导体的温度变化，电阻值也跟着起变化。如一般金属材料，温度升高后，导体的电阻值会增加。这是因为温度升高会使导体分子的热运动加剧，自由电子在导体中的碰撞、摩擦增多，所以电阻值也就增大了。

各种导电材料的电阻随温度变化的情况是不一样的。我们取电阻值为 1Ω 的导电材料，测量它的温度变化 1℃时电阻的变化值，并把这个数值称为“电阻温度系数”，用字母“α”表示。几种常用金属电工材料的电阻温度系数也列在表 1-2 中。在 0～100℃的范围内，各种金属的 α 近似为常数。

按电阻温度系数的定义，每欧电阻温度上升 1℃电阻的增加值为 α（1/℃），如果原来的电阻为 R_1（Ω），温度从 t_1（℃）增加到 t_2（℃），则电阻的总增加值为 $R_1\alpha\ (t_2-t_1)$（Ω），再加上原来电阻 R_1，就是温度升高后的电阻值 R_2，即

$$R_2 = R_1 + R_1\alpha\ (t_2 - t_1) \tag{1-12}$$

一般金属材料的 α 是很小的，因此，在温度变化不大时，可近似地认为不变。钨丝的 α 虽然也不大，但白炽灯泡中的钨丝，由于工作温度高达 1800℃左右，所以它的电阻随温度的上升而增加的现象很显著。

也有一些导体，如碳、电解液及大多数半导体材料等，温度增加，电阻值反而减小，即电阻温度系数为负值。这是由材料的内因决定的，如电解液由于温度升高，使其离子数增加，导电性能变得更好。

[例 1-3]　试求截面积 $S = 95\text{mm}^2$，长度 $l = 120\text{km}$ 的铜质输电线在温度分别为 20℃、10℃和 0℃时的电阻值。

解：因为表 1-2 所给的电阻率 ρ 是当温度等于 20℃时的值，所以可以把 20℃时的电阻先求出来，即

$$R_{20} = \rho\frac{l}{S} = 1.69\times10^{-8}\times\frac{120\times10^3}{95\times10^{-6}}\Omega = 21.35\Omega$$

当温度由 $t_1 = 20$℃变成为 $t_2 = 10$℃时，电阻为

$$\begin{aligned} R_{10} &= R_{20} + R_{20}\alpha(t_2 - t_1) \\ &= [21.35 + 21.35\times0.004\times(10-20)]\Omega = 20.50\Omega \end{aligned}$$

当温度由 $t_1=20℃$ 变成为 $t_2=0℃$ 时，电阻为

$$R_0=[21.35+21.35\times0.004\times(0-20)]\Omega$$
$$=19.64\Omega$$

从上例可以看出，随着温度的降低，导体的电阻也在减小。这可以用温度降低，分子热运动减慢，碰撞减少进行解释。但不能由式（1-12）得出这样的结论：说温度 t_2 降到某一值，R_2 就会降为零。从纯数学的推导似乎可以得出这种结果。但是，应当知道，任何一个计算公式都是有条件的，这里的条件是，当到了一定的低温之后，电阻温度系数将不再是表 1-2 所列的数值。

近年来，科学工作者们正在研究超导理论，就是某些金属的电阻随着温度的下降而不断减小。当温度下降到临界温度以下时，其电阻值突然变为零，这种现象称为“超导”现象。我国超导理论的研究一直处于世界领先地位。

阅读与应用一　电阻器简介

一、导体、绝缘体（电介质）和半导体

各种材料的导电性能是有很大差异的。在电工技术中，各种材料按照它们的导电能力，可分为三类，即导体、绝缘体和半导体。

1. 导体

导电能力强的材料称为导体。按其导电的物理过程又可分为两类：

第一类导体为金属，如常用的铜、铝、钢铁等属于这一类。金属导体内部含有大量的自由电子，在电场力作用下而移动形成传导电流。这一类材料电阻率小，约为 $10^{-8}\Omega\cdot m$。

第二类导体为电解液，如酸、碱、盐的溶液属于这一类。它们含有大量的正、负离子，在电场力的作用下，也能产生定向运动而形成电流。

另外，气体电离后，也具有导电能力。

2. 绝缘体（又称电介质）

这一类材料的导电性能很差，电阻率很大，约为 $10^7\sim10^{19}\Omega\cdot m$。这也是由这一类材料的内因决定的，因为它的原子核对其周围的电子“束缚”得很紧，自由电子极少。绝缘体的电阻常以兆欧（MΩ）计算，称为“绝缘电阻”。

绝缘体并不是绝对不导电。通常说绝缘体不导电是有条件的，如电压高到一定数值，使电场力超过它的原子核对外围电子的“束缚”力，本来不自由的电子变得“自由”了，绝缘体变成了导电体。这种情况称为“绝缘击穿”，此时的电压称为“击穿电压”。绝缘击穿往往造成设备损坏和人身触电事故。为了防止绝缘击穿，根据材料的“击穿电压”（也称“绝缘电压”）规定了“允许电压”（也称“额定电压”），可见允许电压应小于击穿电压，而实际工作电压又常小于允许电压。

应当指出：绝缘物的绝缘性能除由它的内因决定外，还受外因的影响，如干燥的木材是绝缘的，而受潮湿之后，其绝缘性能会显著降低。这是因为水中溶解有可导电的杂质。

另外，使用绝缘材料还应注意环境温度的高低。温度过高会使绝缘物变质，影响其使用寿命。

3. 半导体

这类材料的导电能力介于导体与绝缘体之间。常见的半导体材料有硅、锗、硒等。它们的电阻率约为 $10^{-5} \sim 10^{-7}\Omega \cdot m$。由于半导体材料具有一些特殊的性质，所以在近代电子技术中得到极其广泛的应用。

二、常用的几种电阻器简介

1. 电阻器的作用和分类

电阻器是一种消耗电能的元件，在电路中用于控制电压、电流的大小，或与电容器和电感器组成具有特殊功能的电路等。

为了适应不同电路和不同工作条件的需要，电阻器的品种规格很多，按外形结构，可分为固定式和可变式两大类，图 1-14a、b 分别示出了固定电阻器和可变电阻器的外形。固定电阻器主要用于阻值不需要变动的电路；可变电阻器，即电位器，主要用于阻值需要经常变动的电路。

电阻器按材料和使用性质，可分为膜式、线绕式、热敏电阻、压敏电阻；按伏—安特性，可分为线性电阻和非线性电阻等。

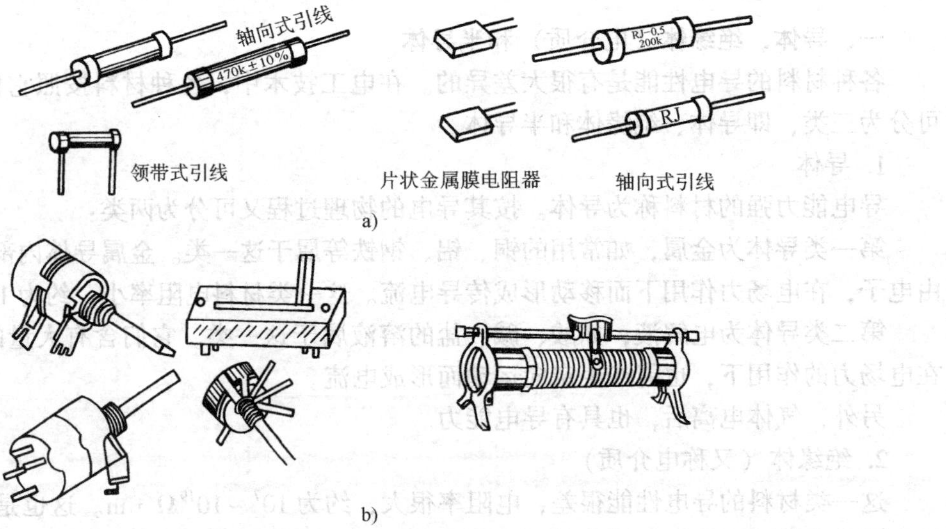

图 1-14　几种常见电阻器的外形

2. 电阻器的主要参数

电阻器的参数很多，在实际应用中，一般应常考虑标称阻值、允许误差和额定功率三项参数。

电阻器的标称阻值是指电阻器表面所标的阻值，它是按国家规定的阻值系列标注的，因此，选用电阻器时，必须按国家对电阻器的标称阻值范围进行选用。

电阻器的实际阻值并不完全与标称阻值相等，存在误差。实际阻值对于标称值的最大允许偏差范围称为电阻器的允许误差。通用电阻的允许误差等级为 ±5%、±10%、±20%。

电阻器接入电路后，通过电流时便要发热，如果电阻器的温度过高，就会将其烧毁。通常在规定的气压、温度条件下，电阻器长期工作时所允许承受的最大电功率称为额定功率。一般情况下，所选用电阻器的额定功率应大于实际消耗功率的两倍左右，以保证电阻器的可靠工作。

第四节　电压源与电流源

电源是将其他形式能量转换成电能的装置，称为有源元件。这一节介绍对“电源”的理想化处理，即理想电源模型。

一、电压源

电压源是理想电压源的简称。“电压源”是从实际电源中抽象出来的一种理想电路元件。以电池为例，在理想状态下，如电池本身没有能量损耗，则这时电池的端电压（用 U_S 表示）是一个确定不变的数值。凡能够维持端电压为定值的二端元件称为“电压源”，电路图形符号如图 1-15a 所示。

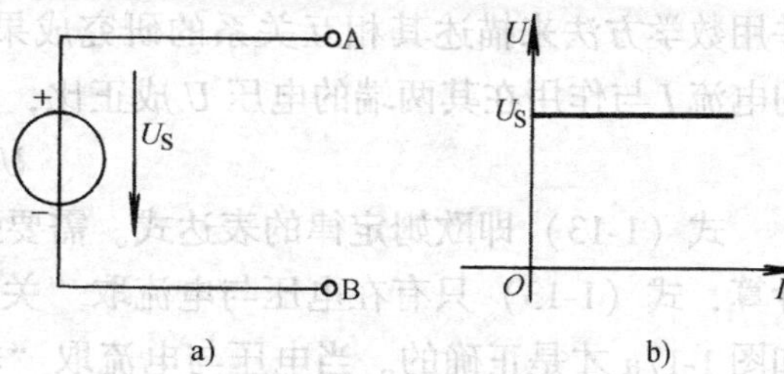

图 1-15　电压源

电压源不仅是电池、发电机之类，也可由电子线路来实现，如半导体稳压电源等。

电压源提供确定不变的电压，至于通过电压源的电流是多少，要取决于外接电路。其电流可以是零（外电路断开）和无穷大（外电路短接）之间的任意值。图 1-15b 绘出了直流电压源的电压与电流特性曲线，它是一条平行于电流轴的直线，表明其端电压与电流大小无关。

二、电流源

电流源是理想电流源的简称。与电压源相对应，电流源也是一种电路理想元件，它向外输出定值电流 I_S。常用的电源，其特性多与电压源较接近，而与电流源接近得较少。光电池、晶体管一类器件构成的电源，其工作特性在某一段与电流源十分接近。电流源的文字及图形符号如图 1-16a 所示。

电流源向外输出定值电流 I_S，至于电流源两端的电压是多少，也取决于外接电路，可以是零（外电路短接）与无穷大（外电路断开）之间的任意值。

图 1-16b 绘出了电流源的电流与电压特性曲线，它是一条平行于电压轴的直线，表示其电流值与电压大小无关。

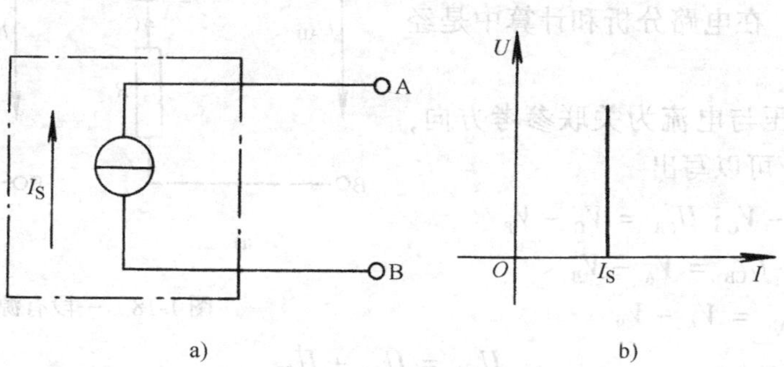

图 1-16　电流源

第五节 欧姆定律

欧姆定律是电路分析中经常应用的一个很重要的定律。尽管在物理学中已经学过，这里将结合电压和电流参考方向的应用，对欧姆定律作进一步论述。

一、电阻上的欧姆定律

1827年德国物理学家欧姆，在一篇电路的数学研究论文中，论述了用测量电压和电流并用数学方法来描述其相互关系的研究成果，称为欧姆定律，其内容是：通过线性电阻 R 的电流 I 与作用在其两端的电压 U 成正比，即

$$U = RI \tag{1-13}$$

式（1-13）即欧姆定律的表达式。需要强调指出的是，若将欧姆定律用于电路的分析和计算，式（1-13）只有在电压与电流取“关联参考方向”时，如图1-17a才是正确的。当电压与电流取“非关联参考方向”时，如图1-17b所示，欧姆定律公式则应写成

$$U = -RI$$

这一点必须引起重视。不难理解，在电阻上，电流总是由高电位点流向低电位点，就是说电压的“实际方向”与电流的“实际方向”总是一致的。在电流、电压选取“关联参考方向”的情况下，电压是正值，电流也一定是正值；电流是负值，电压也一定是负值。而在“非关联参考方向”下，电压、电流中一个是正值，则另一个必定是负值，线性电阻值永为正，所以此时公式右边应加负号。公式中的正负号与电流、电压的正负值含义不同。这在以后的电路计算中会越来越清楚。

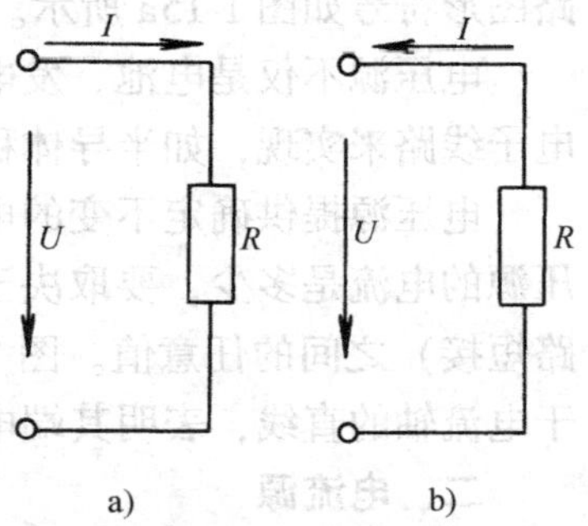

图1-17 一段电阻电路

二、一段有源支路两端电压与电流的关系

如图1-18所示，这段电路除含有线性电阻 R 之外，还有一个电压源 U_S。写出这段电路“端点之间电压”与通过该段电路电流函数关系的方程式，在电路分析和计算中是经常碰到的。

若选取端电压与电流为关联参考方向，如图1-18a所示，可以写出

$$U_{AC} = V_A - V_C;\ U_{CB} = V_C - V_B$$

从而得到 $U_{AC} + U_{CB} = V_A - V_B$

又因为 $U_{AB} = V_A - V_B$

则

$$U_{AB} = U_{AC} + U_{CB} \tag{1-14}$$

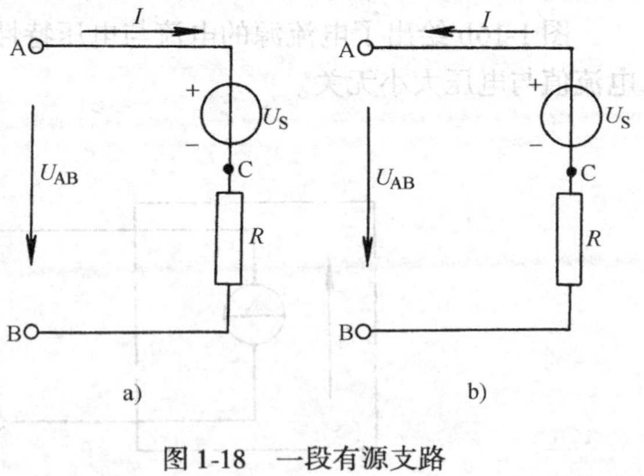

图1-18 一段有源支路

式（1-14）说明，一段电路的总电压等于各分段电压之和。再将 $U_{AC} = U_S$ 和 $U_{CB} = IR$ 代入式（1-14）得

$$U_{AB} = U_S + IR \tag{1-15}$$

不难看出，若电流方向选为图 1-18b 所示，则式（1-15）将改成

$$U_{AB} = U_S - IR \tag{1-16}$$

综上所述，写一段有源支路两端电压与电流的关系方程步骤如下：

1）在该段电路的端点之间标出电压的参考方向（任意选取）。

2）标出该段电路中电流参考方向（也任意选取）。

3）列写方程：等号左边——为该段电路端点间电压。

等号右边——沿所选端电压参考方向，对电压源电压 U_S 与电压参考方向一致取正号，相反取负号；对电阻电压 IR，电流与端电压为关联参考方向则取正号，反之取负号。

根据上述步骤，对图 1-19 所示一段电路的参考方向，可很快写出电压与电流关系方程：

$$U_{AB} = U_{S1} - IR_1 - U_{S2} - IR_2$$

三、无分支闭合电路中电流与电压关系

如图 1-20 所示，这是具有两个电压源和两个电阻的无分支闭合电路。根据一段有源支路端电压与电流的关系，从左半边看，可以写出

$$U_{AB} = U_{S1} - IR_1$$

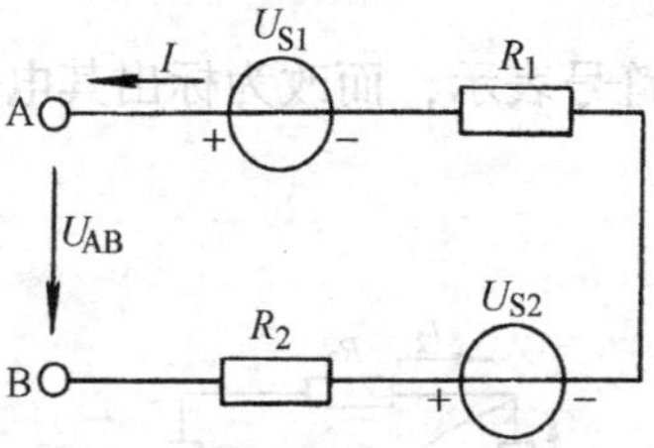

图 1-19　一段有源电路

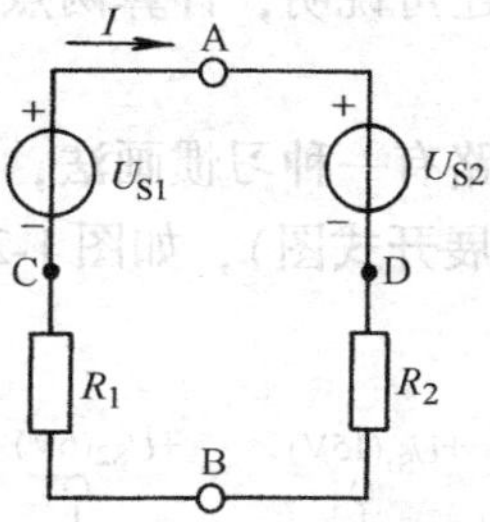

图 1-20　无分支闭合电路

从右半边看，可以写出

$$U_{AB} = U_{S2} + IR_2$$

两式相等，即

$$U_{S1} - IR_1 = U_{S2} + IR_2$$

经整理可得

$$I = \frac{U_{S1} - U_{S2}}{R_1 + R_2}$$

或

$$I = \frac{\sum U_S}{\sum R} \tag{1-17}$$

式（1-17）也可称“全电路欧姆定律”。式中，分母 $\sum R$ 为闭路电路全部电阻之和；分子 $\sum U_S$ 为闭合电路中电压源电压 U_S 的代数和，如果 U_S 方向与电流 I 参考方向相反，取正号，相同，取负号。

[例 1-4]　如图 1-20 所示，$U_{S1} = 10\text{V}$，$U_{S2} = 15\text{V}$，$R_1 = 4\Omega$，$R_2 = 6\Omega$，求无分支闭合电路中的电流及任意两点间电压。

解：任选的电流参考方向已标在图中（取顺时针方向），利用式（1-17）得

$$I=\frac{\sum U_S}{\sum R}=\frac{U_{S1}-U_{S2}}{R_1+R_2}=\frac{(10-15)\ V}{(4+6)\ \Omega}=-0.5A$$

计算出的电流小于零（$I<0$），说明图中电流的实际方向与所选参考方向相反。如果电流的参考方向选逆时针方向，算出的电流将大于零，实际方向就与所选参考方向相同。这就再次证明，参考方向可以任意选择，实际方向是客观存在的，不会因参考方向的选取不同而改变。

按图中的方向求出电流 $I=-0.5A$ 之后，再利用一段有源支路端电压和电流的关系方程，不难求取任意两点之间的电压，如

$$U_{AB}=U_{S1}-IR_1=[10-(-0.5)\times4]V=12V$$

或 $$U_{AB}=U_{S2}+IR_2=[15+(-0.5)\times6]V=12V$$

再如 $$U_{CD}=-IR_1-IR_2=[-(-0.5)\times4-(-0.5)\times6]V=5V$$

或 $$U_{CD}=-U_{S1}+U_{S2}=(-10+15)V=5V$$

通过上述计算，可更深刻地领会：没有电路图，或画出了电路图而没有标出参考方向，计算公式是写不出来的，还可以看到，公式中的加减号与物理量的正负值含义不同。所以在进行电路计算时，为避免错误，应先依据选定的参考方向写出方程式，然后再代入物理量的数值。此例还可说明，计算两点间的电压与所选路径无关，因此，在计算两点间电压时应选最短路径。

电子线路有一种习惯画法，即电压源的存在不再用符号表示，而改为标出其电位的极性和数值（称展开式图），如图 1-21a 所示。

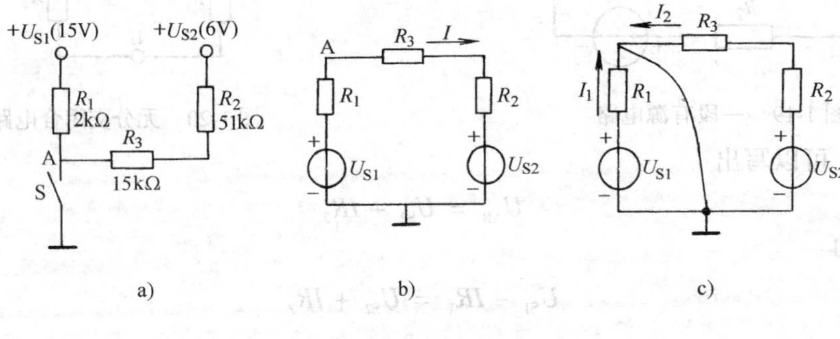

图 1-21　例 1-5 图

[例 1-5]　如图 1-21a 所示电路，求在开关断开和接通两种状况下，A 点的电位。

解：图 1-21a 给的是习惯画法，初学者不习惯可以改画成一般电路图（把共同接地点连在一起即可）。

（1）开关断开时，如图 1-21b 所示，这是一个无分支闭合回路，用“全电路欧姆定律”，选电流参考方向如图所示，可得

$$I=\frac{U_{S1}-U_{S2}}{R_1+R_2+R_3}=\frac{15-6}{(2+51+15)\times10^3}A=0.132\times10^{-3}A$$

$$V_A=-IR_1+U_{S1}=(-0.132\times10^{-3}\times2\times10^3+15)V=14.7V$$

或者说 $V_A=IR_3+IR_2+U_{S2}=[(15+51)\times10^3\times0.132\times10^{-3}+6]V=14.7V$

（2）开关接通时，如图 1-21c 所示，这里有两个独立闭合回路，可以分别算出

$$I_1 = \frac{U_{S1}}{R_1} = \frac{15V}{2 \times 10^3 \Omega} = 7.5 \times 10^{-3} A$$

$$I_2 = \frac{U_{S2}}{R_2 + R_3} = \frac{6V}{(51 + 15) \times 10^{-3} \Omega} = 0.091 \times 10^{-3} A$$

$$V_A = -I_1 R_1 + U_{S1} = (-7.5 \times 10^{-3} \times 2 \times 10^3 + 15) V = 0$$

或者说 $V_A = -I_2(R_2 + R_3) + U_{S2} = [-0.091 \times 10^{-3} \times (51 + 15) \times 10^3 + 6] V = 0$

这个结果由电路图可直接看出，开关闭合后，A点直接与参考点（零电位点）接通，电位也应是零，但通过开关的电流不是零。

第六节　基尔霍夫定律

基尔霍夫定律和欧姆定律都是电路的基本定律。在讲授基尔霍夫定律之前，先介绍与电路网络结构有关的几个名词。

支路——电路中至少有一个电路元件且通过同一电流的路径称为“支路”。如图1-22所示的电路中有5条支路，BC之间没有元件，不是支路。电路模型中的连接导线都是无电阻的直接通路。

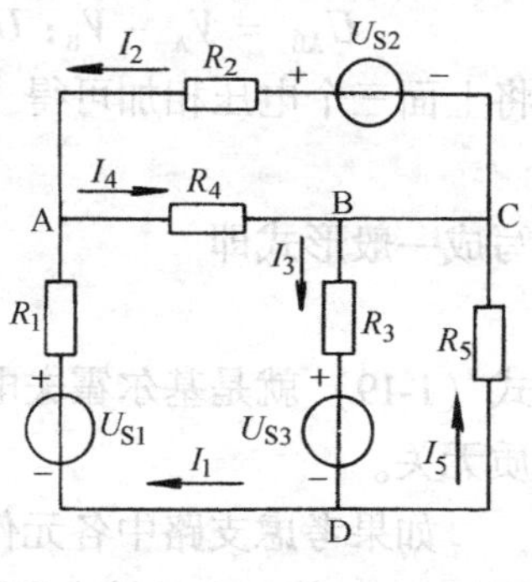

图1-22　电路网络结构

节点——三条或三条以上支路的交会点称为“节点”。图1-22中只有三个节点，因为B-C不是一条支路，所以B C实际上是一个节点，或者说B、C是等电位点。

回路——由支路组成的闭合路径称为“回路”。图1-22中共有7个回路。

网孔——对平面网络而言，不包围其他支路在里面的最简单回路称为“网孔”。网孔即平面网络中的洞眼。在图1-22中有三个网孔。

一、基尔霍夫电流定律（KCL）

电流通过导体时，在同一时间内，从任意横截面的一侧流入的电荷量，等于从另一侧流出该横截面的电荷量。否则该截面处将会形成电荷的堆积（流入大于流出），或该截面处“自发地”提供电荷（流出大于流入），实际观察没有这种现象发生。结论是：在一段无分支电路上，不论沿线导体的粗细如何，电流处处相等，这个规律称为“电流连续性原理”。

把“电流连续性原理”应用到电网络的节点处，就是流入节点的电流等于从该点流出的电流。如图1-22在节点A处有

$$I_1 + I_2 = I_4$$

如规定流入节点的电流为正，流出节点的电流为负，那么上式可直接写成

$$I_1 + I_2 - I_4 = 0$$

若写成一般公式为

$$\sum I = 0 \tag{1-18}$$

式（1-18）就是基尔霍夫电流定律的表达式，即节点处电流的代数和为零。式中电流的正负号有两种选取方式，本书采用“流入为正、流出为负”。

基尔霍夫电流定律也称“节点电流定律”，因为它通常用于节点处。可以证明，将基尔霍夫电流定律扩大到对包围着几个节点的闭合面也是适用的。

如图1-23所示的电路中，封闭面A内包围着三个节点，按图中任意设定的电流参考方向，读者可以证明

$$I_1 - I_2 + I_3 = 0$$

即对一个闭合面来说，式（1-18）也是成立的。

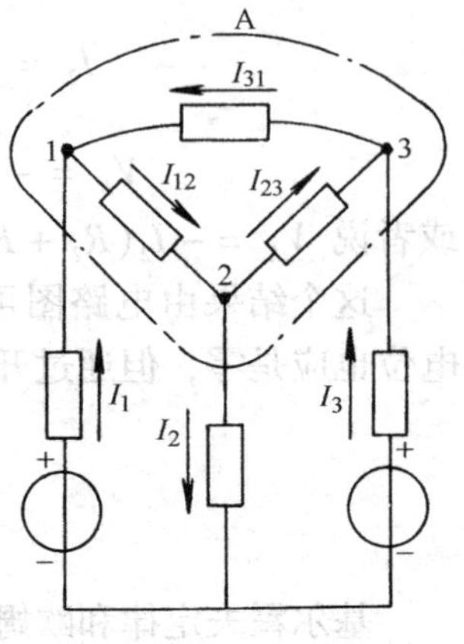

图1-23　KCL用于封闭面

二、基尔霍夫电压定律（KVL）

在讲电位时曾经讲过，在同一系统中，各点电位只有一个数值，称为“电位单值性原理”。利用这个原理，可以证明，在一个闭合回路中，按一定绕行方向，沿回路一周各段电压的代数和为零。如在图1-22中任选一个回路，如包含R_1、R_3、R_4和U_{S1}、U_{S3}在内的回路ABDA，按顺时针方向（任选的绕行方向）用电压等于电位差的概念依次写出

$$U_{AB} = V_A - V_B;\ U_{BD} = V_B - V_D;\ U_{DA} = V_D - V_A$$

将上面三个电压相加可得

$$U_{AB} + U_{BD} + U_{DA} = 0$$

写成一般形式即

$$\sum U = 0 \qquad (1\text{-}19)$$

式（1-19）就是基尔霍夫电压定律的表达式。它只与支路的端电压有关，而与支路元件的性质无关。

如果考虑支路中各元件的性质，应用欧姆定律可以将式（1-19）改写成另一种形式。对照图1-22各相应的端电压不难写出

$$U_{AB} = I_4R_4$$

$$U_{BD} = I_3R_3 + U_{S3}$$

$$U_{DA} = -U_{S1} + I_1R_1$$

应用式（1-19），将上面三个电压代入并经整理后可得

$$I_1R_1 + I_3R_3 + I_4R_4 = U_{S1} - U_{S3}$$

写成一般式

$$\sum (IR) = \sum U_S \qquad (1\text{-}20)$$

式（1-20）即基尔霍夫电压定律的另一种形式。它反映了在一个闭合回路中电阻压降IR的代数和等于电压源电压U_S的代数和。式中各项的正负号与电路图中所选电流的参考方向和所选回路的绕行方向有关。现将列写基尔霍夫电压定律的步骤综述如下：

1）选取各支路中电流的参考方向（任选），并按支路编号。

2）选取回路的绕行方向（任选），同时将回路编号。

3）等号左边$\sum(IR)$中，若电流方向与回路绕行方向一致，该项前取正号，反之取负号。

4）等号右边$\sum U_S$中，若电压源电压U_S方向与回路绕行方向一致，该项前取负号，U_S方向与绕行方向相反，则取正号。

基尔霍夫电压定律也称“回路电压定律”，因为它通常应用于闭合回路。此定律只要稍

作说明也可用于“开口电路”。如图 1-24 所示，将支路 AB 移去形成一个开口，在开口处标以电压 U_{AB}。**注意**：开口电压反映的是两点间的电压降，应写在 $\sum(IR)$ 一侧。对图 1-24 所选支路电流参考方向和回路绕行方向，基尔霍夫电压定律方程式为

$$U_{AB} + I_1R_1 + I_2R_2 - I_4R_4 = U_{S1} - U_{S2}$$

如果将图 1-24 按以前学的欧姆定律来写方程式，则有

$$U_{AB} = -I_1R_1 + U_{S1} + I_4R_4 - U_{S2} - I_2R_2$$

与上面的式子实质上是一样的。

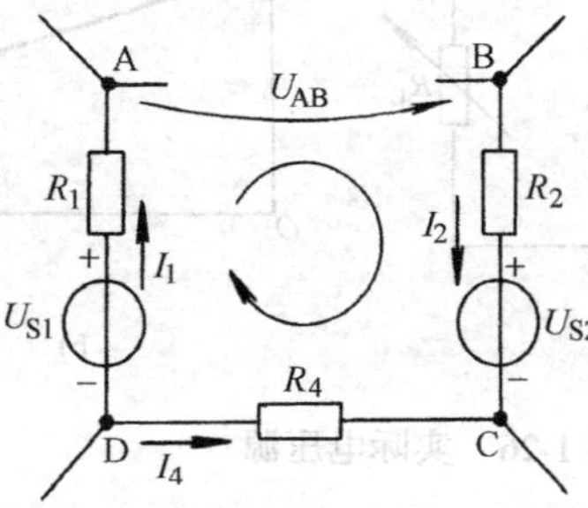

图 1-24　KVL 用于开口电路

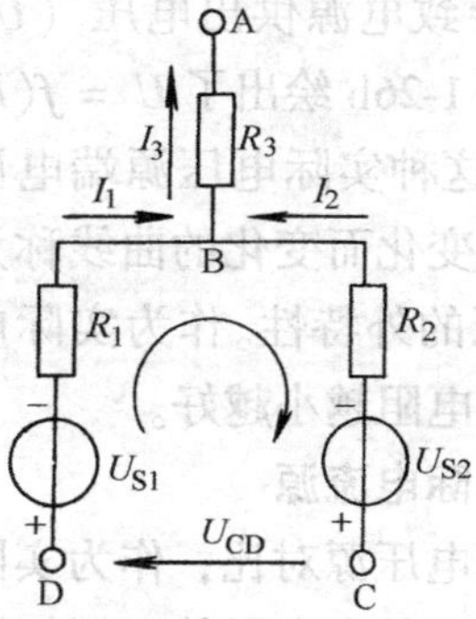

图 1-25　例 1-6 图

[例 1-6]　如图 1-25 所示，已知：$I_1 = 2\text{A}$，$I_3 = 7\text{A}$，$U_{S1} = 10\text{V}$，$U_{S2} = 20\text{V}$，$R_1 = 4\Omega$，$R_2 = 6\Omega$，$R_3 = 10\Omega$。求 U_{CD}。

解：求 U_{CD} 需要求 I_2，由 KCL 可知

$$I_1 + I_2 - I_3 = 0$$

$$I_2 = I_3 - I_1 = (7-2)\text{A} = 5\text{A}$$

解法（1）

从 C→D 沿支路 2 和支路 1 可写出

$$U_{CD} = U_{S2} + I_2R_2 - I_1R_1 - U_{S1} = (20 + 5\times 6 - 2\times 4 - 10)\text{V} = 32\text{V}$$

解法（2）

在 CD 两端标出 U_{CD} 的参考方向，选取开口电路的绕行方向，按 $\sum(IR) = \sum U_S$ 写方程

$$U_{CD} + I_1R_1 - I_2R_2 = -U_{S1} + U_{S2}$$

将上式移项，其结果与解法（1）相同。

第七节　实际电源的等效变换

在第四节中作为理想电路元件介绍了“电压源”和“电流源”两种模型。可以说它们是实际电源“理想化”模型，那么，一个实际电源又是怎样来表征呢？

一、实际电压源

实际电源都是有内电阻的（内电阻又叫电源的输出电阻）。一个实际电压源，内部都有电压降，电路模型可以用电压源（U_S）与内电阻（R_0）的串联组合来表示，如图 1-26a 所示。“电压源”是“实际电压源”内电阻为零的理想状态，所接负载（R_L）两端获取的是恒

定不变的电压。但一个实际电压源所提供给负载（R_L）的电压 U 将随负载的变化而变化。由图 1-26a 可知：

$$U = U_S - IR_0 \tag{1-21}$$

式（1-21）中后一项就是负载电流通过内电阻时所产生的电压降。将式（1-21）写成

$$U = U_S - \frac{U_S}{R_0 + R_L}R_0$$

可见随着 R_L 的减小（即负载电流的增加）导致电源供出电压（U）的下降。图 1-26b 绘出了 $U = f(I)$ 关系曲线。这种实际电压源端电压随外接负载变化而变化的曲线称为实际电压源的外特性。作为实际电压源希望内电阻越小越好。

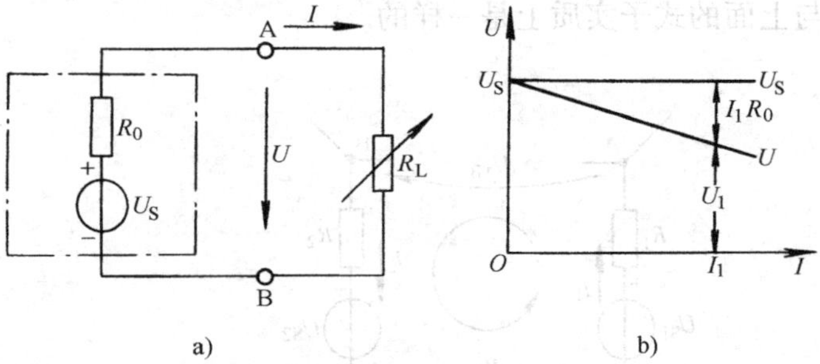

图 1-26　实际电压源

二、实际电流源

与实际电压源对比，作为实际电流源内部也是有电阻的，例如光电池，被光激发产生的电流，并不能全部外流，其中一部分将在光电池内部流动而不能输送出来。因此，它的电路模型可以用电流源（I_S）与内电阻（分流电阻 R_0）的并联组合来表示，如图 1-27a 所示的方框部分。

“电流源”是“实际电流源”，当内电阻（R_0）为无穷大（分流电路断开）时的理想状态，所接负载（R_L）可获取恒定不变的电流。但一个实际电流源提供给负载的电流也将随负载的变化而变化。由图 1-27a 可知

$$I = I_S - \frac{U}{R_0} \tag{1-22}$$

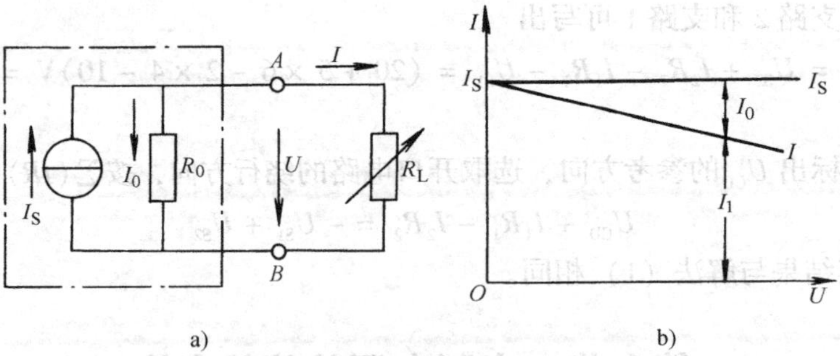

图 1-27　实际电流源

式（1-22）的后一项就是通过 R_0 分流造成的内部电流。将式（1-22）变化为

$$I = \frac{R_0}{R_0 + R_L}I_S$$

可见随 R_L 的增大（即负载两端电压 U 增大）导致电源供出电流的减小，图 1-27b 绘出了 $I = f(U)$ 的关系曲线。这种实际电流源供出电流受负载影响而变化的曲线称为实际电流源的外特性。作为实际电流源希望内电阻越大越好。

三、实际电压源与实际电流源等效变换

上面分别介绍了实际电源的两种模型。在电路分析和计算中，这两种模型是能够等效互换的。所谓等效即变换前后对负载而言端口处的伏安关系不变，也就是对电源的外电路而言，它的端电压（U）和提供的电流(I)无论其大小、方向及它们之间的关系都保持不变。

由实际电压源图 1-26a 及式（1-21）可得

$$I = \frac{U_S}{R_0} - \frac{U}{R_0}$$

将上式与实际电流源由图 1-27a 得到的式（1-22）

$$I = I_S - \frac{U}{R_0}$$

相比较可见：要保持 U、I 关系不变，两式的对应项应当相等，即 $I_S = U_S/R_0$（或 $U_S = I_S R_0$）。电阻 R_0 数值不变，只是换了位置。总结其变换条件如下：

（1）由实际电压源变换为等效实际电流源

$$\left.\begin{aligned} &I_S = \frac{U_S}{R_0}(\text{方向与 } U_S \text{ 相反}) \\ &\text{等效电阻 } R_0 \text{ 与电流源 } I_S \text{ 并联} \end{aligned}\right\} \tag{1-23}$$

（2）由实际电流源变换为等效实际电压源

$$\left.\begin{aligned} &U_S = I_S R_0(\text{方向与 } I_S \text{ 相反}) \\ &\text{等效电阻 } R_0 \text{ 与电压源 } U_S \text{ 串联} \end{aligned}\right\} \tag{1-24}$$

需再次强调：这种等效变换，只是对电源外部电路是等效的。另外，不难看出，电压源与电流源相比较，前者内电阻 R_0 为零，后者 R_0 为无穷大，不存在等效变换条件，所以电压源与电流源不存在等效变换。

应当指出，把实际电源的等效变换理论，可以推广到一般电路，即 R_0 不一定特指电源内电阻，只要是电压源和一个电阻的串联组合，就可以等效变换为电流源和同一电阻的并联组合。

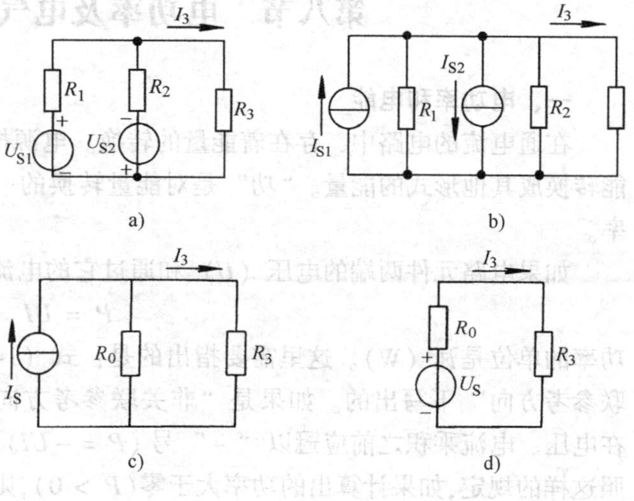

图 1-28 例 1-7 图

[例 1-7] 如图 1-28a 所示，已知 $U_{S1} = 12V$，$R_1 = 3\Omega$，$U_{S2} = 36V$，$R_2 = 6\Omega$，$R_3 = 8\Omega$，求 R_3 中的电流 I_3。

解：由物理学可知此题中的 R_1、R_2、R_3 既不是串联也不是并联。只用欧姆定律和串并联关系是无法求解的，这里可采用电源等效变换方法来求。步骤如下：

先将图 1-28a 中两个电压源与电阻的串联组合等效变换成图 1-28b 两个电流源与电阻的并联组合，其中

$$I_{S1} = \frac{U_{S1}}{R_1} = \frac{12}{3} = 4A \quad (\text{方向向上})$$

$$I_{S2} = \frac{U_{S2}}{R_2} = \frac{36}{6} = 6\text{A} \quad (\text{方向向下})$$

两个电流源可以合并成一个电流源 I_S，其方向可任选，如选为向上，则

$$I_S = I_{S1} - I_{S2} = (4-6)\text{A} = -2\text{A}$$

（式中 I_{S1} 与 I_S 方向一致为正，I_{S2} 与 I_S 方向相反为负）

R_1 与 R_2 在图 1-28a 中不能并联，但变成图 1-28b 中则为并联，可求等效电阻

$$R_0 = \frac{R_1 R_2}{R_1 + R_2} = \frac{3 \times 6}{3+6}\Omega = 2\Omega$$

将图 1-28b 可以等效为图 1-28c。上述等效过程 R_3 的位置始终没有变，因此由 I_S、R_0 构成的等效实际电流源对 R_3 是等效的。利用图 1-28c 求出的 I_3 也就是图 1-28a 中通过 R_3 的电流。对图 1-28c 用物理学中的分流原理

$$I_3 = \frac{R_0}{R_0 + R_3} I_S = \frac{2}{2+8} \times (-2)\text{A} = -0.4\text{A}$$

（说明 I_3 实际方向与图中 I_3 参考方向相反）

或将图 1-28c 再等效变换成图 1-28d，图中

$$U_S = I_S R_0 = (-2)\text{A} \times 2\Omega = -4\text{V} \quad (\text{方向与 } I_S \text{ 相反})$$

则

$$I_3 = \frac{U_S}{R_0 + R_3} = \frac{-4\text{V}}{(2+8)\Omega} = -0.4\text{A}$$

第八节　电功率及电气设备的额定值

一、电功率和电能

在通电流的电路中，存在着能量的转换。电源把其他形式的能量转换成电能，负载把电能转换成其他形式的能量。“功”是对能量转换的一种度量，“功率”反映了能量转换的速率。

如果电路元件两端的电压（U）和通过它的电流（I）确定后，该元件的功率（P）为

$$P = UI \tag{1-25}$$

功率的单位是瓦（W）。这里需要指出的是：式（1-25）是在电路元件上电压、电流取“关联参考方向”下写出的。如果是“非关联参考方向”，在电压、电流乘积之前应冠以“-”号（$P=-UI$）。按照这样的规定，如果计算出的功率大于零（$P>0$），则该元件为“耗能或吸收能量”；若小于零（$P<0$），则该元件“提供或放出能量”。

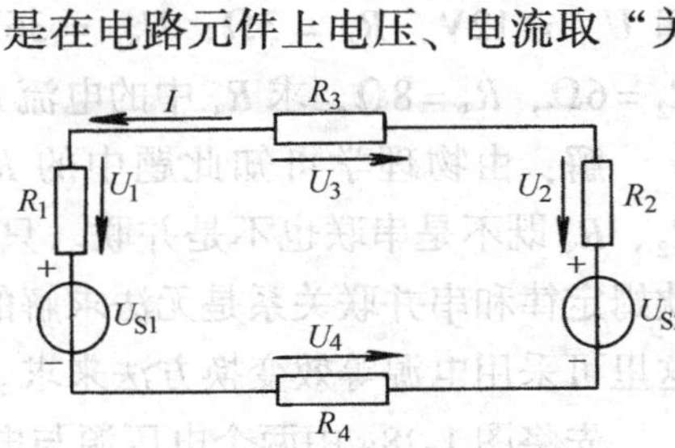

图 1-29　例 1-8 图

［例 1-8］　如图 1-29 所示，已知：$U_{S1}=10\text{V}$，$R_1=1\Omega$，$U_{S2}=5\text{V}$，$R_2=2\Omega$，$R_3=3\Omega$，$R_4=4\Omega$，试计算电路中各元件的功率。

解：这是无分支闭合电路，可先将电路中的电流求出，电流参考方向已标在图上，可得

$$I=\frac{-U_{S1}+U_{S2}}{R_1+R_2+R_3+R_4}=\frac{-10+5}{1+2+3+4}\text{A}=-0.5\text{A}$$

再求各元件上的电压。电压源的正负极是给定的，电压 U_S的方向已知由正极指向负极。电阻上的电压在选定参考方向后，由图 1-29 可知

$$U_1=IR_1=(-0.5\text{A})\times1\Omega=-0.5\text{V}$$

$$U_2=-IR_2=-(-0.5\text{A})\times2\Omega=1\text{V}$$

$$U_3=-IR_3=-(-0.5\text{A})\times3\Omega=1.5\text{V}$$

$$U_4=IR_4=(-0.5\text{A})\times4\Omega=-2\text{V}$$

将计算出的电压、电流参照参考方向求取各元件上的功率（**注意：公式中的正负号与物理量的正负值的区别**）。

电阻上的功率

$$P_1=IU_1=(-0.5\text{A})\times(-0.5\text{V})=0.25\text{W}\quad（耗能）$$

$$P_2=-IU_2=-(-0.5\text{A})\times1\text{V}=0.5\text{W}\quad（耗能）$$

$$P_3=-IU_3=-(-0.5\text{A})\times1.5\text{V}=0.75\text{W}\quad（耗能）$$

$$P_4=IU_4=(-0.5\text{A})\times(-2\text{V})=1\text{W}\quad（耗能）$$

电压源的功率

$$P_{S1}=IU_{S1}=(-0.5\text{A})\times10\text{V}=-5\text{W}\quad（供能）$$

$$P_{S2}=-IU_{S2}=-(-0.5\text{A})\times5\text{V}=2.5\text{W}\quad（耗能）$$

从计算结果可以看出，电阻元件的功率总是大于零（正值），所以称电阻为“耗能元件”。如果将电阻元件的电流与电压关系（$U=IR$，或 $I=\frac{U}{R}$）代入式（1-25），可得

$$P=I^2R \tag{1-26}$$

或

$$P=\frac{U^2}{R} \tag{1-27}$$

不论电流、电压是正值还是负值，二次方之后恒为正。因此，在计算电阻上的功率时，只要知道通过电阻电流（或电阻两端电压），便可直接用式（1-26）或式（1-27）计算。

由图 1-29 可以看出，电压 U_{S1}大于电压 U_{S2}，在电路中的 U_{S2}不但不供出电能反而消耗（吸收）电源 U_{S1}供出的功率。被电源充电的电池就处于这种状态。可以验证，就整个电路而言

$$\sum P=0 \tag{1-28}$$

即供出功率的和等于消耗功率之和，或者说供出功率与消耗功率的代数和为零。这是“能量守恒”的体现。

下面介绍电能的计算。

“功”和“能”是同一事物的两种形态。“电功”是由消耗“电能”而得到的。因此，“电能”的消耗量，就是用在时间 t 内所做的“电功”来度量的。电能的文字符号用“W”表示，即

$$W=Pt \tag{1-29}$$

电能的单位瓦·秒等于焦耳（J）。实用上，供电部门收取电费时，用“度”来作为能量单位。1 度电等于 1kW·h（千瓦·小时）。1kW 的电炉通电 1h 消耗 1 度电；40W 的电灯使用 25h 也

消耗1度电。

二、电气设备的额定值

任何电气设备在使用过程中都有一个标准规格或规定限额的问题，在电工术语中称“额定值”。一个电气设备的额定值通常不只一个。除了不同设备的特殊要求外，大都规定了“额定电压”（U_N），“额定电流”（I_N）或“额定功率”（P_N）等。

1. 额定电压（U_N）

额定电压是与选用材料的绝缘性能有关的。绝缘等级高，承受的电压就高。每一种材料都有“击穿电压”，有时为了防止击穿而规定了低于击穿电压的“额定电压”。另外，不同情况还规定了不同的额定电压等级，各国情况不尽相同。我国在电力供电方面有交流500kV、220kV、380V、220V等；电池有1.5V、2V等；电子线路有4.5V、6V等。

2. 额定电流（I_N）

额定电流的规定是与电流的“热效应”有关的。电气设备的导体通过电流将产生热量，使电气设备的温度升高。在“额定电流”下，温度会稳定在某一个允许值上不再升高。温度升高与散热条件及环境温度有关，所以额定电流的规定也要考虑使用环境和散热条件的影响。

为了保证设备的安全运行，不致因发热而烧坏，使用中不能超过额定电流。

3. 额定功率和额定电阻

另一类电气设备（如电阻器）为了便于使用，通常是标出额定电阻、额定电流或额定功率。例如，变阻器标的额定电阻与额定电流（300Ω、2A或75Ω、3A）；电子线路中的电阻元件常标额定电阻及额定功率（如10kΩ、1/2W；100kΩ、1/4W）。

应当说明，电气设备的额定值是指在“规定条件下”安全运行的限额。如果条件变了，或者采取了专门措施，限额也是可以“修正”和“突破”的。例如，制造电机时，采用了各种散热措施，降低其温度，这就在同样的允许温升下，可以通过更大的电流，从而提高了电机的使用功率。同样一种电器在热带和寒带的过载能力也是不一样的。

顺便指出：在实际工作中，常说的“负载大小”是指电功率或电流值的大小。如用电阻做负载，当电压一定时，说“增加负载”就是“减小电阻”。

本 章 小 结

本章讨论了电路的基本概念和基本定律，主要内容如下。

一、电路及电路基本物理量

1. 电路是电流流过的路径。它主要由电源、负载、连接导线和控制设备等构成，它的作用是进行能量的转换或对电信号进行处理。

2. 电路中最基本的物理量是电压、电流、电动势和功率。

二、本章所介绍的基本概念

1. 理想元件的概念，忽略实际电器件的次要性质，只表征它的主要电性能的“理想化了”的“元件”，如电阻元件、电压源、电流源等。

2. 等效电路的概念，如果两个电路对外电路而言，端口处的伏安关系相同，则我们说这两个电路是等效的，这两个电路可以互换。

三、本章所讲述的基本定律

1. 欧姆定律：使用欧姆定律要注意电压和电流的参考方向。

2. KCL、KVL这两个定律是分析电路的重要定律。

思考题与习题一

1-1 构成电路的主要组成部分是哪些？电路的主要作用是什么？

1-2 电路模型与实际电路有何不同？

2-1 如题图1-1所示，选取电路中电流的参考方向由A→B，当电流 $I=-2A$ 时，电流的实际方向如何？

2-2 如题图1-2所示一段电路，已知电流的实际方向由B→A，当 $I=3A$ 时，在图上标出相应的电流参考方向。

2-3 已知8A的电流实际方向与参考方向相反，写成 $I=8A$，对吗？

2-4 如题图1-3所示，已知 $U_{AB}=-100V$，试在图上标出电压参考方向，并指出实际方向如何？

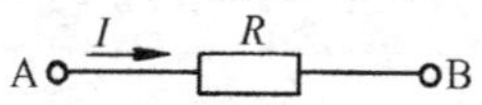

题图1-1

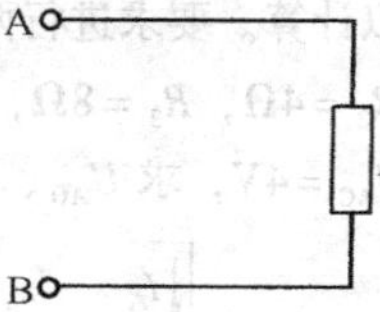

题图1-2

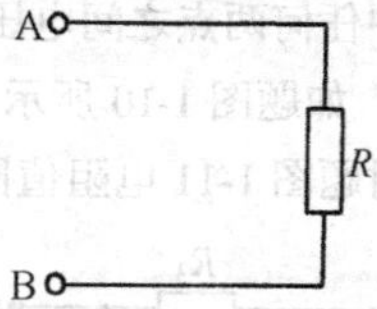

题图1-3

2-5 如题图1-4所示，当取D点为参考点时（$V_D=0$），$V_A=10V$，$V_C=6V$，$V_B=-4V$。

求：(1) $U_{AB}=?$ $U_{BC}=?$

(2) 若改取C为参考点（$V_C=0$），V_A、V_B、V_D 各变为多少伏？此时 U_{AB}、U_{BC} 又是多少伏？

2-6 如题图1-5所示电路中，已知 $V_A=50V$；$V_B=-40V$；$V_C=30V$。(1) 求 U_{BA} 及 U_{AC}；(2) 若元件4为一具有电压源 U_S 的电源装置，在图中所标的参考方向下求 U_S 的值。

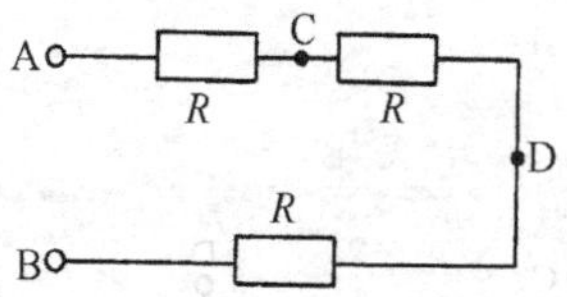

题图1-4

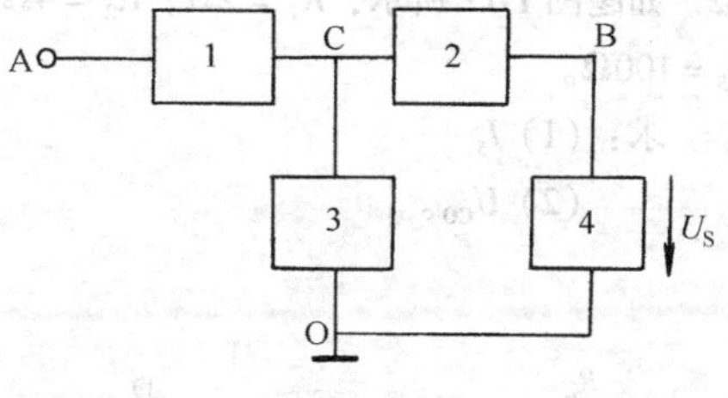

题图1-5

3-1 有一盘截面积 $S=10mm^2$ 的铜线，欲测其长度（l），将其接在 $U=12V$ 的直流电源上，测得电流 $I=2A$，求该铜线的长度。

3-2 欲测某导电材料的电阻率（ρ），可制做一个标准试件，使其 $S=1mm^2$，$l=1m$，在常温下测得其电阻值 $R=1.4\Omega$，试计算该材料的电阻率。此值与哪种材料的电阻率相近？

3-3 一种用于测量温度的铂电阻丝，在常温（20℃）时电阻为 $R_1=118\Omega$，当温度达100℃时电阻增至 $R_2=154.8\Omega$。求：(1) 铂丝的电阻温度系数（α）；(2) 如果将该电阻丝放入电炉内，其阻值增加到 450Ω，此时炉温为多少度？

4-1 如题图1-6所示 U_S 为电压源的电压。问：接入一个负载电阻和再并联一个负载电阻，电压 U_{AB} 是否会变化？通过电压源的电流呢？

4-2　如题图 1-7 所示 I_S 为电流源电流。问：接入一个负载电阻和再并联一个负载电阻，电压 U_{AB} 是否会变化?

5-1　如题图 1-8 所示为一段有源支路。已知 $I=2A$，$R_1=5\Omega$，$R_2=8\Omega$，$U_{S1}=12V$，$U_{S2}=36V$。

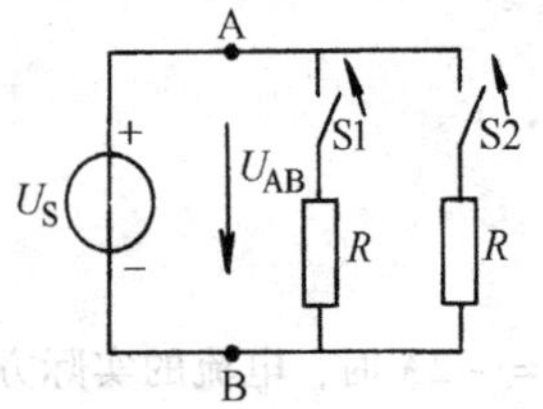

题图 1-6

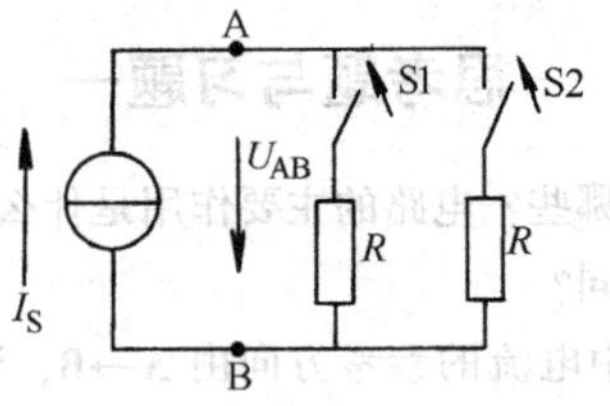

题图 1-7

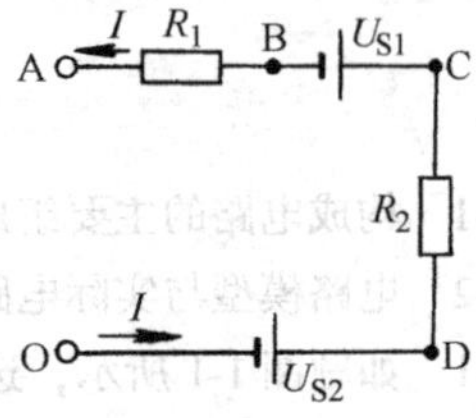

题图 1-8

求：(1) U_{AD}, U_{BO}, U_{OC}。

(2) 若取 C 为电位参考点($V_C=0$)，V_A、V_O 为多少伏?

5-2　如题图 1-9 所示，已知 $R_1=2\Omega$，$R_2=4\Omega$，$R_3=3\Omega$，$U_{S1}=9V$，$U_{S2}=36V$。求：U_{AD}和 U_{DB}（在闭合回路中任何两点之间电压都有两条路径可以计算。要求进行两次计算，相互校验）。

6-1　如题图 1-10 所示，已知 $R_1=2\Omega$，$R_2=4\Omega$，$R_3=8\Omega$，$I_A=2A$，$I_C=3A$。求通过 R_1、R_2、R_3 上的电流；对题图 1-11 电阻值同上，$U_{AB}=2V$，$U_{AC}=4V$，求 U_{AO}、U_{BO}、U_{CO}。

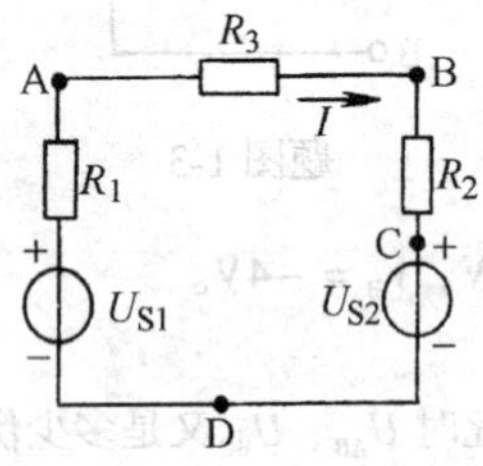

题图 1-9

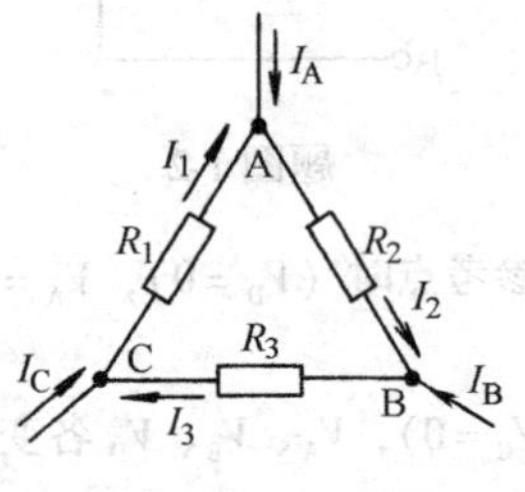

题图 1-10

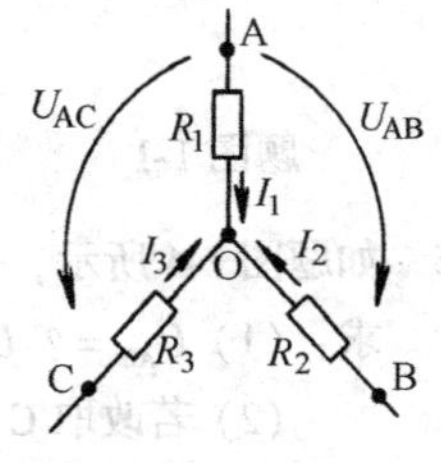

题图 1-11

6-2　如题图 1-12 所示，$R_1=2\Omega$，$R_2=4\Omega$，$U_{S1}=15V$，$U_{S2}=3V$，$I_S=9A$，$R_3=3\Omega$，$R_4=6\Omega$，$U_{S5}=2V$，$R_5=100\Omega$。

求：(1) I_5

(2) U_{CO}。

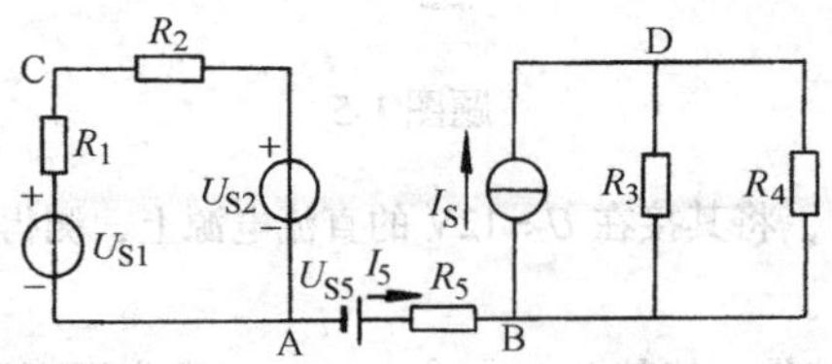

题图 1-12

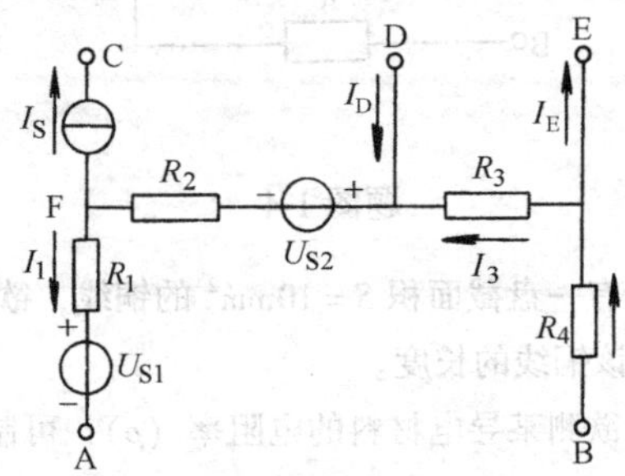

题图 1-13

6-3　如题图 1-13 所示电流参考方向，已知：$R_1=5\Omega$，$U_{S1}=6V$，$R_2=10\Omega$，$U_{S2}=8V$，$I_3=4A$，$I_4=9A$，$R_3=12\Omega$，$R_4=2\Omega$，$I_S=7A$，$I_1=3A$。

求：(1) U_{BA}。

(2) 若 $U_{CD}=-88V$，电流源两端电压 $U_{CF}=$?

7-1　如题图 1-14 所示，$R_1=3\Omega$，$R_2=6\Omega$，$U_S=9V$。试将该电路等效为一个实际电压源和一个实际电流源。

7-2　如题图 1-15 所示，已知 $I_S=2A$，$R_1=4\Omega$，$R_2=6\Omega$。试将该电路等效为一个电流源与电阻的并联组合，再等效为一个电压源和一个电阻的串联组合。

7-3　如题图 1-16 所示，$U_{S1}=6V$，$R_1=4\Omega$，$R_2=8\Omega$，$I_{S2}=2A$。

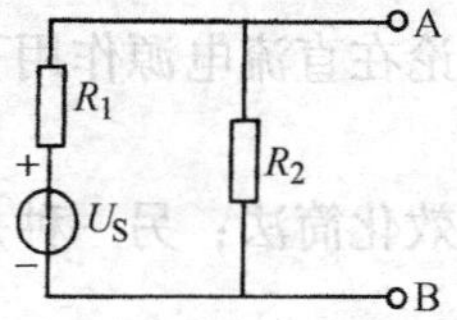

题图 1-14

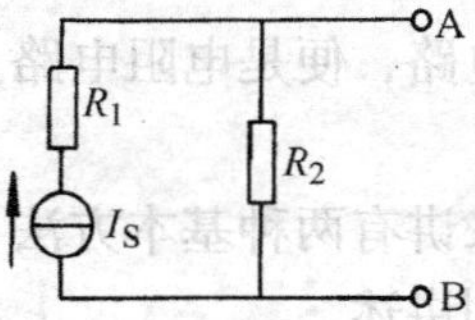

题图 1-15

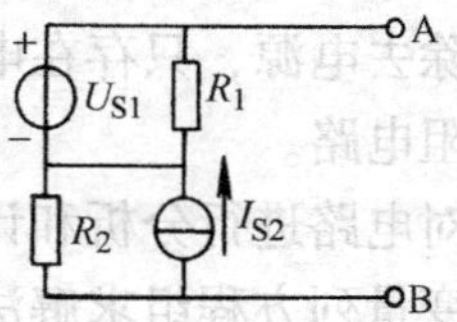

题图 1-16

求：(1) 等效为一个实际电压源。

(2) 等效为一个实际电流源。

7-4　将题图 1-17a、b 化简成单一的电压源或电流源。

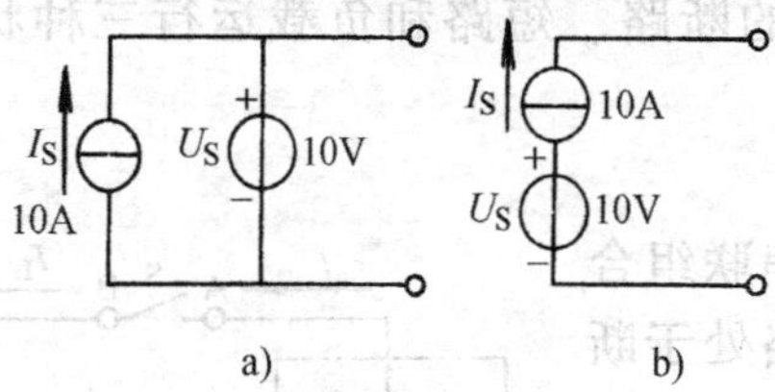

题图 1-17

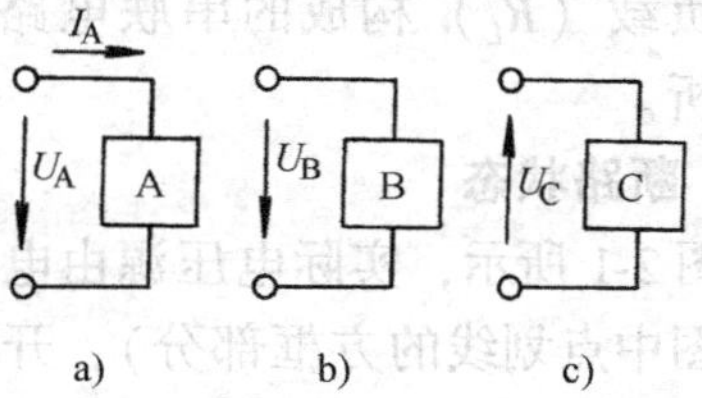

题图 1-18

8-1　如题图 1-18 所示三个元件。

题图 1-18a 元件 A 吸收功率 10W，$I_A=2A$，求 U_A。

题图 1-18b 元件 B 吸收功率 $-10W$，$U_B=10V$，求 I_B 并标出方向。

题图 1-18c 元件 C 上 $U_C=10mV$，$I_C=2mA$，P_C 为吸收功率，标出 I_C 的方向，求 $P_C=?$

8-2　教室中有 12 盏 40W 荧光灯，由于学校定时统一控制，平均每天使用 4h。宿舍仅有 40W 白炽灯 1 只，由于不注意节约用电，甚至日夜长明，每天平均使用达 18h，问一间宿舍和一个教室每天各消耗多少电能？

8-3　一只 100Ω、2W 的炭膜电阻，它的工作电压最大不能超过多少伏？所允许的最大电流又是多少安？

8-4　220V、40W 的灯泡，与 220V、100W 的灯泡相比，哪个电阻大，大多少？正常工作时哪个电流大，大多少？

注：章后的思考题与习题，1-1、1-2 等指针对本章第一节所出的题；2-1、2-2、2-3 等指针对第二节所出的题；3-1、3-2、3-3 等指针对第三节所出的题，其余类同，以便于老师课后布置作业和学生课前预习。

第二章　直流电阻电路的分析

除去电源，只存在电阻元件的电路，便是电阻电路。本章只讨论在直流电源作用下的线性电阻电路。

对电路进行分析和计算，概括来讲有两种基本方法：一种是等效化简法；另一种是选择独立变量列方程组求解法。下面分别讲述。

第一节　电路运行状态

电源与负载连接，根据所接负载情况，电路有几种不同的运行状态。本节以实际电压源与负载（R_L）构成的串联电路为例，对电路的断路、短路和负载运行三种状态作简要分析。

一、断路状态

如图 2-1 所示，实际电压源由电压源与内电阻串联组合而成（图中点划线的方框部分），开关断开，即电路处于断路状态。

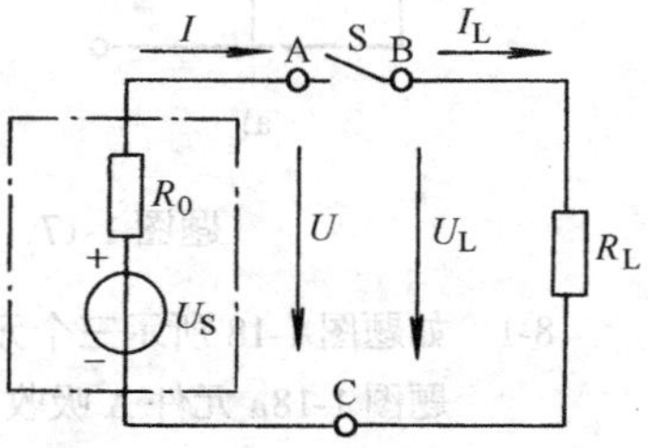

图 2-1　电路断路状态

1. 电源端口（A—C）

电源电流　$I=0$

电源端电压　$U=U_{AC}=U_S$

由于电路电流等于零，所以电源内电阻上的电压降（R_0I）、电压源提供的功率（U_SI）、电源提供的功率（UI）及内电阻消耗的功率（R_0I^2）都等于零。

2. 负载端口（B—C）

负载中的电流　$I_L=0$

负载两端的电压　$U_L=U_{BC}=0$

负载消耗的功率　$P_L=R_LI_L^2=0$

二、短路状态

如图示 2-2 所示，即电路处于短路状态。所谓“短路”，就是电源（或负载）两端用电阻近似为零的导线直接接通。

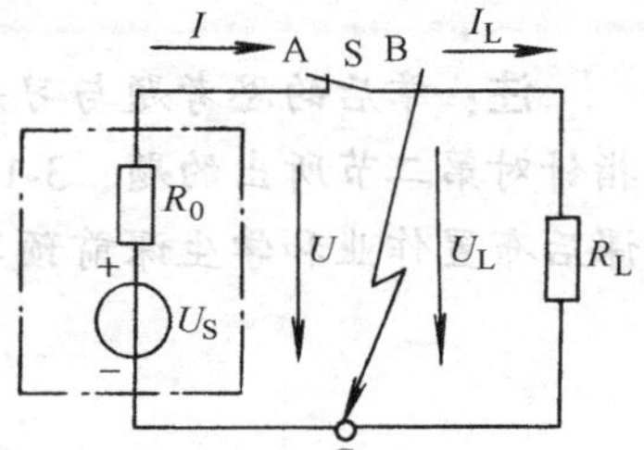

图 2-2　短路状态

1. 电源端口（A—C）

电源电流　$I=\dfrac{U_S}{R_0}$

电源端电压　$U=U_{AC}=0$

电压源功率　$P_S=-U_SI=-\dfrac{U_S^2}{R_0}$

内电阻消耗功率　$P_0 = R_0 I^2 = \dfrac{U_S^2}{R_0}$

电源提供功率　$P = UI = 0$

这时电压源电压（U_S）全部降落在内电阻（R_0）上，而功率（P_S）全部消耗在内电阻（R_0）上。

2. 负载端口（B—C）

这时负载电阻（R_L）也被短路，R_L 上的电流（I_L）、电压（U_L）及功率（P_L）都是零。短接线中的电流，等于电压源提供的电流。

应当指出：由于实际电压源内电阻（R_0）很小，所以短路电流将是很大的。电源被短路，后果是严重的，应予避免。

当然，有时为了工作需要，人为地将电路的某一部分或电阻的某一段短路，这种有目的的短路称为“短接”。

三、负载工作状态

如图 2-3 所示为电源接通一般负载的状态，由图可见

$$I = I_L = \frac{U_S}{R_0 + R_L} \tag{2-1}$$

$$U = U_L = U_S - IR_0 = I_L R_L$$

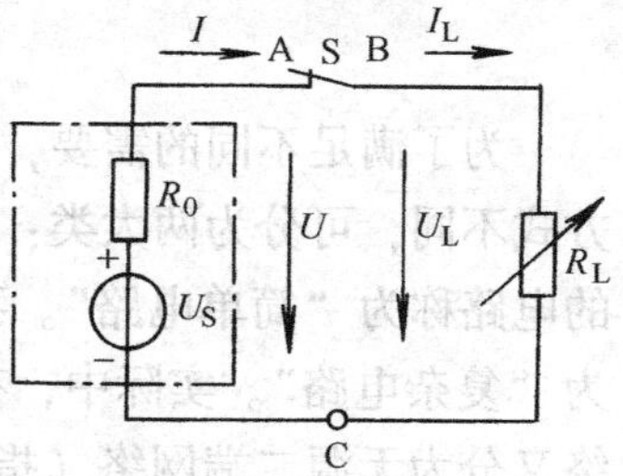

图 2-3　负载工作状态

下面来进一步分析负载电流的变化，对各部分功率的影响，从而导出负载获取最大功率的条件。

1. 电压源供出的功率

$$P_S = -U_S I$$

式中，U_S 是常量；P_S 与 I 为线性关系。

2. 内电阻 R_0 上消耗功率

$$P_0 = R_0 I^2$$

式中，R_0 是常数；P_0 是 I 的二次函数。

3. 负载（R_L）上的功率

$$P_L = R_L I^2 \tag{2-2}$$

可见在电压源电压 U_S 和内电阻 R_0 都不变的情况下 P_L 与 I 也不是线性关系。

4. 负载获最大功率的条件

由式（2-1）和式（2-2）可得

$$P_L = \left(\frac{U_S}{R_0 + R_L}\right)^2 R_L \tag{2-3}$$

由上面的分析和式（2-3）可知

$$R_L = 0 \text{ 时，} U_L = 0 \text{，} P_L = 0$$

$$R_L = \infty \text{ 时，} I = 0 \text{，} P_L = 0$$

说明 R_L 在 $0 \to \infty$ 之间的变化过程中，会出现获得最大功率的工作状态。

$$P_L = \left(\frac{U_S}{R_0 + R_L}\right)^2 R_L = \frac{U_S^2 R_L}{(R_0 + R_L)^2} = \frac{U_S^2 R_L}{(R_0 + R_L)^2 - 4R_0 R_L + 4R_0 R_L}$$

$$= \frac{U_S^2 R_L}{(R_0 - R_L)^2 + 4R_0 R_L}$$

由上式不难看出，只有 $R_0 - R_L = 0$，分数的分母最小，也就是 P_L 最大。这样就得到负载获最大功率的条件为

$$R_L = R_0$$

如利用高等数学知识，令 $dP_L/dR_L = 0$，也可得同样结果。

注意：负载获最大功率时，其功率仅为电压源供出功率的一半，供电效率只有50%。这种情况在电力系统中是不允许的。因此，对传输功率大的电力线路，负载获最大功率并无实际意义；但对电子线路来说，其功能是以传递和处理信号为主，传输的能量不大，只希望负载上能获得较强的信号。例如，扩音机的负载是扬声器，要求其音量最大，应选择扬声器的电阻等于扩音机的输出电阻，这叫做“匹配”。

第二节　电路的等效变换

为了满足不同的需要，电路中各元件有不同的连接方式。就直流电阻电路而言，按连接方式不同，可分为两大类：简单电路和复杂电路。只用欧姆定律、分压、分流公式就可求解的电路称为“简单电路”。我们把那种不能用串、并联方法进行简化求其等效电阻的电路称为“复杂电路”。实际中，有两个引出线端的电路遇得较多，一般称其为二端网络。二端网络又分为无源二端网络（指网络内部不含电源）和有源二端网络（指网络内部含有电源）。

为了分析和计算电路，往往对二端网络进行等效变换和简化。所谓等效变换是指用一个新的、简单的二端网络 N 等效代替原有的较复杂的二端网络 M，以达到简化电路的目的。

一、网络等效的概念

如图 2-4 所示，若用一个网络 N 去等效代替原有网络 M，应满足什么条件呢？条件很简单：只要能满足端口处电流和电压关系不变，两个网络就是等效的。也就是说，在网络 M 的两端加电压 U，得到的电流是 I，那么在网络 N 的两端施加同样的电压 U，得到的电流是同样的 I，则网络 N 与网络 M 就整体而言，在电路中的作用是等效的。所谓“等效”是指对网络外部保持原电流、电压关系不变，而对网络内部是什么情况有时无法知道或无需知道。这种“等效”概念以后还会用到。

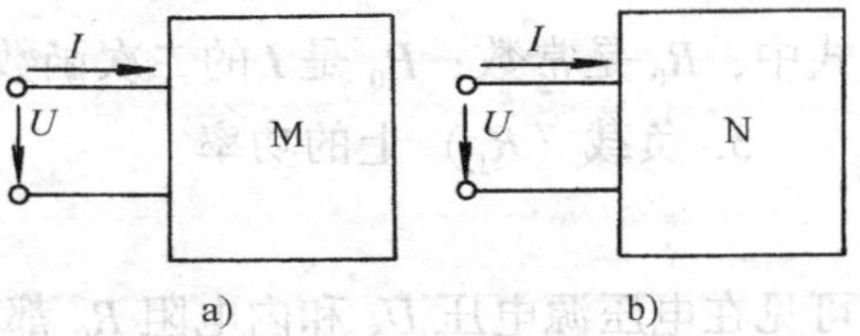

图 2-4　二端网络的等效变换

例如：证明电阻 R_1 和电阻 R_2 串联后的等效电阻 R 是两个电阻之和时，就用了“端口处电压、电流关系”保持不变这一等效概念。如图 2-5 所示，对图 2-5a 应用欧姆定律有

$$U = IR_1 + IR_2 = I(R_1 + R_2)$$

对图 2-5b 有

$$U = IR$$

在同样的 U、I 之下，由上两式不难得出

$$R = R_1 + R_2 \tag{2-4}$$

再如：求 R_1 和 R_2 并联时的等效电阻 R，也是利用网络等效的概念。

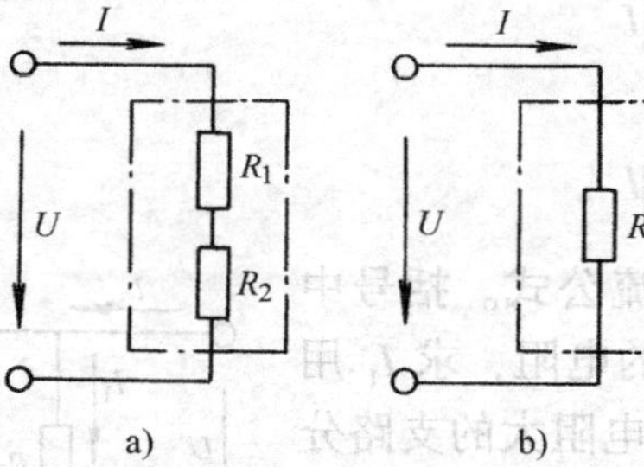

图 2-5　串联电阻等效简化

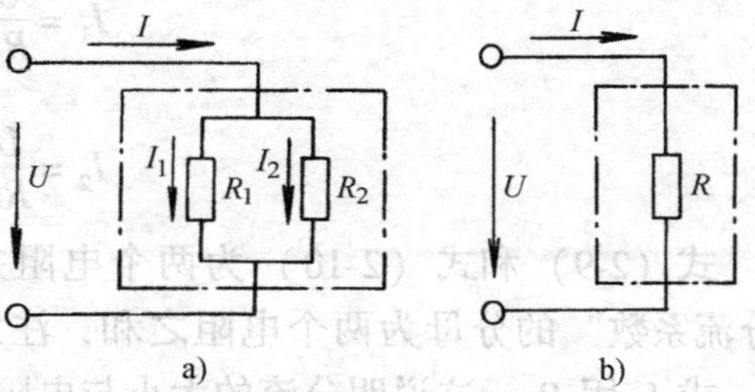

图 2-6　并联电阻等效简化

如图 2-6a 有

$$I = I_1 + I_2 = \frac{U}{R_1} + \frac{U}{R_2} = U\left(\frac{1}{R_1} + \frac{1}{R_2}\right)$$

对图 2-6b 有

$$I = \frac{U}{R}$$

在同样 U、I 之下，比较上面两个式子，可得

$$\frac{1}{R} = \frac{1}{R_1} + \frac{1}{R_2} \tag{2-5}$$

或

$$R = \frac{R_1 R_2}{R_1 + R_2} \tag{2-6}$$

二、串联电阻的分压作用

图 2-7 以两个电阻串联为例来说明分压作用。两个电阻串联，通过同一电流，这个电流不难计算

$$I = \frac{U}{R_1 + R_2}$$

R_1 和 R_2 的电压分配

$$U_1 = IR_1 = \left(\frac{R_1}{R_1 + R_2}\right)U \tag{2-7}$$

$$U_2 = IR_2 = \left(\frac{R_2}{R_1 + R_2}\right)U \tag{2-8}$$

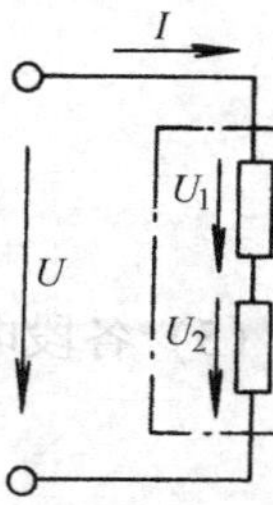

图 2-7　串联电阻分压电路

式（2-7）和式（2-8）为两个电阻的分压公式，括号部分为“分压系数”。推广到几个电阻串联，“分压系数”的分母就是这几个电阻之和，哪个电阻分得多少电压，分子就是那个电阻值。这说明分压的大小与电阻成正比。

三、并联电阻的分流作用

如图 2-8 所示，以两个电阻并联为例来说明分流作用。电路电压等于总电流乘以并联等效电阻

$$U = IR = I\frac{R_1R_2}{R_1+R_2}$$

两个支路的电流分别为

$$I_1 = \frac{U}{R_1} = \left(\frac{R_2}{R_1+R_2}\right)I \tag{2-9}$$

$$I_2 = \frac{U}{R_2} = \left(\frac{R_1}{R_1+R_2}\right)I \tag{2-10}$$

式（2-9）和式（2-10）为两个电阻并联时的分流公式。括号中“分流系数”的分母为两个电阻之和，注意：分子中的电阻，求 I_1 用 R_2，求 I_2 用 R_1。这说明分流的大小与电阻成反比例。电阻大的支路分得的电流小，电阻小的支路分得的电流大。

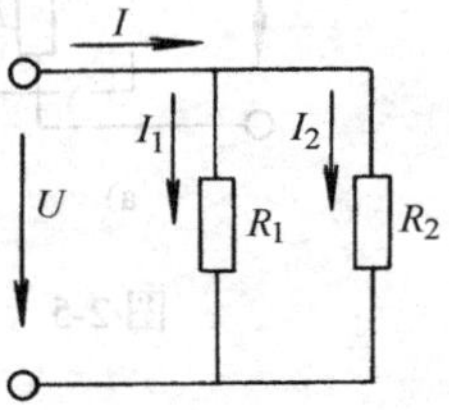

图 2-8　并联电阻分流电路

[例 2-1]　如图 2-9 所示，这是电位器（分压器）电路，滑动触头位于中点位置 $R_1 = R_2 = 100\Omega$，$R_3 = 400\Omega$，$U = 360\text{V}$，求总电流 I_1、电流 I_2、负载电流 I_3，各电阻功率 P_1、P_2、P_3 及总功率 P。

解：(1) 求 R_2、R_3 的并联电阻

$$R_{23} = \frac{R_2R_3}{R_2+R_3} = \frac{100\times400}{100+400}\Omega = 80\Omega$$

(2) 求 R_1 和 R_{23} 的串联电阻

$$R = R_1 + R_{23} = (100+80)\ \Omega = 180\Omega$$

(3) 求总电流

$$I_1 = \frac{U}{R} = \frac{360\text{V}}{180\Omega} = 2\text{A}$$

(4) 用分流公式求 I_2 和 I_3

$$I_2 = \frac{R_3}{R_2+R_3}I_1 = \frac{400}{100+400}\times2\text{A} = 1.6\text{A}$$

$$I_3 = \frac{R_2}{R_2+R_3}I_1 = \frac{100}{100+400}\times2\text{A} = 0.4\text{A}$$

(5) 各段电阻上功率

$$P_1 = I_1^2R_1 = 2^2\times100\text{W} = 400\text{W}$$

$$P_2 = I_2^2R_2 = 1.6^2\times100\text{W} = 256\text{W}$$

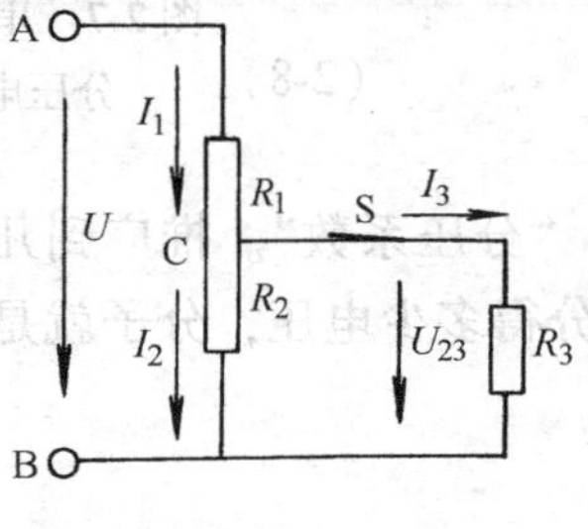

图 2-9　例 2-1 图

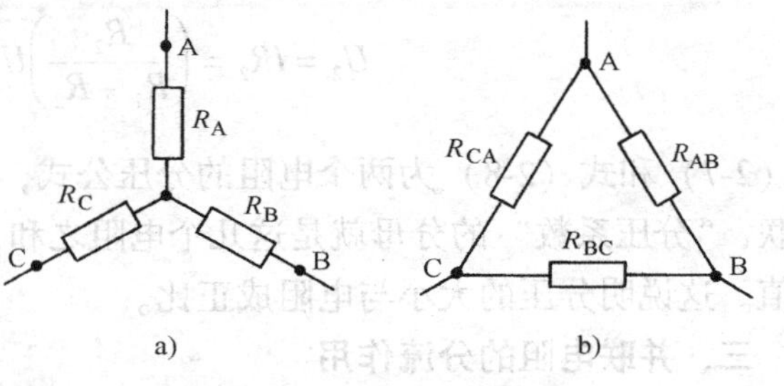

图 2-10　电阻的Y和△联结

$$P_3 = I_3^2 R_3 = 0.4^2 \times 400\text{W} = 64\text{W}$$

总功率

$$P = UI_1 = 360\text{V} \times 2\text{A} = 720\text{W}$$

四、电阻Y-△联结的等效变换

典型的Y（星）和△（三角）联结如图2-10a和b所示。

如果图2-11a中由R_{AB}、R_{BC}、R_{CA}组成的三角形能用由R_A、R_B、R_C组成的星形（图中虚线所示）等效代替，那么复杂电路就变成简单的串、并联电路了，如图2-11b所示。

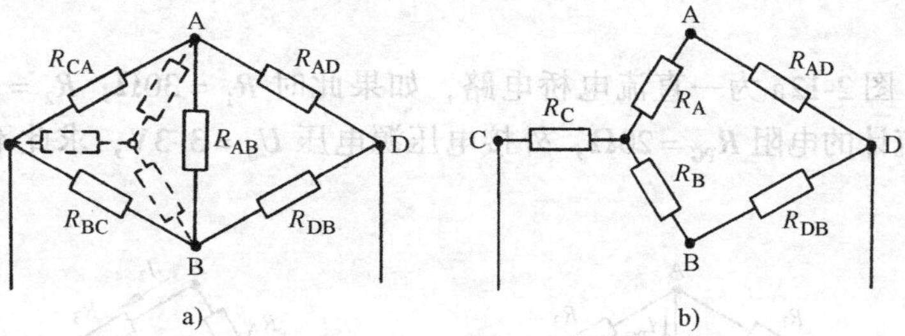

图2-11　Y—△等效变换

如何进行等效变换呢？下面就来介绍等效的条件和变换公式。

1. 等效条件

所谓“等效”，即要求在变换之后，对电路中没有变化的部分，不产生任何影响。具体来说：就是把图2-11a左边三角形变换成星形，如图2-11b所示。变换前后，对A、B、C三点以外的电路，无论是端点之间的电压还是各支路的电流都保持不变。即保持AB、BC、CA三个端口处的电压与电流关系不变。

2. 变换公式

根据等效条件，设法找出△联结时的电阻（R_{AB}、R_{BC}、R_{CA}）与Y联结时的电阻（R_A、R_B、R_C）之间的等效关系。由图2-10可以看出：三个端点（A、B、C）构成了三个端口（A—B、B—C、C—A），要保证图2-10a和图2-10b对应的三个端口处“伏—安关系不变”，只要保证对应的三个端口处变换前后的入端电阻不变就可以了。这样图2-11a和图2-11b分别就三个端口列出三个入端电阻计算式，然后使对应端口算式相等组成三个方程式。方程式中包括Y、△中的六个电阻，当已知三个电阻就可以求出另外三个电阻。公式推导较繁，没有必要列出，下面只给出结论，以便使用。

已知△联结时电阻（R_{AB}、R_{BC}、R_{CA}），求Y联结时的电阻（R_A、R_B、R_C）

$$\left.\begin{aligned} R_A &= \frac{R_{AB}R_{CA}}{R_{AB}+R_{BC}+R_{CA}} \\ R_B &= \frac{R_{BC}R_{AB}}{R_{AB}+R_{BC}+R_{CA}} \\ R_C &= \frac{R_{CA}R_{BC}}{R_{AB}+R_{BC}+R_{CA}} \end{aligned}\right\}$$

已知Y联结时的电阻（R_A、R_B、R_C），求△联结时的电阻（R_{AB}、R_{BC}、R_{CA}）

$$\left.\begin{aligned} R_{AB} &= \frac{R_A R_B + R_B R_C + R_C R_A}{R_C} \\ R_{BC} &= \frac{R_A R_B + R_B R_C + R_C R_A}{R_A} \\ R_{CA} &= \frac{R_A R_B + R_B R_C + R_C R_A}{R_B} \end{aligned}\right\}$$

这两个公式有一定规律，读者可自行总结，便于记忆。应当指出，如果按图 2-11b 计算出了各支路电流，并不等于求出了图 2-11a 中全部支路的电流。通过下例可以说明这一点。

[例 2-2] 图 2-12a 为一直流电桥电路，如果此时 $R_1=30\Omega$；$R_2=50\Omega$；$R_3=294\Omega$；$R_X=290\Omega$；检流计的电阻 $R_{PG}=20\Omega$，外接电压源电压 $U_S=3.3V$，求此不平衡状态下通过检流计的电流。

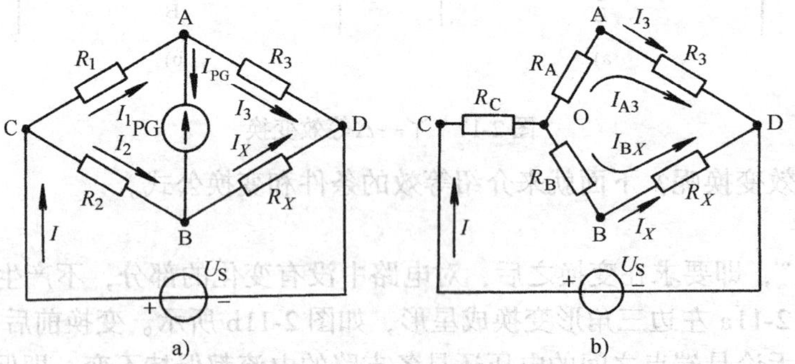

图 2-12 例 2-2 图

解：将 R_1、R_2 和 R_{PG} 组成的△联结用 R_A、R_B、R_C 组成的Y联结等效代替，如图2-12b所示。其中：

$$R_A=\frac{R_1R_{PG}}{R_1+R_2+R_{PG}}=\frac{30\times20}{30+50+20}\Omega=6\Omega$$

$$R_B=\frac{R_2R_{PG}}{R_1+R_2+R_{PG}}=\frac{50\times20}{30+50+20}\Omega=10\Omega$$

$$R_C=\frac{R_1R_2}{R_1+R_2+R_{PG}}=\frac{30\times50}{30+50+20}\Omega=15\Omega$$

R_A 和 R_3 串联 $R_{A3}=(6+294)\ \Omega=300\Omega$

R_B 和 R_X 串联 $R_{BX}=(10+290)\ \Omega=300\Omega$

R_{A3}和 R_{BX}并联 $R_{OD}=\dfrac{R_{A3}R_{BX}}{R_{A3}+R_{BX}}=\dfrac{300}{2}\Omega=150\Omega$

总等效电阻 $R=R_C+R_{OD}=15+150=165\Omega$

总电路电流 $I=\dfrac{U_S}{R}=\dfrac{3.3}{165}=0.02A$

因为 R_{A3} 和 R_{BX} 相等，所以通过 R_3 和通过 R_X 并联支路的电流相等，各为总电流的一半：

$$I_3 = I_X = \frac{1}{2}I = \frac{0.02}{2}\text{A} = 0.01\text{A}$$

计算通过检流计（PG）的电流，利用图 2-12b 求 A、B 两点间的电压 U_{AB}，也就是图 2-12a A、B 两点间的电压

$$U_{AB} = I_3R_3 - I_XR_X = (0.01 \times 294 - 0.01 \times 290)\ \text{V} = 0.04\text{V}$$

通过检流计的电流为

$$I_{PG} = \frac{U_{AB}}{R_{PG}} = \frac{0.04}{20} = 0.002\text{A} = 2\text{mA}$$

I_{PG} 的方向从 A 流向 B。

利用等效变换的方法为分析、解决直流电路问题开拓了思路。当然，分析电路时采用什么样的等效变换，必须视具体情况选择，不要死搬硬套。

第三节　支路电流法

这种方法是直接应用基尔霍夫电流定律和电压定律来求解复杂电路的基本方法。它是以支路电流为待求量而列方程式的，所以称为“支路电流法”。

如图 2-13 所示，这是一个复杂电路。当电路中的各电压源和各电阻都是已知时，需要计算出各支路中的电流。此图有 5 条支路，要求 5 个待求电流，需要 5 个方程式，而这些方程必须是独立的。利用基尔霍夫定律是可以列出这些方程的。

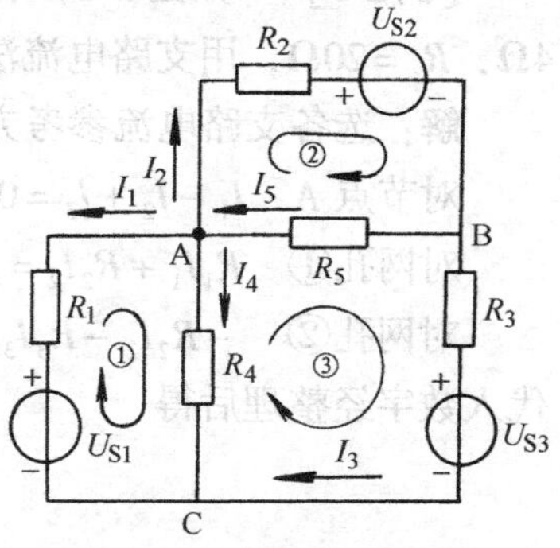

图 2-13　支路电流法电路图

为了列出基尔霍夫电流定律方程，首先要假定各支路电流的参考方向（如图中所示）。此电路有三个节点 A、B、C，其节点电流方程分别为

对 A 节点　$-I_1 - I_2 - I_4 + I_5 = 0$

对 B 节点　$I_2 - I_3 - I_5 = 0$

对 C 节点　$I_1 + I_3 + I_4 = 0$

通过分析不难看出，上面 3 个方程式只能选出两个独立方程，任选两个之后，第 3 个必然是已选两个方程的线性组合。

可以证明：若电路有 n 个节点，独立节点电流方程只有（$n-1$）个。图 2-13 中有 3 个节点，所以独立节点电流方程只有 2 个。该电路有 5 条支路电流待求，需要 5 个方程，还差 3 个方程，可用回路电压方程补充。为了保证所选回路电压方程是独立的，只选网孔就行了。若节点数为 n，支路数为 b，网孔数为 m，它们之间的关系为：$m = b - n + 1$（证明略）。

为了列网孔电压方程，需要选择网孔绕行方向（通常取顺时针绕向），如图 2-13 所示，同时进行编号。当电流参考方向与网孔绕行方向一致时，该电阻压降前取正号，反之取负

号，U_S 正负号的确定与第一章第六节相同，如

对网孔① $-I_1R_1+I_4R_4=U_{S1}$

对网孔② $I_2R_2+I_5R_5=-U_{S2}$

对网孔③ $I_3R_3-I_4R_4-I_5R_5=-U_{S3}$

若再选其他回路，将是前面2个或3个网孔方程的线性组合，不再是独立方程。

这样，该电路可以列2个节点电流方程和3个网孔电压方程，共有5个方程式，可以解出5个未知支路电流。

综上所述，用支路电流法求解各支路电流的步骤如下：

1）任选各支路电流的参考方向，并以各支路电流为待求量，电流编号尽量与所在支路电阻编号一致。

2）n 个节点列出 $n-1$ 个节点电流方程。

3）任选 m 个网孔的绕行方向，并进行编号。

4）列网孔的回路电压方程。

5）求解 $b=m+n-1$ 个联立方程式，可直接求得各支路电流。如果电流为正值，说明电流实际方向与所选电流参考方向相同，反之则相反。

［例2-3］ 如图2-14中各元件的数据已知：$U_{S1}=60V$，$U_{S2}=20V$，$R_1=10\Omega$，$R_2=4\Omega$，$R_3=20\Omega$，用支路电流法求各支路电流。

解：选各支路电流参考方向及网孔绕行方向（标在图中），列方程为

对节点A $I_1-I_2+I_3=0$

对网孔① $R_1I_1+R_2I_2=U_{S1}+U_{S2}$

对网孔② $-R_2I_2-R_3I_3=-U_{S2}$

代入数字经整理后得

$$I_1-I_2+I_3=0$$
$$10I_1+4I_2=80$$
$$-4I_2-20I_3=-20$$

解方程组得：$I_1=5.75A$，$I_2=5.625A$，$I_3=-0.125A$。

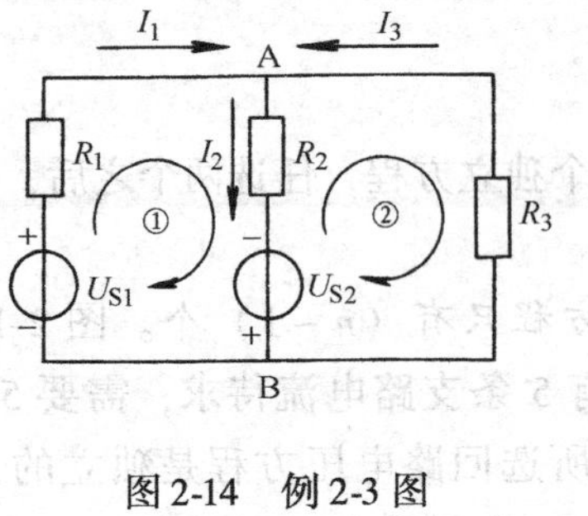

图2-14 例2-3图

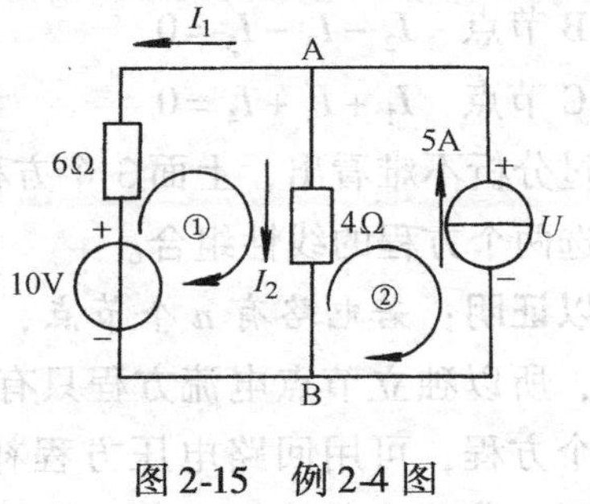

图2-15 例2-4图

［例2-4］ 如图2-15所示电路，求电流源两端的电压及流过6Ω和4Ω电阻的电流。

解：选各支路电流参考方向及网孔绕行方向（如果电路中有电流源，在列写含有电流源的回路电压方程时，必须注意计入电流源的端电压，并选定参考方向，以此作为一个电路待

求量），列方程如下：

对节点 A　$-I_1-I_2+5=0$

对网孔①　$-6I_1+4I_2=10$

对网孔②　$-4I_2=-U$

解方程组得　$U=16\text{V}$，$I_1=1\text{A}$，$I_2=4\text{A}$

第四节　节点电压法

应用支路电流法，需要列出（$n-1$）个节点电流方程和 m 个网孔电压方程。方程式的总数较多，求解也较麻烦，利用节点电压法只需列写节点电流方程而省去 m 个网孔电压方程。

为了便于比较，仍然以上节使用的电路图为例，如图 2-16 所示，该图有三个节点，独立节点电流方程只有两个，现任取一点“O”为参考点，则 A、B 两点为独立节点。把 A、B 点与参考点之间的电压 U_{AO} 和 U_{BO} 称为“节点电压”（也就是 A、B 两点对参考点的电位，所以节点电压法也称节点电位法）。

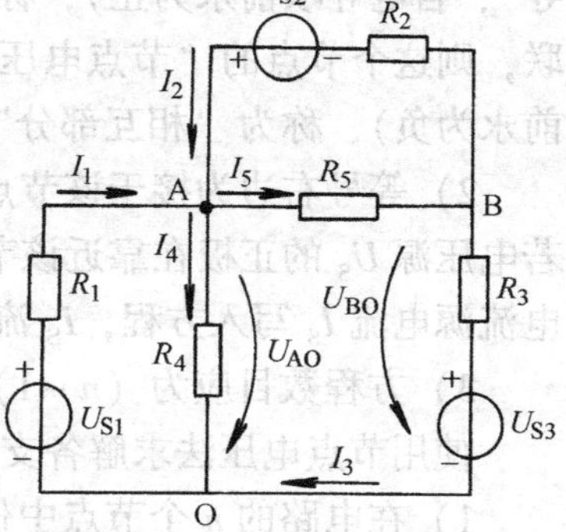

图 2-16　节点电压法电路图

如果节点电压 U_{AO} 与 U_{BO} 已经求出，则各支路电流就可用一段电路电压与电流关系进行计算。

在图 2-16 所示的参考方向下，不难写出

$$I_1=\frac{U_{S1}-U_{AO}}{R_1} \tag{2-11}$$

$$I_2=\frac{U_{S2}+U_{BO}-U_{AO}}{R_2} \tag{2-12}$$

$$I_3=\frac{U_{BO}-U_{S3}}{R_3} \tag{2-13}$$

$$I_4=\frac{U_{AO}}{R_4} \tag{2-14}$$

$$I_5=\frac{U_{AO}-U_{BO}}{R_5} \tag{2-15}$$

问题是怎样才能在已知各电压源电压（U_S）和各支路电阻（R）的情况下求出节点电压 U_{AO} 和 U_{BO} 呢？这可利用各独立节点列出节点电流方程，再将这些电流用式（2-11）至式（2-15）的等式代换，便可解出节点电压。如图 2-16 所示：

对节点 A　$I_1+I_2-I_4-I_5=0$

对节点 B　$-I_2-I_3+I_5=0$

将式（2-11）至式（2-15）分别代入上面两个式子之后，经整理把具有节点电压的各项和具有电压源电压 U_S 的各项分别写在等号的左边和右边，得

$$U_{AO}\left(\frac{1}{R_1}+\frac{1}{R_2}+\frac{1}{R_4}+\frac{1}{R_5}\right)-U_{BO}\left(\frac{1}{R_2}+\frac{1}{R_5}\right)=\frac{U_{S1}}{R_1}+\frac{U_{S2}}{R_2} \tag{2-16}$$

$$U_{BO}\left(\frac{1}{R_2}+\frac{1}{R_3}+\frac{1}{R_5}\right)-U_{AO}\left(\frac{1}{R_2}+\frac{1}{R_5}\right)=-\frac{U_{S2}}{R_2}+\frac{U_{S3}}{R_3} \tag{2-17}$$

或

$$U_{AO}\ (G_1+G_2+G_4+G_5)\ -U_{BO}\ (G_2+G_5)\ =U_{S1}G_1+U_{S3}G_2$$
$$-U_{AO}\ (G_2+G_5)\ +U_{BO}\ (G_2+G_3+G_5)\ =-U_{S2}G_2+U_{S2}G_3$$

分析上述方程式，可以找出规律性来。对某一节点列写该点的方程式：

1）等号左边是该点“节点电压”乘以与该点直接关联支路电阻倒数之和（称“自电导”，自电导项前永为正），称为“自身部分”；若其他节点通过某条支路与该节点有直接关联，则这个节点的“节点电压”乘以所有关联支路电阻倒数之和（称“互电导”，互电导项前永为负），称为“相互部分”，即等号左边为自身部分与相互部分的代数和。

2）等号右边为接于该节点的所有“有源支路”电压源电压除以本支路电阻的代数和。若电压源 U_S 的正极在靠近该节点的一侧取正号，反之取负号。若为电流源支路，则直接将电流源电流 I_S 写入方程，I_S 流入节点为正，反之为负。

3）方程数目应为（$n-1$）个独立节点数。

使用节点电压法求解各支路电流的步骤是：

1）在电路的 n 个节点中任选一点作为参考点，用“⊥”符号标注。一般选汇集支路多的节点或网络的接地点。

2）按上述原则列（$n-1$）个节点电流方程式，并求解各节点电压。

3）当节点电压求出后，再假定支路电流方向，用一段支路的欧姆定律求各支路电流。

用节点电压法求支路电流，尽管也要分两步完成，但要解的联立方程数少了，所以常被采用。

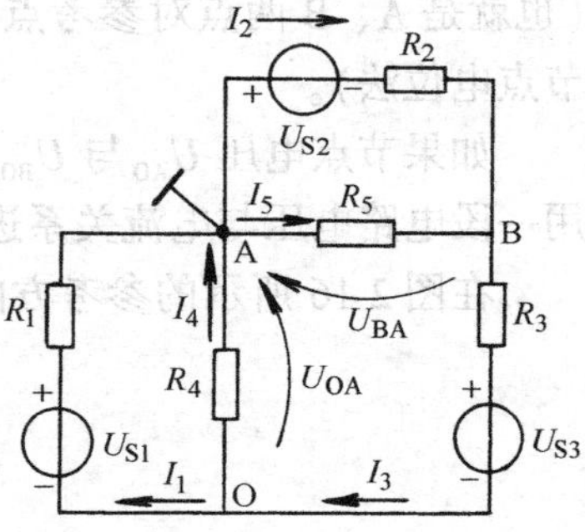

图2-17　例2-5图

[例2-5]　用节点电压法求各支路电流。如图2-17所示，已知 $U_{S1}=15V$，$R_1=3\Omega$，$U_{S2}=10V$，$R_2=2\Omega$，$U_{S3}=12V$，$R_3=1.4\Omega$，$R_4=6\Omega$，$R_5=8\Omega$。

解：与图2-16不同的是把参考点取在A点。现列方程如下（节点电压的方向已标在图上）：

$$U_{OA}\left(\frac{1}{R_1}+\frac{1}{R_3}+\frac{1}{R_4}\right)-U_{BA}\left(\frac{1}{R_3}\right)=-\frac{U_{S1}}{R_1}-\frac{U_{S3}}{R_3} \tag{1}$$

$$-U_{OA}\left(\frac{1}{R_3}\right)+U_{BA}\left(\frac{1}{R_2}+\frac{1}{R_3}+\frac{1}{R_5}\right)=-\frac{U_{S2}}{R_2}+\frac{U_{S3}}{R_3} \tag{2}$$

将已知数据代入，经整理得

$$1.214U_{OA}-0.714U_{BA}=-13.571$$
$$-0.714U_{OA}+1.339U_{BA}=3.571$$

解得　$U_{OA}=-14V$；$U_{BA}=-4.8V$

求支路电流需要选取电流参考方向（如图2-17所示），则

$$I_1=\frac{U_{OA}+U_{S1}}{R_1}=\frac{(-14+15)\ V}{3\Omega}=0.33A$$

$$I_2 = \frac{-U_{BA} - U_{S2}}{R_2} = \frac{[-(-4.8) - 10]\text{V}}{2\Omega} = -2.6\text{A}$$

$$I_3 = \frac{U_{BA} - U_{OA} - U_{S3}}{R_3} = \frac{[-4.8 - (-14) - 12]\text{V}}{1.4\Omega} = -2\text{A}$$

$$I_4 = \frac{U_{OA}}{R_4} = \frac{-14\text{V}}{6\Omega} = -2.33\text{A}$$

$$I_5 = \frac{-U_{BA}}{R_5} = \frac{-(-4.8)\text{V}}{8\Omega} = 0.6\text{A}$$

本例如果用支路电流法求解，也应得到相同的结果，读者可以自行验证。

当支路数较多，且只有一对（两个）节点，求各支路中的电流，将充分显示节点电压法的优点。如图 2-18 所示有四条支路，用支路电流法需要四个方程式，若用节点电压法只需列一个方程式。

$$U_{AB}\left(\frac{1}{R_1} + \frac{1}{R_2} + \frac{1}{R_3} + \frac{1}{R_4}\right) = \frac{U_{S1}}{R_1} + \frac{U_{S2}}{R_2} - \frac{U_{S4}}{R_4}$$

或
$$U_{AB} = \frac{\frac{U_{S1}}{R_1} + \frac{U_{S2}}{R_2} - \frac{U_{S4}}{R_4}}{\frac{1}{R_1} + \frac{1}{R_2} + \frac{1}{R_3} + \frac{1}{R_4}}$$

写成一般公式为

$$U_{AB} = \frac{\sum \frac{U_S}{R}}{\sum \frac{1}{R}} = \frac{\sum (U_S G)}{\sum G} \tag{2-18}$$

式（2-18）称为弥尔曼定理。分母中的$\sum(1/R)$是各支路电阻倒数（电导）之和。分子中的$\sum(U_S/R)$为有源支路等效电流源（I_S）的电流的代数和，若 U_S 的正极在所选正电位节点一侧取正号，反之取负号。如图 2-18 所示，取 B 点为参考点，则 A 点为正电位节点。当U_{AB}求出之后，再设各支路电流参考方向，计算就不困难了。

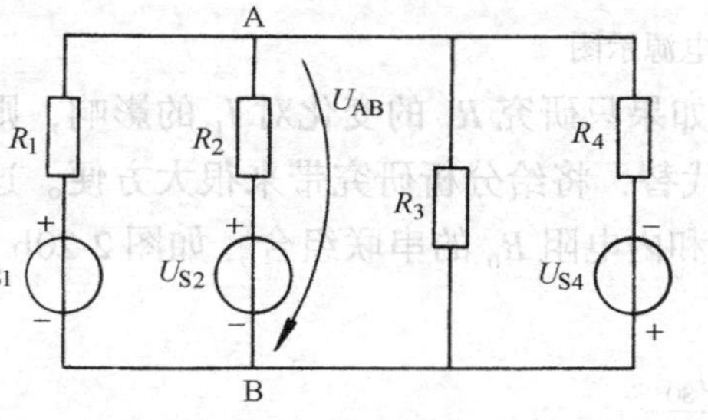

图 2-18　弥尔曼定理

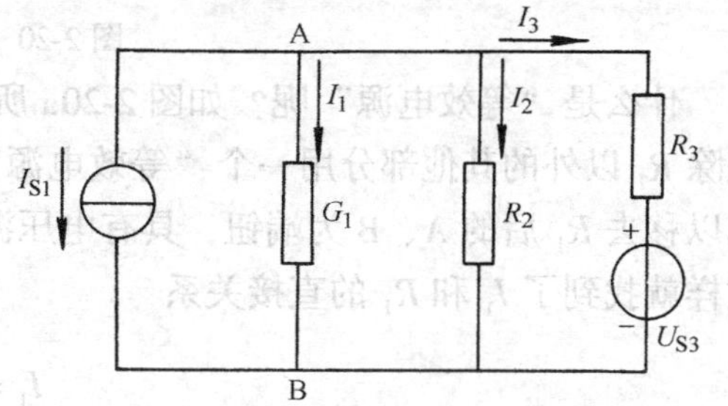

图 2-19　例 2-6 图

[例 2-6]　如图 2-19 所示，已知 $I_{S1}=2\text{A}$，$G_1=0.1\text{S}$，$R_2=5\Omega$，$U_{S3}=10\text{V}$，$R_3=2\Omega$，求各支路电流。

解：此题只有两个节点，可用弥尔曼定理，取 B 点为参考点，列方程如下

$$U_{AB}=\frac{-I_{S1}+\frac{U_{S3}}{R_3}}{G_1+\frac{1}{R_2}+\frac{1}{R_3}}=\frac{-2+\frac{10}{2}}{0.1+\frac{1}{5}+\frac{1}{2}}\text{V}=3.75\text{V}$$

选取各支路电流的参考方向如图 2-19 所示，则

$$I_1=U_{AB}G_1=3.75\text{V}\times0.1\text{S}=0.375\text{A}$$

$$I_2=\frac{U_{AB}}{R_2}=\frac{3.75\text{V}}{5\Omega}=0.75\text{A}$$

$$I_3=\frac{U_{AB}-U_{S3}}{R_3}=\frac{(3.75-10)\text{V}}{2\Omega}=-3.125\text{A}$$

可用 $\sum I=0$ 验证

$$-I_{S1}-I_1-I_2-I_3=0$$

$$[-2-0.375-0.75-(-3.125)]\text{A}=0$$

第五节　戴维南定理和诺顿定理

在工程实践中常有这种情况，就是在一个复杂电网络中，并不需要把所有支路的电流都计算出来，而只要对某一支路进行分析和计算。为了避免求解较多未知数的方程组，提出了“等效电源”的设想。

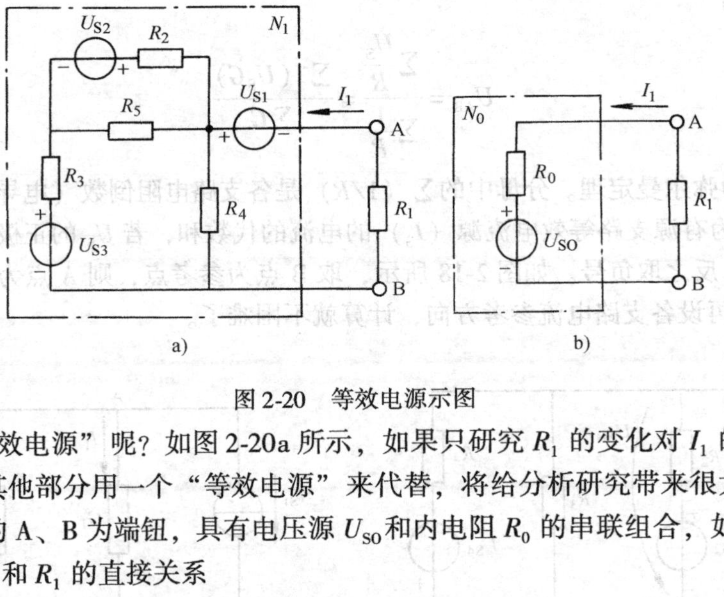

图 2-20　等效电源示图

什么是“等效电源”呢？如图 2-20a 所示，如果只研究 R_1 的变化对 I_1 的影响，则可以把除 R_1 以外的其他部分用一个“等效电源”来代替，将给分析研究带来很大方便。这个电源以移去 R_1 后的 A、B 为端钮，具有电压源 U_{SO} 和内电阻 R_0 的串联组合，如图 2-20b 所示。这样就找到了 I_1 和 R_1 的直接关系

$$I_1=\frac{-U_{SO}}{R_0+R_1}$$

图 2-20b 中的点划线框内部分（N_0）可称为图 2-20a 网络 N_1 的“等效电压源”。

现在的问题是能不能这样等效，如果能又怎样求取 R_0 和 U_{SO} 呢？下面就来分析这种等效的可能性和具体方法。

一、有源二端网络可以用等效电压源代替——戴维南定理

任何一个线性有源二端网络，对外电路来说，可以用一个电压源和电阻串联组合的电路模型来等效。该电压源的电压等于有源二端网络的开路电压 U_{OC}；电阻等于将有源二端网络变成无源二端网络后的等效电阻 R_0，这就是戴维南定理。该电路模型称为戴维南等效电路。

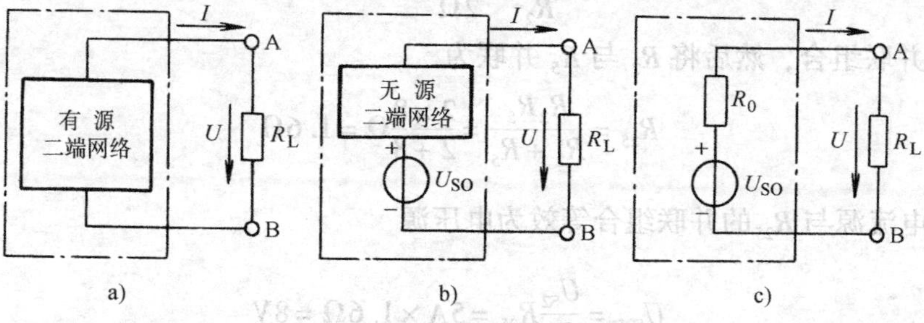

图 2-21　戴维南等效电路

如图 2-21a 所示，负载电阻 R_L 中所以有电流，是因为与它相接的 A、B 两端钮间有电压 U 存在。如果要使图 2-21b 与图 2-21a 等效，其中电压源电压 U_{SO} 应当是图 2-21a 中 A、B 两端钮断开时的“开口电压” U_{OC}，即将 R_L 移去后 A、B 间电压。**注意**：不是未开口时的电压 U_{AB}。当求出 U_{SO}（等于 U_{OC}）之后，它就等效代替了原有源二端网络中全部电源的作用。这个有源二端网络就成了一个电压源 U_{SO} 和一个“无源二端网络”相串联，如图 2-21b 所示。对一个无源二端电阻网络，可以用一个“等效电阻”来代替。显然，这等效电阻就是等效电源的内电阻 R_0，如图 2-21c 所示。

“等效电源”与“有源二端网络”等效，是指代替之后，负载 R_L 两端的电压 U 及通过 R_L 的电流 I 都不会变化。

由上述可知，求等效电压源电压 U_{SO} 及内电阻 R_0 的方法是：

1）求 U_{SO}。将待研究的支路移开，求所剩下的有源二端网络的开口电压 $U_{OC}=U_{SO}$。应注意所选 U_{OC} 的参考方向及所求值的正负号，以便确定等效电压源 U_{SO} 的正负端。

2）求 R_0。将有源二端网络中的电源“去掉”（电压源短接，电流源断开），形成无源网络，计算由端口处看入的等效电阻。

[例 2-7]　如图 2-20a 所示，已知 $U_{S1}=15V$，$R_1=3\Omega$，$U_{S2}=10V$，$R_2=2\Omega$，$U_{S3}=12V$，$R_3=1.4\Omega$，$R_4=6\Omega$，$R_5=8\Omega$。试用戴维南定理求通过 R_1 中的电流。

解：将 R_1 移去，形成以 A、B 为端口的有源二端网络，如图 2-22 所示。

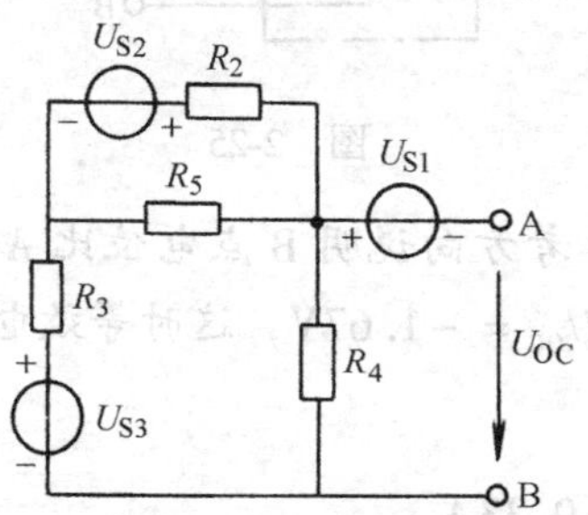

图 2-22　例 2-7 图（1）

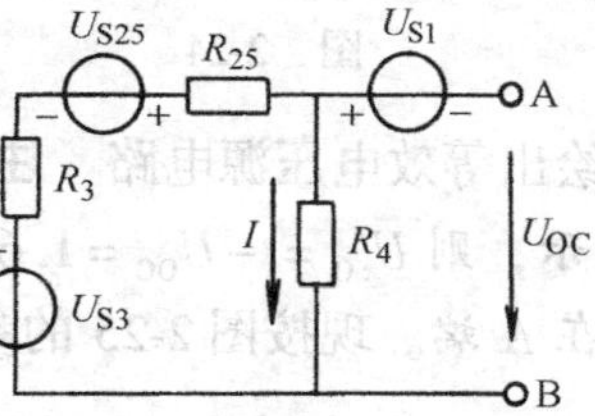

图 2-23　例 2-7 图（2）

（1）求等效电压源电压 U_{SO}　求 U_{SO} 也就是计算图 2-22 中 A、B 端口的开口电压 U_{OC}

(方向如图所示)。步骤如下:

先将 U_{S2} 与 R_2 的串联组合等效为电流源

$$\frac{U_{S2}}{R_2}=\frac{10V}{2\Omega}=5A$$

与 R_2 的并联组合，然后将 R_2 与 R_5 并联为

$$R_{25}=\frac{R_2R_5}{R_2+R_5}=\frac{2\times8}{2+8}\Omega=1.6\Omega$$

再将$\frac{U_{S2}}{R_2}$电流源与 R_{25}的并联组合等效为电压源

$$U_{S25}=\frac{U_{S2}}{R_2}R_{25}=5A\times1.6\Omega=8V$$

与 R_{25}的串联组合（其变换过程的图省略了），最后将图 2-22 等效成了图 2-23。由图 2-23可求

$$I=\frac{U_{S25}+U_{S3}}{R_4+R_{25}+R_3}=\frac{(8+12)\ V}{(6+1.6+1.4)\ \Omega}=\frac{20}{9}A$$

$$U_{S0}=U_{OC}=IR_4-U_{S1}=\left(6\times\frac{20}{9}-15\right)V=-1.67V$$

(2) 求等效电源内电阻 R_0　将电源去掉（即将 U_{S1}、U_{S2}、U_{S3}短接），如图 2-24 所示。

$$R_{25}=\frac{R_2R_5}{R_2+R_5}=\frac{2\times8}{2+8}\Omega=1.6\Omega$$

$$R_{253}=R_{25}+R_3=(1.6+1.4)\Omega=3\Omega$$

$$R_0=\frac{R_{253}R_4}{R_{253}+R_4}=\frac{3\times6}{3+6}\Omega=2\Omega$$

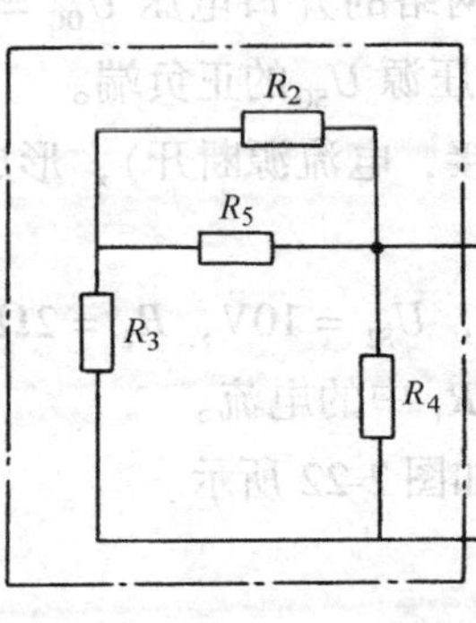

图　2-24

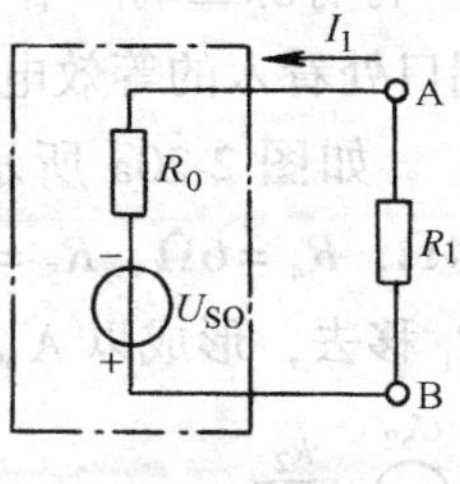

图　2-25

(3) 绘出等效电压源电路　**注意**: $U_{OC}<0$ 按所标参考方向说明 B 点电位比 A 点高，如图 2-25 所示，则 $U_{S0}=-U_{OC}=1.67V$，如果仍用 $U_{S0}=U_{OC}=-1.67V$，这时等效电路电压源的正极应在 A 端。现按图 2-25 的参考方向，得

$$I_1=\frac{U_{S0}}{R_0+R_1}=\frac{1.67V}{(2+3)\ \Omega}=0.33A$$

二、有源二端网络可以用等效电流源代替——诺顿定理

在第一章中已介绍过两种实际电源模型的等效变换。根据这个原理，不难得出如下结

论：任何一个有源线性二端网络，可以用一个电流源和电阻并联组合的电路模型来等效代替，该电流源的电流等于有源二端网络的短路电流 I_{SC}，电阻等于将有源二端网络变成无源二端网络后的等效电阻 R_0，这就是诺顿定理。该电路模型称为诺顿等效电路。

［**例 2-8**］　用诺顿定理重新计算例 2-7。

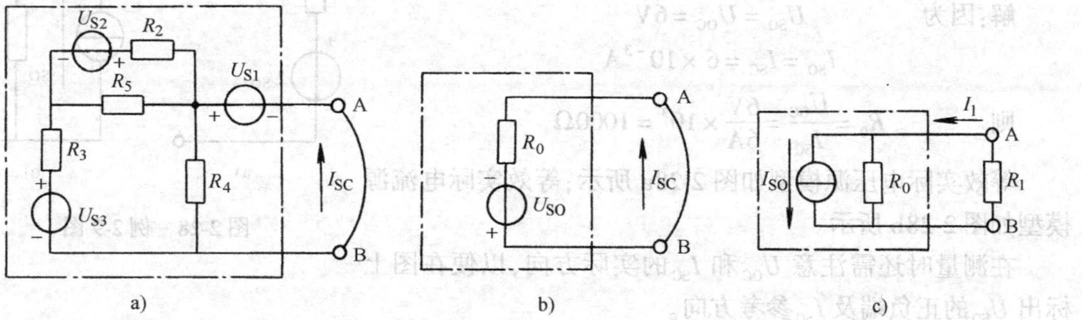

图 2-26　例 2-8 图

解：（1）求等效电流源电流 I_{SO}　当 R_1 移去后，将端口 A、B 短接，求通过 AB 短接线中的短路电流 $I_{SC}=I_{SO}$，如图 2-26a 所示。计算 I_{SC} 的方法有多种，现在介绍一种，步骤如下：

可按上例步骤，求出图 2-26b 的 $U_{SO}=1.67\text{V}$，$R_0=2\Omega$，再将端口 A、B 短接，计算 I_{SC}（不是图中的 I_1）

$$I_{SC}=I_{SO}=\frac{U_{SO}}{R_0}=\frac{1.67\text{V}}{2\Omega}=0.84\text{A}$$

（方向在短接线中由 B 流向 A），如图 2-26b 所示。

（2）绘出等效电流源电路　如图 2-26c 所示。

注意：*$I_{SO}=0.84\text{A}$ 是在短路线中由 B 流向 A，绘成电流源电路也应保证这个方向，如图 2-26c 所示。即电流源 I_{SO} 由 A 流向 B，才能使短接线中的 I_{SC} 由 B 流向 A。*

现将被移去的 R_1 接入电路，如图 2-26c 所示，用分流公式可求

$$I_1=I_{SO}\frac{R_0}{R_0+R_1}=0.84\times\frac{2}{2+3}\text{A}=0.33\text{A}$$

三、实验测量法求取等效电源模型

由上述可知：有源二端网络，用“等效电源”代替，其中 U_{SO} 等于开路电压 U_{OC}；I_{SO} 等于短路电流 I_{SC}，而等效内电阻 $R_0=U_{OC}/I_{SC}$。因此，对于一个不知其内部结构的有源二端网络（俗称“黑盒子”），可以用实验测量法来求取“等效电源”模型数据（这一方法也叫开路短路法）。

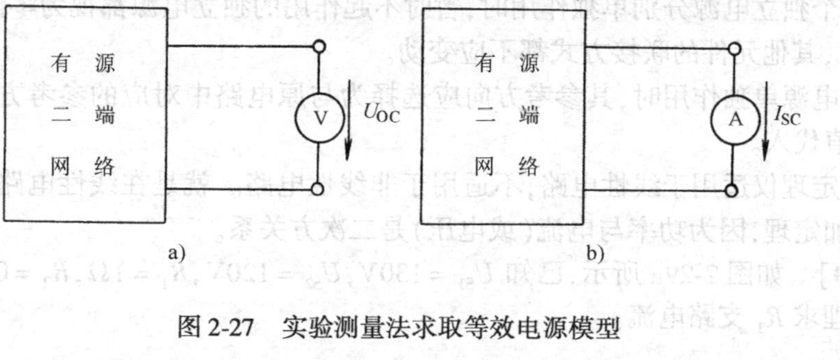

图 2-27　实验测量法求取等效电源模型

如图 2-27a 所示，在开路状态下测开口电压（U_{OC}）；如图 2-27b 所示，测其短路状态下的电流（I_{SC}），知道了这两个实验数据，可求内电阻（R_0），那么就可将该“黑盒子”作成实际电压源或实际电流源模型。

［例 2-9］ 有一“有源二端网络”，测得开口电压 $U_{OC}=6V$；又测得短路电流 $I_{SC}=6mA$，试绘出其等效电源模型。

解：因为 $U_{SO}=U_{OC}=6V$

$I_{SO}=I_{SC}=6\times10^{-3}A$

则 $R_0=\dfrac{U_{OC}}{I_{SC}}=\dfrac{6V}{6A}\times10^3=1000\Omega$

等效实际电压源模型如图 2-28a 所示；等效实际电流源模型如图 2-28b 所示。

在测量时还需注意 U_{OC} 和 I_{SC} 的实际方向，以便在图上标出 U_{S0} 的正负端及 I_{S0} 参考方向。

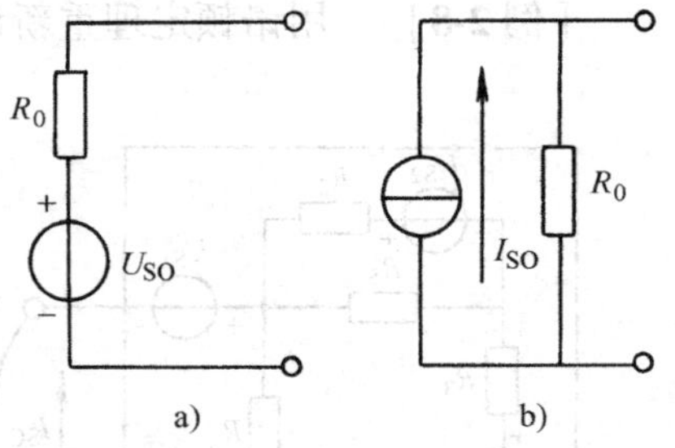

图 2-28 例 2-9 图

第六节 叠加定理

叠加定理是在线性电路中，几个电源共同作用下的各支路电流（或各元件上的电压），等于这几个电源分别单独作用下各支路电流（或各元件上的电压）的代数和。

如图 2-29 所示，流过电阻 R_3 的电流 I_3 由两部分叠加组成。

第一部分 $I_3^{①}$ 是把 U_{S2} 视为零值（短路），U_{S1} 单独作用于电路的结果，如图 2-29b 所示；第二部分 $I_3^{②}$ 是把 U_{S1} 视为零值，U_{S2} 单独作用于电路的结果，如图 2-29c 所示。

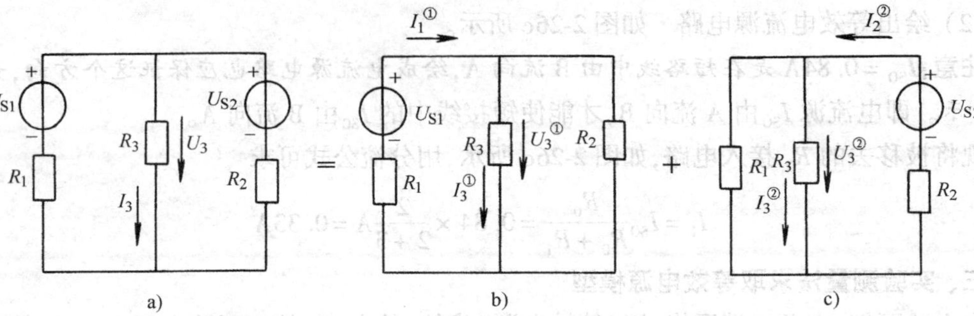

图 2-29 叠加定理

应用叠加定理时应注意以下几点：

1）在各个独立电源分别单独作用时，暂时不起作用的独立电源都视为零值（电压源短路、电流源开路），其他元件的联接方式都不应变动。

2）各个电源单独作用时，其参考方向应选择为与原电路中对应的参考方向一致，在叠加时应把代数值代入。

3）叠加定理仅适用于线性电路，不适用于非线性电路。就是在线性电路中，功率的计算也不能用叠加定理，因为功率与电流（或电压）是二次方关系。

［例 2-10］ 如图 2-29a 所示，已知 $U_{S1}=130V$，$U_{S2}=120V$，$R_1=1\Omega$，$R_2=0.5\Omega$，$R_3=20\Omega$，试用叠加定理求 R_3 支路电流。

解:由叠加定理,画出 U_{S1} 和 U_{S2} 两个电源单独作用时的电路,如图 2-29b 和 c 所示,并标出电流参考方向。

对图 2-29b,U_{S1} 单独作用时各支路电流是

$$I_1^{①} = \frac{U_{S1}}{R_1 + \dfrac{R_2 R_3}{R_2 + R_3}} = \frac{130}{1 + \dfrac{0.5 \times 20}{0.5 + 20}} = \frac{130\text{V}}{1.488\Omega} = 87.3\text{A}$$

$$I_3^{①} = I_1^{①} \frac{R_2}{R_2 + R_3} = 87.3\text{A} \times \frac{0.5}{0.5 + 20} = 2.1\text{A}$$

对图 2-29c,U_{S2} 单独作用时各支路电流是

$$I_2^{②} = \frac{U_{S2}}{R_2 + \dfrac{R_1 R_3}{R_1 + R_3}} = \frac{120\text{V}}{\left(0.5 + \dfrac{1 \times 20}{1 + 20}\right)\Omega} = \frac{120\text{V}}{1.452\Omega} = 82.6\text{A}$$

$$I_3^{②} = I_2^{②} \frac{R_1}{R_1 + R_3} = 82.6\text{A} \times \frac{1}{1 + 20} = 3.9\text{A}$$

根据叠加定理

$$I_3 = I_3^{①} + I_3^{②} = (2.1 + 3.9)\text{A} = 6.0\text{A}$$

叠加定理用于电路某元件上电压的叠加也是适用的。如图 2-29 中 R_3 上的电压 U_3 可以用已求出的 I_3 进行计算:$U_3 = I_3 R_3 = 6\text{A} \times 20\Omega = 120\text{V}$。

也可由图 2-29b 和图 2-29c 分别求出 $U_3^{①}$ 和 $U_3^{②}$ 叠加求得

$$U_3 = I_3^{①} R_3 + I_3^{②} R_3 = (2.1 \times 20 + 3.9 \times 20)\text{V} = 120\text{V}$$

这里只介绍了用叠加定理求解 R_3 支路电流,同样也可以用叠加定理求 R_1 或 R_2 支路电流。

还应指出:用叠加定理解题,就是把复杂电路化为具有单一电源的简单电路进行计算,然后叠加。但在电源较多,网络又较繁杂的情况下,应用叠加定理求解各支路电流,方法虽然可行,计算将很麻烦,有时并不比节点电压法省事。因此,直接用叠加定理解题并不多。有时在一些特殊情况下,例如某一网络已全部计算完毕,在新的情况下,要求在某一支路增加一个电源时,为了避免对电路全部重新求解,这时利用叠加定理是比较合适的。

本 章 小 结

本章对直流电路进行了分析和计算,主要内容是:

一、直流电路运行状态分析

1. 三种工作状态的特征。

2. 负载上获得最大功率的条件是 $R_L = R_0$,在电子线路中经常得到应用。

二、电路的等效变换是简化、分析电路的重要方法

1. 两个网络满足端口处电流和电压关系不变,两个网络是等效的。这种“等效”的概念在分析电路时经常用到。

2. 电阻串联和并联电路的特点,串联分压和并联分流作用。

3. 电阻Y—△联结的等效变换。

三、支路电流法和节点电压法是求解复杂电路的基本方法

1. 支路电流法是直接应用 KCL 和 KVL 求解电路支路电流的基本方法。

2. 一个复杂电路选一个节点为参考点,则其他各个独立节点的电位称为该节点的节点电压。以节点电压为电路待求量,按 KCL 列出相应独立节点的电流方程来求解电路的方法叫做节点电压法。这种方法省去了 m 个网孔方程。

四、分析和计算电路的三个定理

1. 戴维南定理和诺顿定理对分析计算复杂电路中某一支路的电流或电压是最有效的方法。

2. 叠加定理适用于线性电路的分析计算,不仅适用直流电路,也适用于正弦交流电路和非正弦电路。

思考题与习题二

1-1　如题图 2-1 所示,实际电压源在断路状态下,用高内阻电压表测得电压 $U_{OC}=6V$,如题图 2-1a 所示;在短路状态下,用低内阻电流表测得电流 $I_{SC}=12A$,如题图 2-1b 所示。求:电压源电压 U_S 及内电阻 R_0。

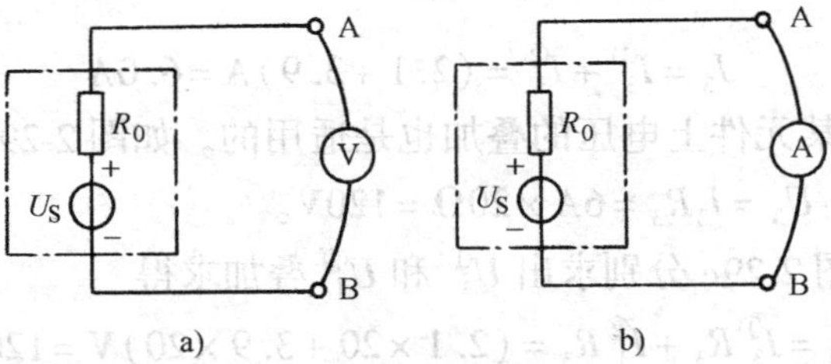

题图 2-1

1-2　分别计算题图 2-2 中 a、b 各元件上的电流、电压和功率。已知 $U_S=10V$,$I_S=10A$,$R=10\Omega$。

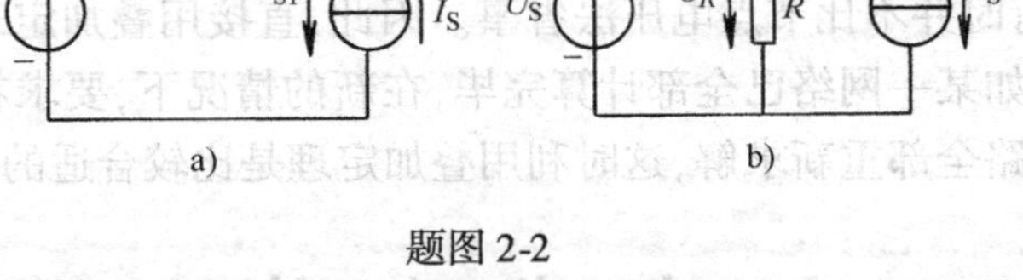

题图 2-2

1-3　电源内电阻不变,调整负载电阻使负载获最大功率的条件是 $R_L=R_0$;如果 R_L 不变,调整 R_0,负载 R_L 上获最大功率还是这个条件吗?说明理由。

2-1　如题图 2-3 所示,求 R_{AB}。已知题图 2-3a,$R_1=30\Omega$,$R_2=6\Omega$,$R_3=R_4=8\Omega$,$R_5=100\Omega$;题图 2-3b,$R_1=R_2=R_7=2\Omega$,$R_3=R_5=R_6=4\Omega$,$R_4=3\Omega$。

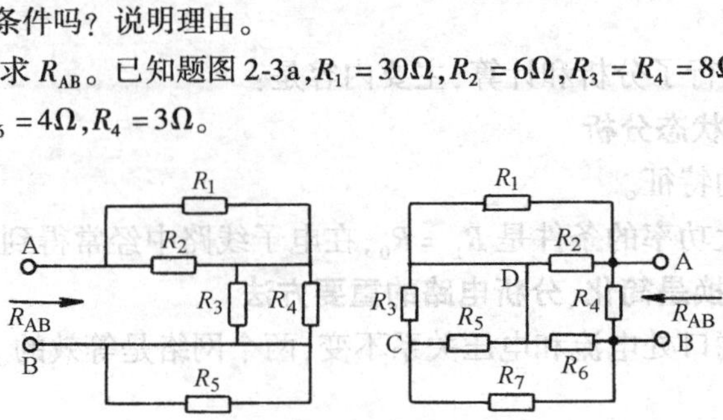

题图 2-3

2-2　如题图 2-4 所示电路，已知 $R_1=2\Omega, R_2=4\Omega, R_3=6\Omega, R_4=8\Omega, R_5=R_6=10\Omega$，求 R_{AB}。

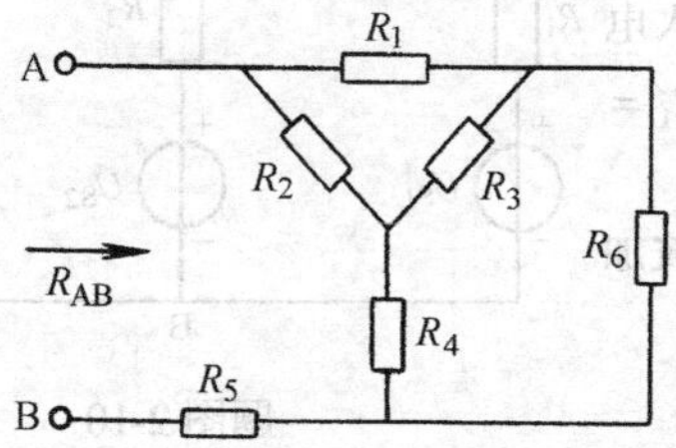

题图 2-4

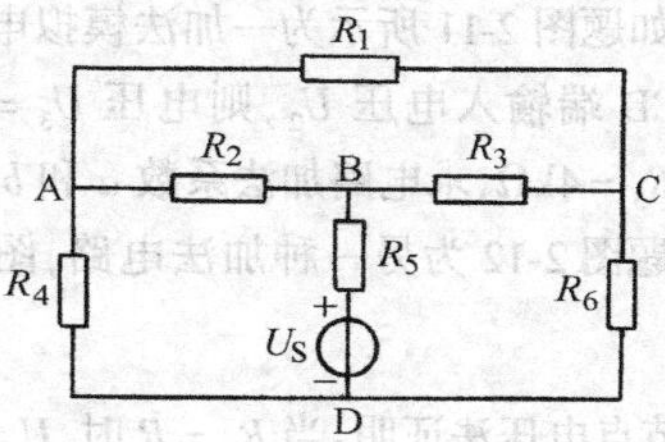

题图 2-5

2-3　如题图 2-5 所示，已知：$R_1=R_2=R_3=3\Omega, R_4=5\Omega, R_5=4\Omega, R_6=2\Omega, U_S=9V$。

求：(1) 通过各电阻中的电流（参考方向自选）。

(2) 电压 U_{CA} 和 U_{BD}。

(3) 电压源的功率 P_S。

3-1　如题图 2-6 中的三个电路 a、b、c 各有几个节点，几条支路，几个回路，几个网孔？并指出哪个是简单电路，哪个是复杂电路？

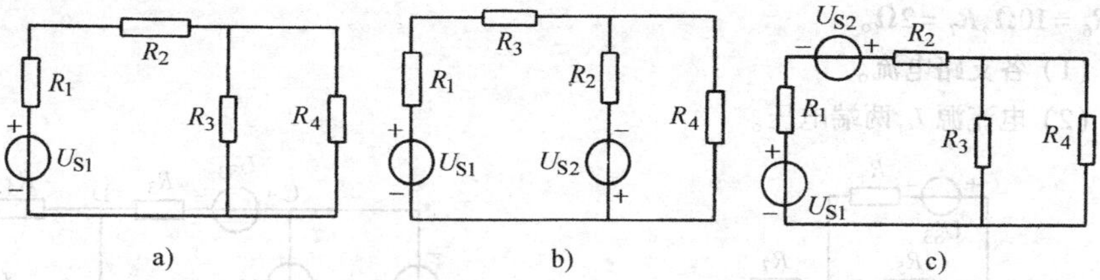

题图 2-6

3-2　如题图 2-7 所示电路，问：此电路支路、节点、网孔、回路，各有几个？图中哪几个电阻是并联？哪几个电阻是串联？

3-3　如题图 2-8 所示，按图示电流参考方向和回路绕行方向，用支路电流法列写节点电流方程和回路电压方程。

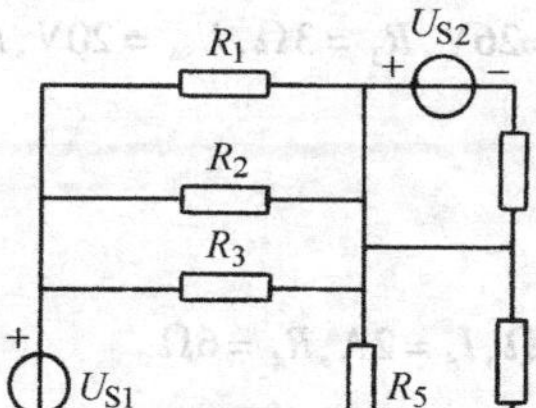

题图 2-7

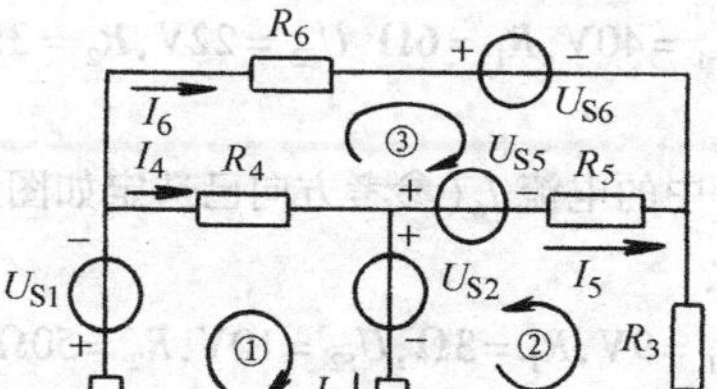

题图 2-8

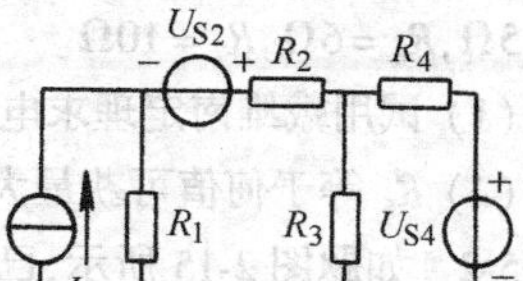

题图 2-9

3-4　如题图 2-9 所示，已知 $I_{S1}=2A, R_1=3\Omega, U_{S2}=6V, R_2=4\Omega, R_3=6\Omega, U_{S4}=9V, R_4=2\Omega$。

求：(1) 用支路电流法求各支路电流。

(2) 电流源两端电压。

(3) 电流源及两个电压源的功率。

3-5　如题图 2-10 所示，已知 $U_{S1}=130V, U_{S2}=120V, R_1=1\Omega, R_2=0.5\Omega, R_3=20\Omega$，试用支路电流法求各支路电流和 U_3。

4-1　什么是自电导和互电导？

4-2　用节点电压法重做题 3-5，求各支路电流。

4-3　如题图 2-11 所示为一加法模拟电路，如果在 AB 端输入电压 U_1，在 CD 端输入电压 U_2，则电压 $U_3 = aU_1 + bU_2$，若已知 $R_1 = 2\mathrm{k}\Omega$，$R_2 = R_3 = 4\mathrm{k}\Omega$，求电路加法系数 a 和 b。

4-4　题图 2-12 为另一种加法电路，图中的 U_{S1}、U_{S2}、U_{S3} 为被加电压。

试用节点电压法证明：当 $R_L = R$ 时，$U = \frac{1}{4}(U_{S1} + U_{S2} + U_{S3})$

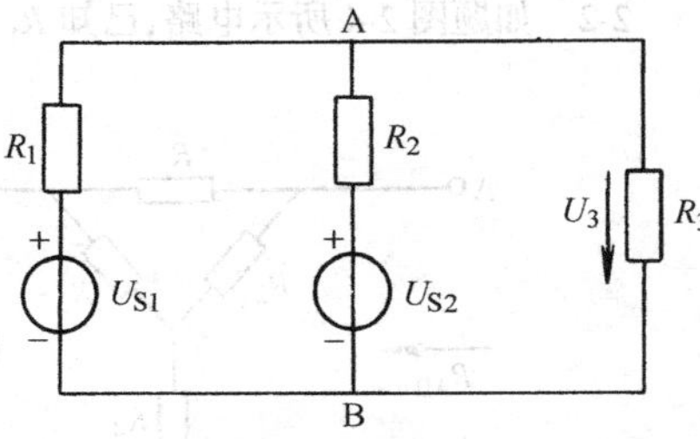

题图 2-10

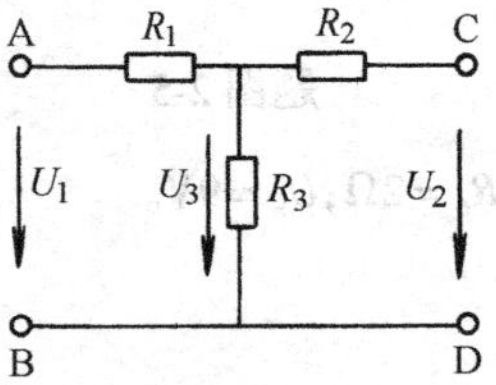

题图 2-11

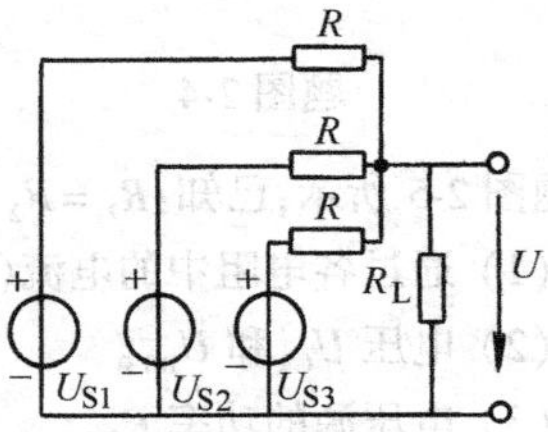

题图 2-12

4-5　如题图 2-13 所示，已知：$I_{S1} = 5\mathrm{A}$，$R_1 = 10\Omega$，$U_{S2} = 15\mathrm{V}$，$R_2 = 3\Omega$，$U_{S3} = 18\mathrm{V}$，$R_3 = 6\Omega$，$U_{S4} = 30\mathrm{V}$，$R_4 = 8\Omega$，$R_5 = 5\Omega$，$R_6 = 10\Omega$，$R_7 = 2\Omega$。

求：(1) 各支路电流。

(2) 电流源 I_{S1} 两端电压。

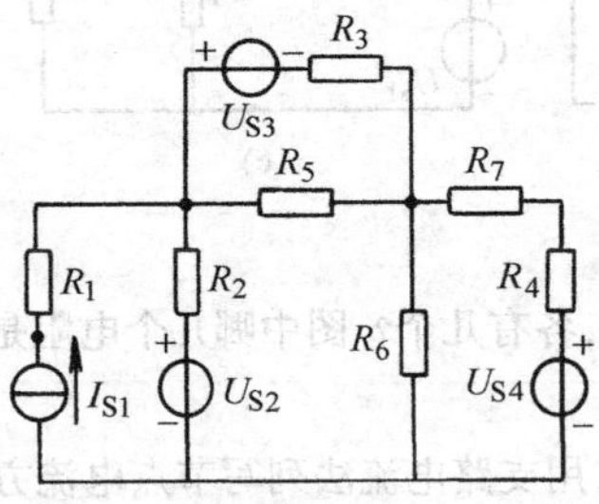

题图 2-13

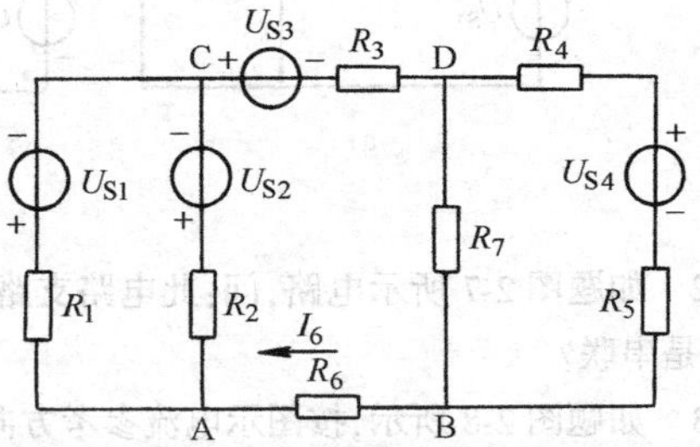

题图 2-14

5-1　如题图 2-14 所示，已知：$U_{S1} = 40\mathrm{V}$，$R_1 = 6\Omega$，$U_{S2} = 22\mathrm{V}$，$R_2 = 3\Omega$，$U_{S3} = 26\mathrm{V}$，$R_3 = 3\Omega$，$U_{S4} = 20\mathrm{V}$，$R_4 = R_5 = 5\Omega$，$R_6 = 6\Omega$，$R_7 = 10\Omega$。

(1) 试用戴维南定理求电阻 R_6 中的电流 I_6（参考方向已选定如图示）。

(2) R_6 等于何值可获最大功率？

5-2　如题图 2-15 所示，已知 $U_{S1} = 9\mathrm{V}$，$R_1 = 3\Omega$，$U_{S2} = 10\mathrm{V}$，$R_2 = 50\Omega$，$R_3 = 5\Omega$，$I_S = 2\mathrm{A}$，$R_4 = 6\Omega$。

求：R_L 调到何值，使 $I_L = 0.1\mathrm{A}$。

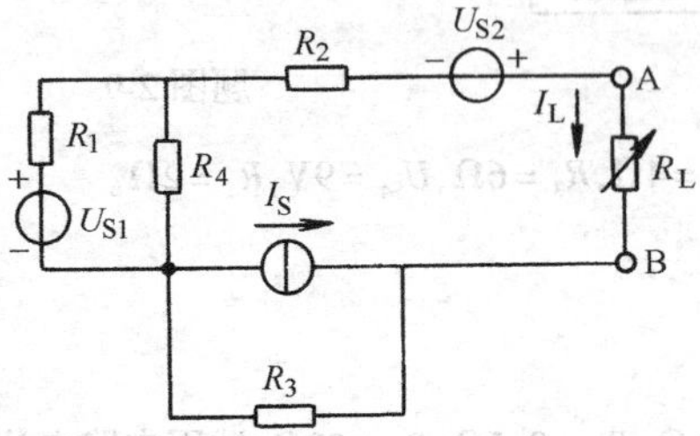

题图 2-15

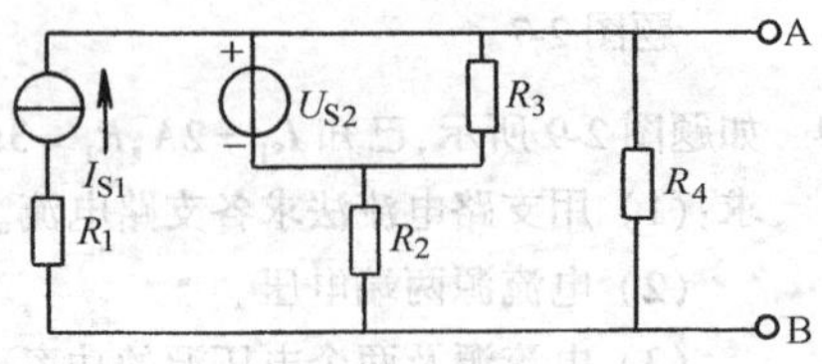

题图 2-16

5-3　如题图 2-16，已知：$I_{S1}=4A, R_1=2\Omega, U_{S2}=4V, R_2=4\Omega, R_3=3\Omega, R_4=6\Omega$。

试对端口 A-B 用求取开口电压 U_{OC} 和短路电流 I_{SC} 的方法，将其等效为以 A-B 为输出端的等效电压源和等效电流源。

6-1　利用叠加定理重做题 5-2。

6-2　如题图 2-17 所示，已知：$I_S=2A, U_S=4V, R_1=10\Omega, R_2=2\Omega$。用叠加定理求电流源两端电压 U_{S1}。

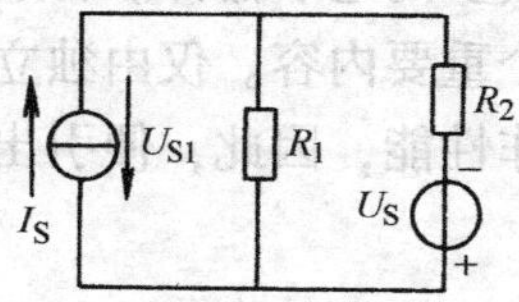

题图 2-17

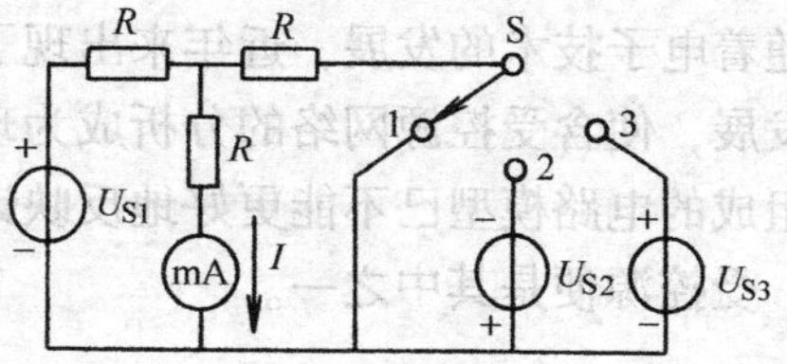

题图 2-18

6-3　如题图 2-18 所示，当开关 S 在位置 1 时，毫安表的读数为 $I_1=40mA$；当开关在位置 2 时，毫安表的读数为 $I_2=-60mA$，若已知 $U_{S2}=4V, U_{S3}=6V$。求当开关在位置 3 时毫安表的读数 I_3。

△第三章　受控电源电路分析

随着电子技术的发展，近年来出现了功能各异、种类繁多的电子器件。特别是集成化电路的发展，使含受控源网络的分析成为现代网络理论的一个重要内容。仅由独立电源和常规元件组成的电路模型已不能更好地反映诸多电子器件的工作性能，因此，便引出了新的电路元件，受控源便是其中之一。

第一节　受控源的基本概念及模型

受控源是实际器件的一种抽象。许多电子器件可能用受控源来描述其工作性能，即用受控源作为它们的电路模型。相反，受控源电路也可以用各种电子器件来实现它的功能。

受控源也有电压源和电流源之分，但它供出的电压或电流，是要受电路中其他支路的电流或电压控制的。它不像独立电源那样可以独立地对外电路提供能量。

受控源一般来说有两个端口：一个称输入端口，输入控制量；一个称输出端口，输出被控制量。控制量可以是电流或电压，被控制量也可以是电流或电压。这样，受控源可有四种类型：电压控制电压源（VCVS）；电压控制电流源（VCCS）；电流控制电压源（CCVS）；电流控制电流源（CCCS）。它们在电路中的图形符号分别如图 3-1a、b、c、d 所示。

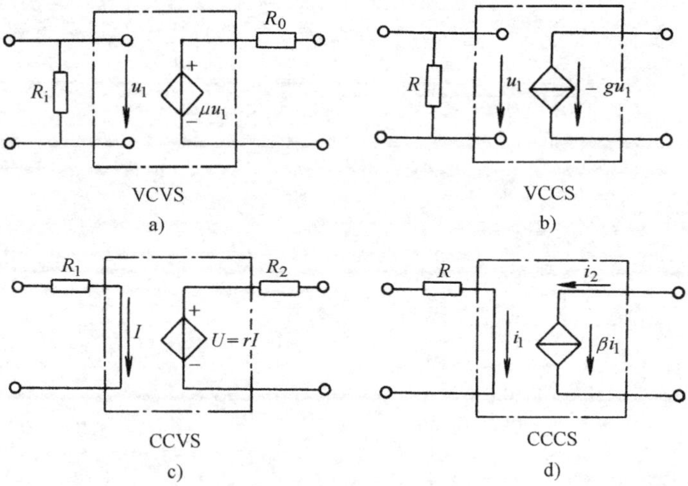

图 3-1　受控源模型

图 3-1 中的菱形符号表示受控源，其参考方向的表示方法与独立电源相同。图中 μ、g、r、β 都是有关的控制系数，μ 和 β 是没有单位的纯数，g 和 r 的单位分别是电导的单位和电阻的单位。当这些系数为常数时，受控源称为线性受控源。

受控源和独立电源虽然都是电源，但它们在电路中的作用是不尽相同的。独立电源是作为电路外对电路内一种能量或信号的输入。而受控源是作为电路器件在电路中所发生的一种物理现象的模型，它反映了电路某一处的电压或电流对另一处的电流或电压的函数关系。如果电路中不存在独立电源的激励，则各支路就不会有电流和电压产生（响应），于是控制量将为零，受控源也不会存在。因此，在具有受控源的电路中，若进行电路简化或变换时，“控制”与“受控”两个支路都不能随便去掉。

需要指出：上述的四种受控电源模型，在电路中出现时不一定总是把输入端和输出端（控制支路和受控支路）画在一起。但是，在电路中必须标明受控源的符号。受控源用菱形符号表示，如图 3-1 中所示，还需标明控制量。

［**例 3-1**］　如图 3-2 所示，已知 $U_{S1}=2V$，$R_1=2\Omega$，$U_{S2}=2V$，$R_2=2\Omega$，$R_4=8\Omega$，$I=1A$。

求：(1) 各支路电流。

(2) 受控电流源两端电压。

(3) 电阻 R_3。

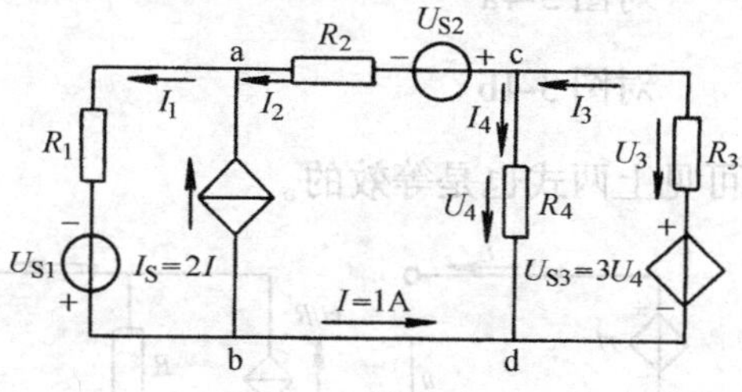

图 3-2　例 3-1 图

解：除已知电流 I 的方向外，其余各待求支路电流都可任选，如图 3-2 所示。$I_S=2I$ 是电流控制电流源；$U_{S3}=3U_4$ 是电压控制电压源。

因为 $I=1A$，所以 $I_S=2I=2\times1A=2A$。

根据 KCL 可知

$$I_2=I=1A$$

$$I_1=I_2+I_S=(1+2)A=3A$$

受控电流源两端电压 U_{ab} 可通过 U_{S1}、R_1 支路求

$$U_{ab}=I_1R_1-U_{S1}=(3\times2-2)V=4V$$

求 R_4 两端电压 U_4 可由 c－a－b 路径计算

$$U_4=U_{cb}=U_{S2}+I_2R_2+U_{ab}=(2+1\times2+4)V=8V$$

通过 R_4 的电流

$$I_4=\frac{U_4}{R_4}=\frac{8V}{8\Omega}=1A$$

通过 R_3 的电流

$$I_3=I_2+I_4=(1+1)A=2A$$

R_3 两端电压

$$U_3=U_4-U_{S3}=(8-3\times8)V=-16V$$

则

$$R_3=-\frac{U_3}{I_3}=-\frac{-16V}{2A}=8\Omega$$

第二节　受控电压源与受控电流源的等效变换

与独立电源相似，受控源之间也可以相互等效变换。条件仍然是端口处电流与电压关系不变。

一、受控电压源等效为受控电流源

图 3-3a 为电流控制电压源 ri 与 R 的串联组合，可以等效变换为图 3-3b 的电流控制电

流源 ri/R 与电阻 R 的并联组合。

对图 3-3a $$u = ri - iR$$

对图 3-3b $$i = \frac{ri}{R} - \frac{u}{R}$$

不难看出两式是等效的。

图 3-4a 为电压控制电压源与电阻的串联组合，可以等效变换为图 3-4b 的电压控制电流源与电阻的并联组合。

对图 3-4a $$u = \mu u - iR$$

对图 3-4b $$i = \frac{\mu u}{R} - \frac{u}{R}$$

可见上两式也是等效的。

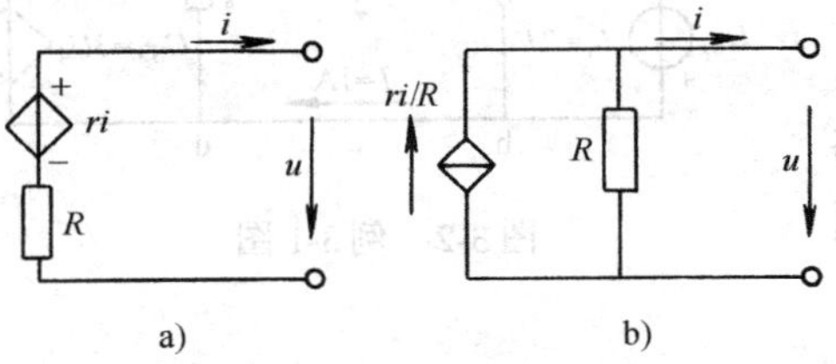

图 3-3　电流控制电压源变换成电流控制电流源

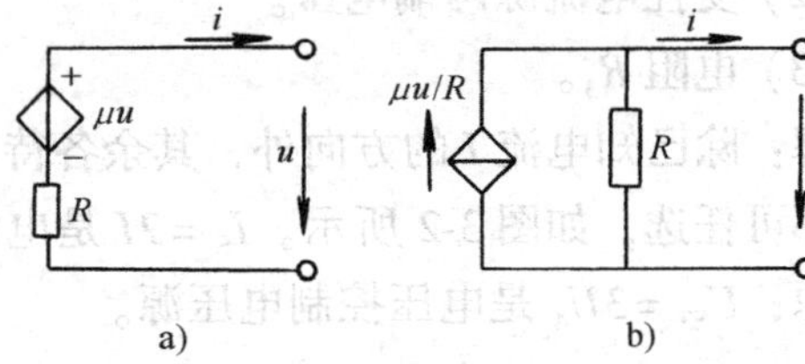

图 3-4　电压控制电压源变换成电压控制电流源

二、受控电流源等效为受控电压源

图 3-5a 为电压控制电流源与电阻的并联组合，可以等效变换为图 3-5b 的电压控制电压源与电阻的串联组合。

对图 3-5a $$i = gu - \frac{u}{R}$$

对图 3-5b $$u = guR - iR$$

上两式是等效的。

图 3-6a 为电流控制电流源与电阻的并联组合，可以等效变换为图 3-6b 的电流控制电压源与电阻的串联组合。

对图 3-6a $$i = \beta i - \frac{u}{R}$$

对图 3-6b $$u = \beta iR - iR$$

上两式也是等效的。

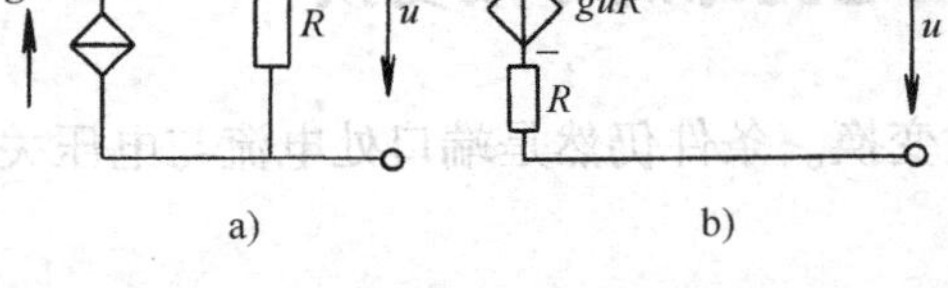

图 3-5　电压控制电流源变换成电压控制电压源

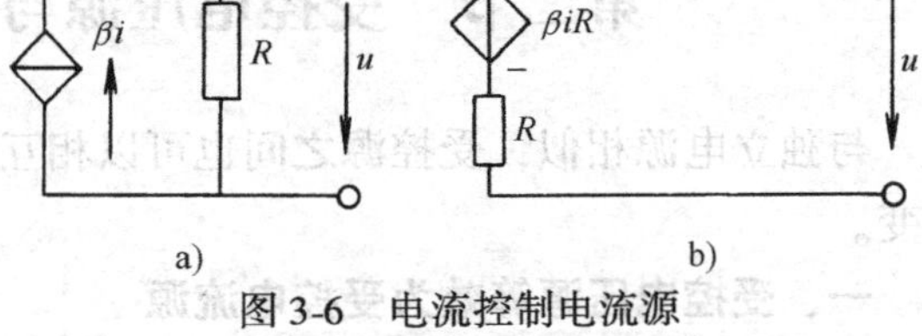

图 3-6　电流控制电流源变换成电流控制电压源

当然，受控源的控制量不一定是本端口的电流或电压。如图3-7所示，图3-7a中的电流控制电流源$0.9i_1$与R_3的并联组合，可等效变成了图3-7b的电流控制电压源$0.9R_3i_1$与电阻R_3的串联组合。

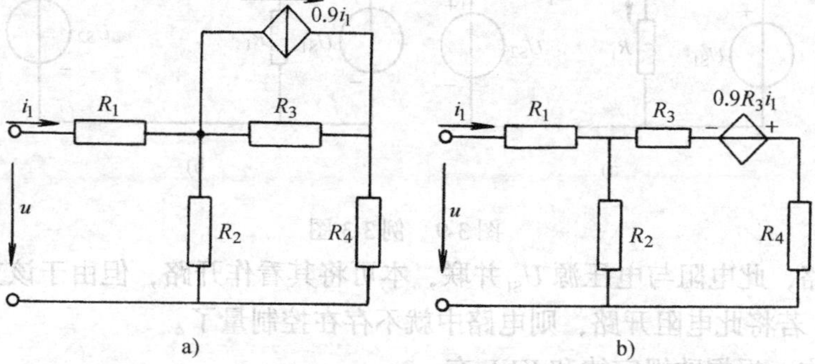

图3-7　电流控制电流源变换成电流控制电压源

第三节　受控源电路的一般分析法

当电路含有受控源时，只要考虑到控制量与受控量之间的函数关系，受控源可暂按独立电源来处理。也就是说，在求解具有受控源的电路时，可以先把受控源当成独立电源列入方程式，然后再引入一个“受控”与“控制”量之间函数关系的补充方程联立求解。下面举例说明。

[例3-2]　如图3-8所示电路，已知：$R=6\Omega$，$R_1=0.1\Omega$，$R_2=5\Omega$，$U_2=4.9\text{V}$，求U_S的值。

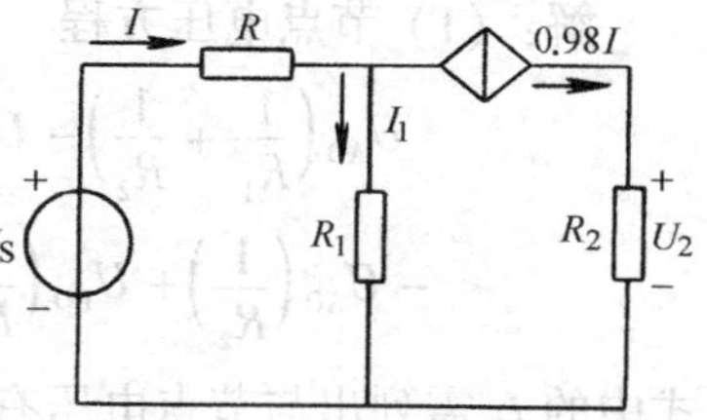

图3-8　例3-2图

解：先把受控电流源与独立电流源一样看待，即受控电流源所在支路的电流为$0.98I$，根据欧姆定律，R_2电阻的电压为

$$U_2=(0.98I\times5)\text{V}=4.9\text{V}$$

所以
$$I=\frac{4.9}{0.98\times5}\text{A}=1\text{A}$$

根据KCL，图3-8中R_1支路的电流为

$$I_1=I-0.98I=0.02I=0.02\times1\text{A}=0.02\text{A}$$

电压源电压为

$$U_S=6I+0.1I_1=(6\times1+0.1\times0.02)\text{V}=6.002\text{V}$$

受控电压源和受控电流源之间也可以类同于独立源等效变换的方法进行相互间的等效变换。但在变换时，必须注意不要把受控源的控制量消除掉。一般应保留控制量所在的支路。

[例3-3]　用电源的等效变换法求图3-9a所示电路中的电压U_{S2}。已知：$U_{S1}=4\text{V}$，$R_1=4\Omega$，$R_2=3\Omega$，$I_2=3\text{A}$。

解：按电源等效变换的方法将受控电流源$2I_1$与电阻R_2并联的电路模型等效变换成受控电压源与电阻串联的电路模型。变换后的电路如图3-9b所示。请注意在图3-9b中保留了

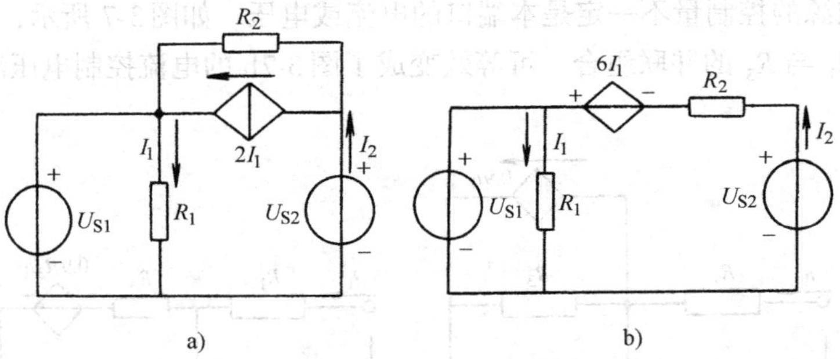

图 3-9　例 3-3 图

R_1 这个电阻支路，此电阻与电压源 U_{S1} 并联，本可将其看作开路，但由于该支路电流 I_1 是受控源的控制量，若将此电阻开路，则电路中就不存在控制量了。

在图 3-9b 中，根据欧姆定律和 KVL 有

$$I_1 = \frac{U_{S1}}{R_1} = \frac{4}{4}\text{A} = 1\text{A}$$

$$6I_1 - R_2I_2 + U_{S2} - U_{S1} = 0$$

$$6I_1 - 3\times3 + U_{S2} - 4 = 0$$

所以

$$U_{S2} = 7\text{V}$$

［**例 3-4**］　如图 3-10 所示，已知：$I_{S1}=1\text{A}$，$R_1=1\Omega$，$I_{S2}=3\text{A}$，$R_2=2\Omega$，$R_3=1\Omega$。求：①节点电压 U_{AO} 和 U_{BO}；②各支路电流。

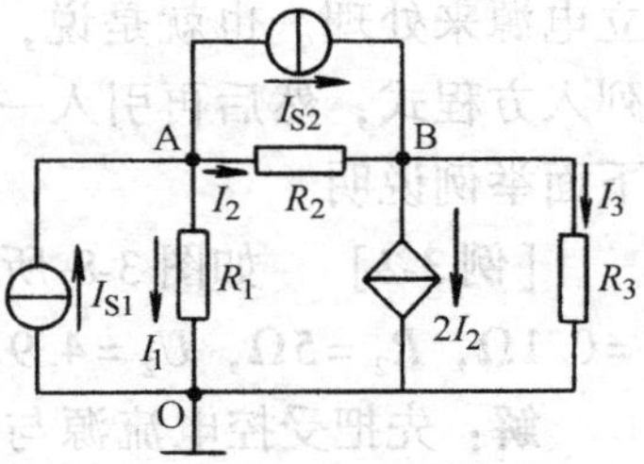

图 3-10　例 3-4 图

解：(1) 节点电压方程

$$U_{AO}\left(\frac{1}{R_1}+\frac{1}{R_2}\right)-U_{BO}\left(\frac{1}{R_2}\right)=I_{S1}-I_{S2} \quad ①$$

$$-U_{AO}\left(\frac{1}{R_2}\right)+U_{BO}\left(\frac{1}{R_2}+\frac{1}{R_3}\right)=I_{S2}-2I_2 \quad ②$$

式中的 I_2 需列出与节点电压有关的补充方程

$$I_2 = \frac{U_{AO}-U_{BO}}{R_2} \quad ③$$

由①、②、③整理后代入数字可得

$$3U_{AO} - U_{BO} = -4 \quad ④$$

$$U_{AO} + U_{BO} = 6 \quad ⑤$$

可解出：$U_{AO}=0.5\text{V}$；$U_{BO}=5.5\text{V}$

(2) 各支路电流

$$I_1 = \frac{U_{AO}}{R_1} = \frac{0.5\text{V}}{1\Omega} = 0.5\text{A}$$

$$I_2 = \frac{U_{AO}-U_{BO}}{R_2} = \frac{(0.5-5.5)\text{V}}{2\Omega} = -2.5\text{A}$$

$$I_3 = \frac{U_{BO}}{R_3} = \frac{5.5\text{V}}{1\Omega} = 5.5\text{A}$$

受控电流源 $2I_2 = 2 \times (-2.5)\text{A} = -5\text{A}$

上面几个例子说明，对含有受控源的电路计算，在使用节点电压法以及欧姆定律和基尔霍夫定律列方程时，都可先把受控源当成独立电源处理，然后再列出相应的补充方程，即可联立求解。

第四节　应用叠加定理和戴维南定理求解含受控源电路

叠加定理和戴维南定理是电路分析中两个很重要的定理。在含有受控源的电路中应用这两个定理时，有些地方需要特别注意，下面分别介绍。

一、应用叠加定理分析含受控源电路

叠加定理：在线性电路中，由几个独立电源共同作用时（激励），各支路中的电流或电压（响应），可以看成每个独立电源单独作用（激励）时，在该支路中产生的电流或电压（响应）的代数和。

定理中所说的独立电源单独作用，是要求某独立电源单独作用于电路时，其他独立电源都取零值，即将电压源短路，将电流源断路。这里的电源强调是独立电源，受控源是不能单独作用的。因为去掉了独立电源的能量输入，电路将没有了控制量，而失去了控制量，受控源也就不存在了。因此，各独立电源单独立作用时，受控源必须保留在电路中原来的位置，仍与控制电路的控制量保持原来的函数关系。

[例 3-5]　如图 3-11 所示，已知：$U_{S1} = 10\text{V}$，$R_1 = 5\Omega$，$I_{S2} = 4\text{A}$，$R_2 = 2\Omega$。试用叠加定理求各支路电流。

解：将 I_{S2} 单独作用及 U_{S1} 单独作用的电路分别画出，如图 3-12a 和 b 所示。

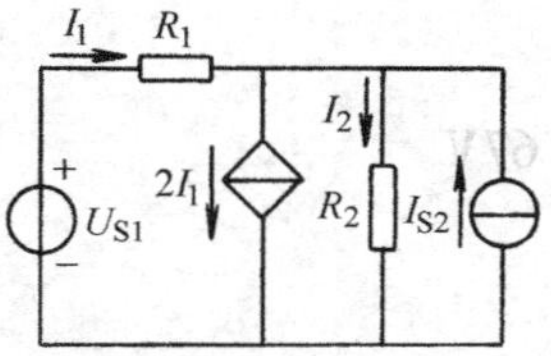

图 3-11　例 3-5 图（1）

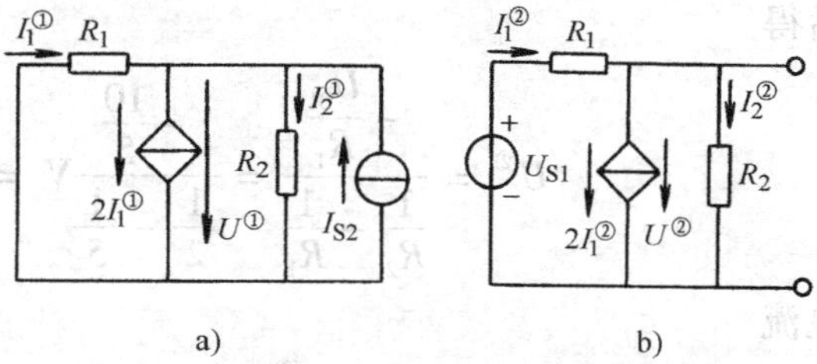

图 3-12　例 3-5 图（2）

1）I_{S2} 单独作用，注意此时电路响应的右上角都标以①表示一个电源作用，如图 3-12a 所示。此电路求解的方法有多种，现用弥尔曼定理

$$U^{①} = \frac{I_{S2} - 2I_1^{①}}{\frac{1}{R_1} + \frac{1}{R_2}}$$

式中

$$I_1^{①} = -\frac{U^{①}}{R_1}$$

则

$$U^{①} = \frac{I_{S2} - 2\left(-\frac{U^{①}}{R_1}\right)}{\frac{1}{R_1} + \frac{1}{R_2}} = \frac{I_{S2} + 2\frac{U^{①}}{R_1}}{\frac{1}{R_1} + \frac{1}{R_2}}$$

经整理后得

$$U^{①} = \frac{I_{S2}}{\frac{1}{R_2} - \frac{1}{R_1}} = \frac{4}{\left(\frac{1}{2} - \frac{1}{5}\right)}\text{V} = 13.33\text{V}$$

各支路电流

$$I_1^{①} = -\frac{U^{①}}{R_1} = -\frac{13.33\text{V}}{5\Omega} = -2.67\text{A}$$

$$I_2^{①} = \frac{U^{①}}{R_2} = \frac{13.33\text{V}}{2\Omega} = 6.67\text{A}$$

2）U_{S1}单独作用，注意此时电路响应的右上角都标以②，表示另一个电源作用，如图 3-12b 所示。仍用弥尔曼定理

$$U^{②} = \frac{\frac{U_{S1}}{R_1} - 2I_1^{②}}{\frac{1}{R_1} + \frac{1}{R_2}}$$

式中

$$I_1^{②} = \frac{U_{S1} - U^{②}}{R_1}$$

则

$$U^{②} = \frac{\frac{U_{S1}}{R_1} - 2\left(\frac{U_{S1} - U^{②}}{R_1}\right)}{\frac{1}{R_1} + \frac{1}{R_2}}$$

经整理后得

$$U^{②} = \frac{-\frac{U_{S1}}{R_1}}{\frac{1}{R_2} - \frac{1}{R_1}} = \frac{-\frac{10}{5}}{\frac{1}{2} - \frac{1}{5}}\text{V} = \frac{-2}{0.3}\text{V} = -6.67\text{V}$$

各支路电流

$$I_1^{②} = \frac{U_{S1} - U^{②}}{R_1} = \frac{[10 - (-6.67)]\text{V}}{5\Omega} = 3.33\text{A}$$

$$I_2^{②} = \frac{U^{②}}{R_2} = \frac{-6.67\text{V}}{2\Omega} = -3.33\text{A}$$

3）叠加（注意参考方向）

$$I_1 = I_1^{①} + I_1^{②} = (-2.67 + 3.33)\text{A} = 0.66\text{A}$$

$$I_2 = I_2^{①} + I_2^{②} = [6.67 + (-3.33)]\text{A} = 3.34\text{A}$$

$$2I_1 = 2 \times 0.66\text{A} = 1.32\text{A}$$

二、应用戴维南定理分析含受控源电路

戴维南定理：就是一个有源二端网络，可以用一个电压源与一个电阻的串联组合来等效代替。其中电压源的电压为网络的开口电压 U_{OC}，电阻 R_0 是将网络内的电源去掉，从开口处看进去的入端等效电阻。将电源去掉是指独立电压源短路，独立电流源断路，而受控电源是不能去掉的。因为，如果将独立电源去掉了，网络就会失去控制量，那么受控源也就随之

去掉了。因此，不能用去掉电源的办法来求等效电阻（R_0）。下面仍用实例来介绍具体做法。

［**例3-6**］　如图3-13所示，已知：$U_S=6V$，$R_1=1\Omega$，$R_2=2\Omega$，$R_3=3\Omega$。求R_L调至何值其电流$I=1A$。

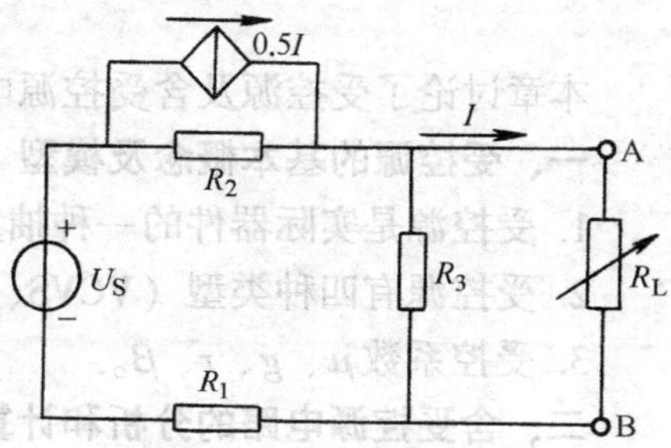

图3-13　例3-6图（1）

解：（1）求U_{OC}　将R_L移去求开口电压，如图3-14a所示。因为断开后$I=0$，所以电流控制电流源也是零。受控源支路相当于开路。

可得 $U_{OC}=\dfrac{U_SR_3}{R_1+R_2+R_3}=\dfrac{6}{1+2+3}\times 3V=3V$

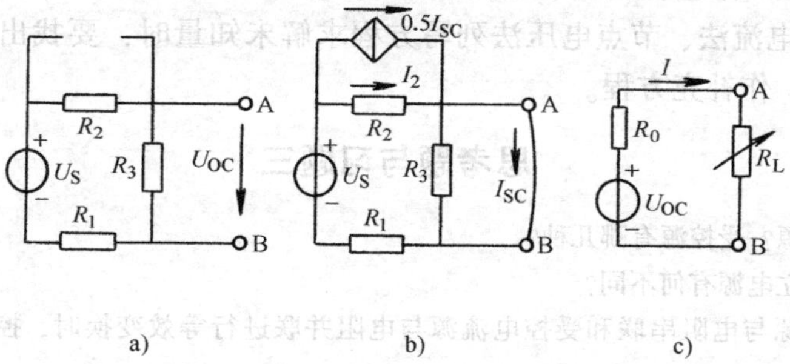

图3-14　例3-6图（2）

（2）求R_0　用短路法求入端等效电阻，如图3-14b所示。**注意**：I变成了I_{SC}，受控源要相应写成$0.5I_{SC}$。由U_S、R_1、R_2和短接线构成回路的方程为

$$I_2R_2+I_{SC}R_1=U_S \qquad ①$$

式中

$$I_2=I_{SC}-0.5I_{SC}=0.5I_{SC} \qquad ②$$

将②代入①得

$$0.5I_{SC}\times 2+I_{SC}\times 1=6$$

解出

$$I_{SC}=\frac{6}{2}A=3A$$

可求

$$R_0=\frac{U_{OC}}{I_{SC}}=\frac{3V}{3A}=1\Omega$$

（3）作戴维南等效电压源，再接入R_L，如图3-14c所示。由题意可得

$$I=\frac{U_{OC}}{R_L+R_0}=\frac{3}{R_L+1}$$

将$I=1$代入

$$R_L=(3-1)\Omega=2\Omega$$

本 章 小 结

本章讨论了受控源及含受控源电路的简单分析和计算，主要内容是：

一、受控源的基本概念及模型

1. 受控源是实际器件的一种抽象，是非独立电源。

2. 受控源有四种类型（VCVS、VCCS、CCVS、CCCS）。

3. 受控系数μ、g、r、β。

二、含受控源电路的分析和计算

1. 基尔霍夫定律、叠加定理、戴维南定理同样适用于含受控源的电路。

2. 在电路分析中，原则上，受控源可以像独立电源那样处理，但必须注意不要把受控源的控制量消除掉，一般应保留控制量所在的电路。

3. 在应用支路电流法、节点电压法列写方程求解未知量时，要找出受控源的控制量与电路待求量的关系，作补充方程。

思考题与习题三

1-1 什么是受控源？受控源有哪几种？

1-2 受控源与独立电源有何不同？

2-1 对受控电压源与电阻串联和受控电流源与电阻并联进行等效变换时，控制系数将发生什么变化？

2-2 证明题图 3-1a 所示电路的等效电路为题图 3-1b 所示。

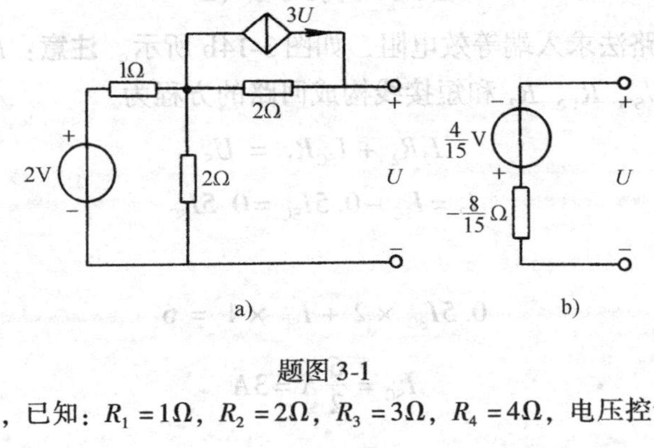

题图 3-1

3-1 如题图 3-2 所示，已知：$R_1=1\Omega$，$R_2=2\Omega$，$R_3=3\Omega$，$R_4=4\Omega$，电压控制电压源为$5U_1$。求：A、B 端入端电阻R_{AB}。

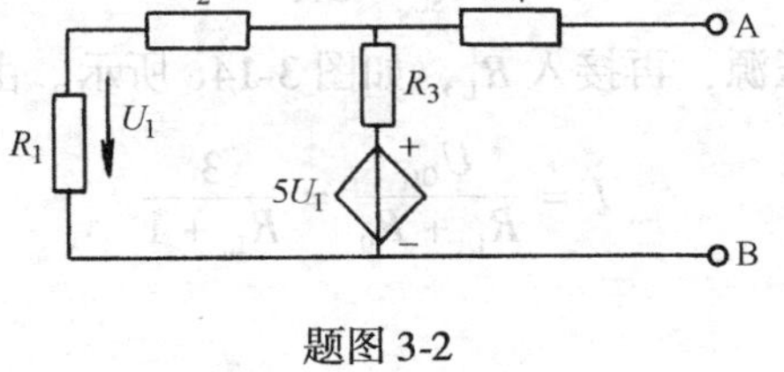

题图 3-2

3-2 如题图 3-3 所示，已知：$R_1=R_2=R_3=R_4=R_5=2\Omega$，$U_S=10V$。电压控制电压源为$2U_2$。试用节点电压法求各支路电流。

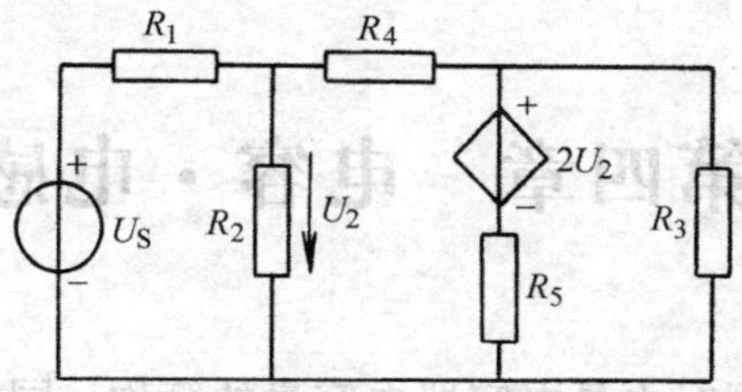

题图 3-3

4-1　如题图 3-4 所示，已知：$U_{S1}=12\text{V}$，$R_1=150\Omega$，$I_{S2}=3\text{A}$，$R_2=30\Omega$，$R_3=120\Omega$，电压控制电压源 $4U_2$。试用叠加定理求 I_1 和 I_2。

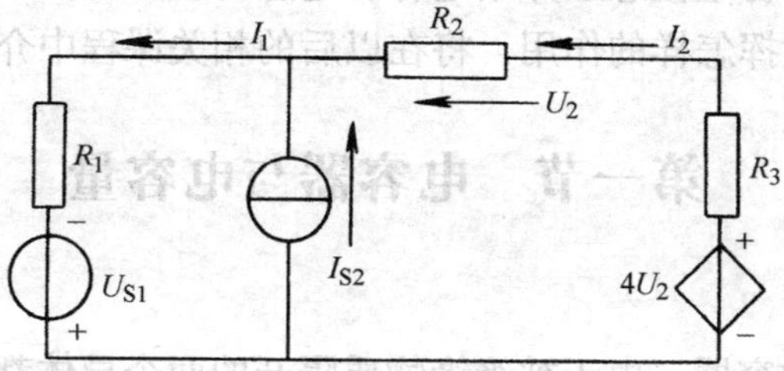

题图 3-4

4-2　如题图 3-5 所示，已知：$U_S=6\text{V}$，$R_1=1\Omega$，$R_2=2\Omega$，$R_3=3\Omega$，电流控制电流源为 $0.5I$。试用戴维南定理确定 R_L 等于何值时可获最大功率？获最大功率时 $I=$？

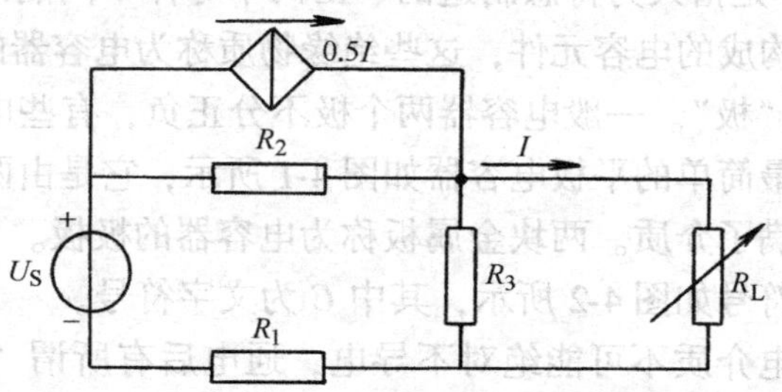

题图 3-5

第四章　电容·电感

电容是电容器的简称，同时也是电容器电容量的简称。同样电感是电感器的简称，也是电感器电感量的简称。

电容器和电感器，在电力和电子线路中应用非常广泛，和电阻器一样是一种常用的电气元器件。这一章仅从基本物理概念上介绍电容和电感的主要特性及其元件上的电流与电压关系。至于在电路中各自发挥怎样的作用，将在以后的相关课程中介绍。

第一节　电容器与电容量

一、电容器

电容器是储存电荷的容器。由于被绝缘物质隔开的两个导体都具有储存电荷的性能，因此，凡是用绝缘物质隔开的两个导体的组合就构成了一个电容器。

例如，两条电力输电线之间，电子器件中某两个金属体之间等都会自然形成电容器。但这里所说的“电容器”，是指人为特意制造的、由两个导体中间隔以空气、纸、云母、塑料薄膜和陶瓷等绝缘物质构成的电容元件，这些绝缘物质称为电容器的电介质。构成电容器的两个导体称为电容器的“极”。一般电容器两个极不分正负，有些电容器由于中间介质材料不同需要标出正负极。最简单的平板电容器如图 4-1 所示，它是由两块同样大小的平行金属板组成的，两板之间充满了介质。两块金属板称为电容器的极板。

一般电容器的图形符号如图 4-2 所示，其中 C 为文字符号。

由于电容器中间的电介质不可能绝对不导电，通电后有所谓“漏电流”存在。又由于电介质在电场作用下会产生能量损耗，称为“介质损耗”，所以实际电容器的等效电路应为图 4-3 所示。品质优良的电容器其“漏电流”和“介质损耗”都很小，若略去不计，则称为理想电容元件，即“理想化了”的电容元件。

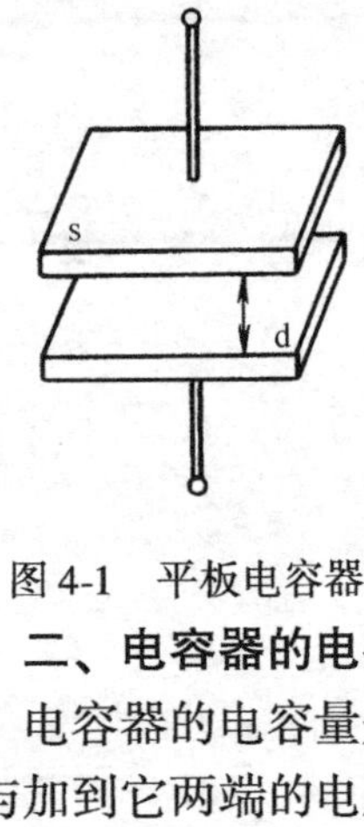

图 4-1　平板电容器

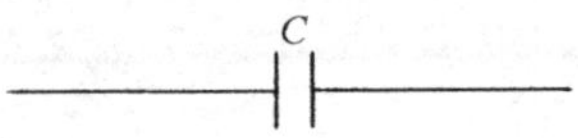

图 4-2　一般电容器的图形符号

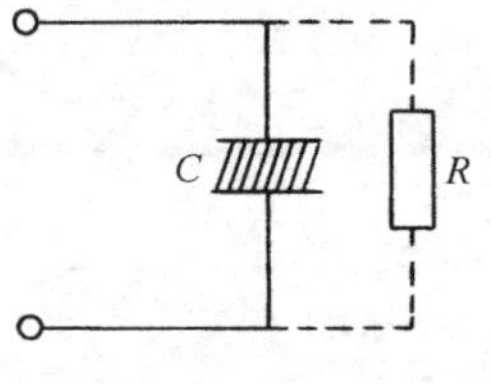

图 4-3　电容器的等效电路

二、电容器的电容量

电容器的电容量是表示电容器储存电荷能力的物理量，但是一个电容器储存电荷的多少还与加到它两端的电压有关，电压越高，电容器储存的电荷也越多。因此，我们把电容器所

储存的电荷量 Q 与其两端的电压 U 之比，定义为电容器的电容量，简称电容，用 C 表示，即

$$C = \frac{Q}{U} \tag{4-1}$$

由上述定义，可以说电容 C 是电荷量 Q 与所加电压 U 函数关系 $Q=f(U)$ 中的一个系数，即

$$Q = CU \tag{4-2}$$

电容元件的库—伏特性如图 4-4 所示。若 $Q=f(U)$ 为一条通过坐标原点直线，则为“线性电容”；若为曲线，则为“非线性电容”。本书只讲线性电容元件。

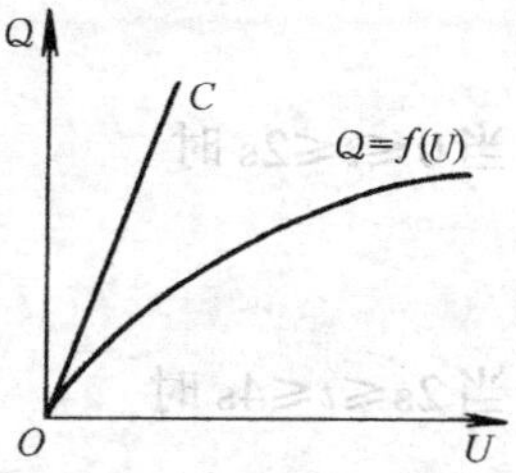

图 4-4　电容元件的库—伏特性曲线

在国际单位制中电荷量的单位是库（C），电压的单位是伏（V），则电容的单位是法（F）。在实际应用中，常用的单位还有微法（μF）或皮法（pF）。

$$1\mu F = 10^{-6} F$$
$$1 pF = 10^{-12} F$$

需要指出，由于习惯，今后“电容”两字通常为“电容量”与“电容元件”的统称。

第二节　电容元件上电流与电压的关系

如图 4-5 所示，电容元件 C 接入随时间变化的电压 u（即 $u_C=u$），那么电容上的电荷量 q 也将发生变化，在连接电容的电路中将会有变化的电流 i（随时间变化的量用小写字母）。前面已介绍了电压与电荷量的关系，仿式（4-2），在此可写成

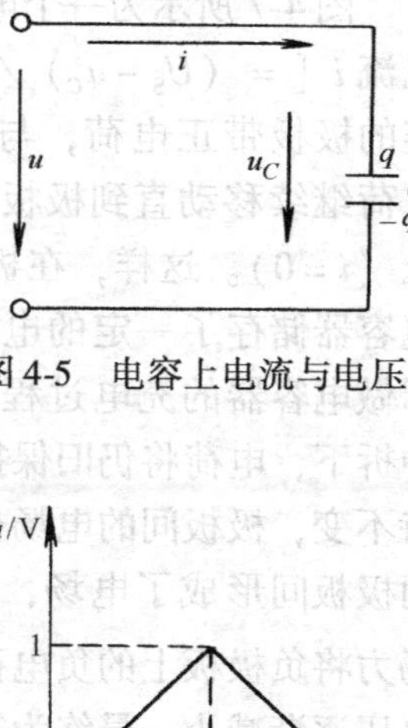

图 4-5　电容上电流与电压

$$q = Cu_C \tag{4-3}$$

但在电路分析中，电容作为电路元件，常需要其电流与电压的关系。由电流定义：

$$i = \frac{dq}{dt}$$

将式（4-3）代入上式可得

$$i = C\frac{du_C}{dt} \tag{4-4}$$

式（4-4）说明电容电路中的电流与电压是“微分关系”，即电流的有无不取决于电压的值，需看电容上的电压是否随时间变化。电容电流与电压的变化率成正比。从这个意义上说，电容称为“动态元件”。显然，若电容元件接到直流电源上，其电压 U 为常数，由于常数的微分等于零，所以接直流电压，电容电路中的电流为零，这就是电容的“隔直作用”，或者说电容在直流电路中相当于“开

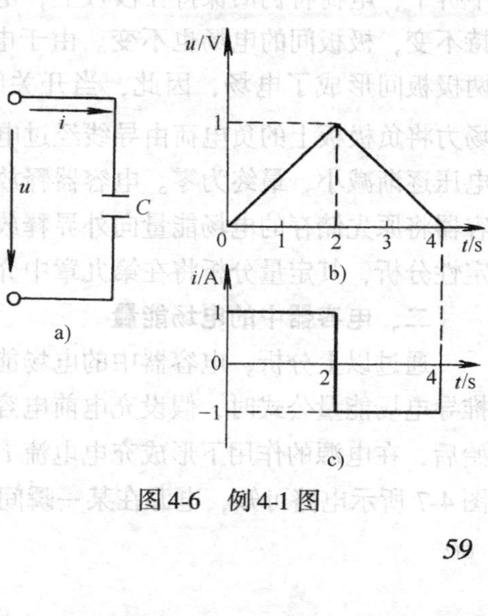

图 4-6　例 4-1 图

路”。

必须强调指出：式（4-4）是在电流、电压取关联方向时的表达式，如果 u_C 和 i 为非关联方向，式前应加负号。

[例 4-1] 图4-6a 所示为一个电容电路，$C=2\text{F}$。当电容器两端电压 u（t）如图 4-6b 所示时，求电路中电流 i（t）的波形。

解：由图示电压波形曲线可知其方程为

$$u_C(t)=\begin{cases}0.5t & 0\leqslant t\leqslant 2\text{s}\\ -0.5t+2 & 2\text{s}\leqslant t\leqslant 4\text{s}\end{cases}$$

当 $0\leqslant t\leqslant 2\text{s}$ 时

$$i=C\frac{\mathrm{d}u_C}{\mathrm{d}t}=2\times\frac{\mathrm{d}(0.5t)}{\mathrm{d}t}=1\text{A}$$

当 $2\text{s}\leqslant t\leqslant 4\text{s}$ 时

$$i=C\frac{\mathrm{d}u_C}{\mathrm{d}t}=2\times\frac{\mathrm{d}(-0.5t+2)}{\mathrm{d}t}=-1\text{A}$$

作波形如图 4-6c 所示。

第三节　电容器的充放电及电场能量

一、电容器的充放电现象

图 4-7 所示为一个电阻、电容串联电路。当开关 S 闭合在 1 处时，在电源的作用下形成电流 i [$=(U_S-u_C)/R$]，使两极板分别带上数量相等、极性相反的电荷。与电源正极相连的极板带正电荷，与电源负极相连的极板带负电荷。电荷继续移动直到极板间电压 u_C 与电源电压 U_S 相等为止（$i=0$）。这样，在极板间的电介质中，建立了电场，电容器储存了一定的电荷和电场能量，我们把这一过程叫做电容器的充电过程。如果把充了电的电容器从电路中拆下，电荷将仍旧保持在极板上，电容器上电压 U_C 保持不变，极板间的电场也不变。由于电容器经过充电后，两极板间形成了电场，因此，当开关闭合在 2 处时，电场力将负极板上的负电荷由导线经过电阻移到正极板，与正极板的正电荷中和，两极板间的电压逐渐减小，最终为零。电容器释放电荷的过程叫做电容器的放电过程。放电过程也是电容器将原先储存的电场能量向外界释放的过程。有关电容器的充、放电，我们只作了简单的定性分析，其定量分析将在第九章中介绍。

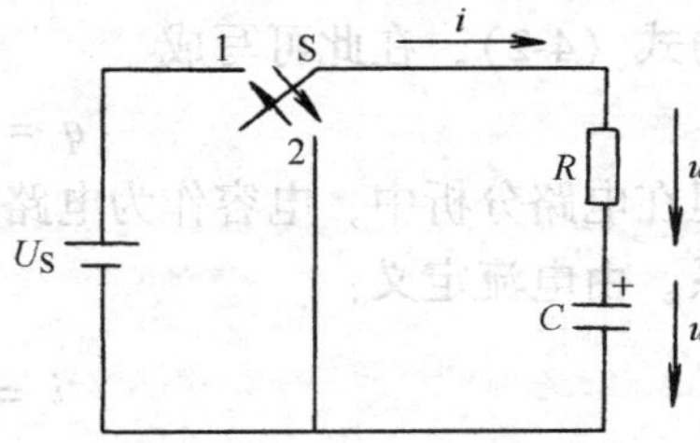

图 4-7　电容器的充电与放电

二、电容器中的电场能量

通过以上分析，电容器中的电场能量是在对其充电的过程中得到的。为了计算方便，在推导电场能量公式时，假设充电前电容器极板上没有电荷储存，即极板间电压为零。充电开始后，在电源的作用下形成充电电流 i，极板上电荷逐渐积累，极板间电压 u_C 逐渐升高。由图 4-7 所示电路可知，电源在某一瞬间供给电容的功率为

$$p = u_C i = u_C C \frac{du_C}{dt}$$

在 $t=0$ 至电容充电到任一时刻 t 的这一段时间内，电容电压由0增加到 u_C，电源向电容提供的电能，转变成电场能量储存在电容器的电场中，这一能量为

$$W_C = \int_0^t p\mathrm{d}t$$

将 $p = u_C C \frac{\mathrm{d}u_C}{\mathrm{d}t}$ 代入得

$$\begin{aligned} W_C &= \int_0^t u_C C \frac{\mathrm{d}u_C}{\mathrm{d}t}\mathrm{d}t \\ &= C\int_0^{u_C} u_C \mathrm{d}u_C \\ &= \frac{1}{2}Cu_C^2 \end{aligned} \tag{4-5}$$

从上式中可以看出电容器两端电压的变化，反映了电容器储存电场能量的变化，由于能量在传送和转换的过程中不能发生突变，只能从一种稳定状态逐步过渡到另一种稳定状态，因此，电容器两端的电压不能发生突变，只能逐步地变化。这是个很重要的概念，分析电容器在电路中的作用时，经常会用到这个概念。

第四节 电容的连接

在实际工作电路中，经常会遇到单个电容的电容量或所能承受的电压不能满足要求的情况。这时可以把几个电容按照适当的方式组合起来，以满足需要。为了正确选择电容的连接方式，必须掌握各种连接方式中电容组合的特点和性质。类似电阻等效组合的概念，电容的组合也可用等效电容来等效代替。等效的条件是：当电容组合与等效电容外加电压（U）相同时，等效电容储存的电荷量（Q）和电容组合所储存的电荷量（Q）相等。即“端口处伏-库关系不变”。第一章中介绍电阻等效代替时是“端口处伏-安关系不变”。仿照电阻，下面介绍电容的串并联等效变换。

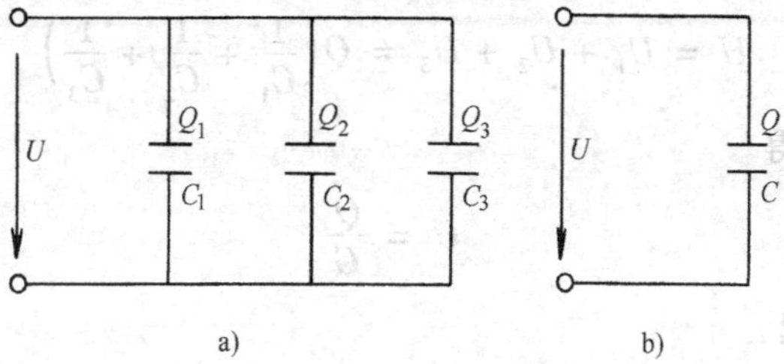

图4-8 电容的并联

一、电容的并联

接在相同两点之间，处在同一电压下的连接方式称为并联。如图4-8a所示，有三个电容并联。各电容极板上的储存电量分别是

$$Q_1 = C_1 U$$

$$Q_2 = C_2 U$$
$$Q_3 = C_3 U$$

总电量为

$$Q = Q_1 + Q_2 + Q_3 = (C_1 + C_2 + C_3)U$$

根据上述的等效条件，这三个并联电容可以用一个等效电容代替，如图 4-8b 所示，不难看出其等效电容为

$$C = \frac{Q}{U}$$

即

$$C = C_1 + C_2 + C_3 \tag{4-6}$$

式（4-6）表明，当电容并联时，等效电容的电容量等于各电容电容量之和。

由此可见，当单只电容的承受电压能力符合要求而电容量小于工作要求时，可以采用多只电容并联的办法。

二、电容的串联

各个电容顺次连接使各极板电荷量相等的接法称为串联，如图 4-9a 为三个电容串联。当串联电容组合与电压源接通后，与电压源正极相接的第一个电容的极板被充以正电荷（Q），那么，这个电容的另一极板被感应而带有等量的负电荷（$-Q$）。接着第二个电容与第一个电容负极板接通的极板出现等量的正电荷。以此类推，可以知道，当电容串联时，每个电容的两个极板上都带有等量异号电荷。而从电源得来的电荷只到达串联电容最外面、与电压源相接的两个极板上。这样，各电容上所承受的电压分别为

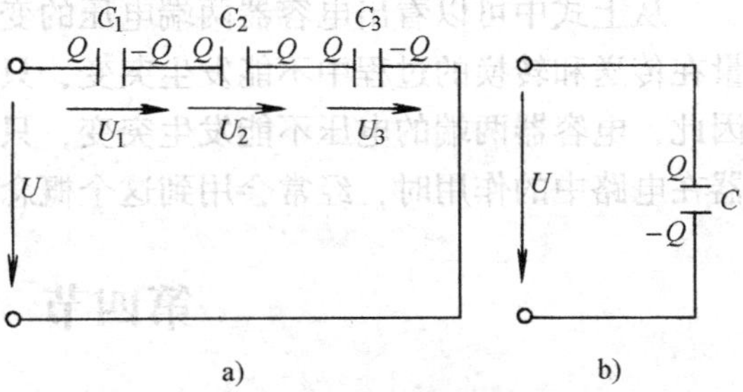

图 4-9 电容的串联

$$U_1 = \frac{Q}{C_1}; \quad U_2 = \frac{Q}{C_2}; \quad U_3 = \frac{Q}{C_3}$$

由基尔霍夫电压定律（KVL）可得

$$U = U_1 + U_2 + U_3 = Q\left(\frac{1}{C_1} + \frac{1}{C_2} + \frac{1}{C_3}\right)$$

由图 4-9b 的等效电容可得

$$U = \frac{Q}{C}$$

根据等效条件，不难得出

$$\frac{1}{C} = \frac{1}{C_1} + \frac{1}{C_2} + \frac{1}{C_3} \tag{4-7}$$

式（4-7）说明，串联时等效电容的倒数等于各电容倒数之和。

读者可将电容串、并联公式与电阻串、并联公式比较。

［例 4-2］ 如图4-9a 所示电路三个电容串联，已知：$C_1 = 20\mu F$，$C_2 = 40\mu F$，$C_3 = 60\mu F$，$U = 220V$。试求：（1）等效电容 C；（2）极板上的电荷 Q；（3）各电容上的电压 U_1、

U_2、U_3。

解：(1) 等效电容利用式 (4-7) 可得

$$\frac{1}{C}=\frac{1}{C_1}+\frac{1}{C_2}+\frac{1}{C_3}=\frac{1}{20}+\frac{1}{40}+\frac{1}{60}=\frac{11}{120}$$

$$C=\frac{120}{11}\mu F=10.9\mu F$$

(2) 极板上的电荷

$$Q=CU=10.9\times10^{-6}\times220C=2.4\times10^{-3}C$$

(3) 各电容上的电压

$$U_1=\frac{Q}{C_1}=\frac{2.4\times10^{-3}C}{20\times10^{-6}F}=120V$$

$$U_2=\frac{Q}{C_2}=\frac{2.4\times10^{-3}C}{40\times10^{-6}F}=60V$$

$$U_3=\frac{Q}{C_3}=\frac{2.4\times10^{-3}C}{60\times10^{-6}F}=40V$$

可见，在电容串联电路中，电容量最小，承受的电压则最高。还可以看到，等效电容量小于串联电容中任何一个电容量，但等效电容所承受的电压比串联中任何一个电容都高。所以，采用串联的办法，可以提高电容组合的承受电压能力。例如，两个电容量和额定电压都相等的电容串联后，其电压的承受能力是每个电容额定电压的两倍。

三、电容的混联

既有串联又有并联的电容组合称为“混联”。当外加电压超过单个电容的额定电压，而所需的电容量又超过单个电容的容量时，可以采用混联的办法。下面举例说明电容混联组合时等效电容的计算方法。

[例 4-3] 如图4-10a 所示，已知：$C_1=20\mu F$，$C_2=C_3=10\mu F$，三个电容元件耐压都是 $U_N=50V$。试求：(1) 等效电容；(2) 混联电容器组合端电压不能超过多少伏？

解：(1) 先求 C_2 和 C_3 并联的等效电容

$$C_{23}=C_2+C_3=(10+10)\mu F=20\mu F$$

再将 C_1 与 C_{23} 串联，如图 4-10b 所示

$$C=\frac{C_1C_{23}}{C_1+C_{23}}=\frac{20\times20}{20+20}\times10^{-6}F=10\times10^{-6}F=10\mu F$$

如图 4-10c 即为总等效电容。

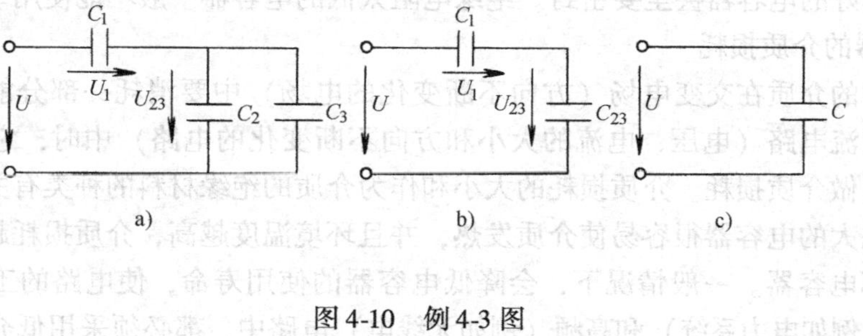

图 4-10 例 4-3 图

(2) 因为 C_1 和 C_{23} 串联，而且 $C_1 = C_{23}$，所以 C_1 和 C_{23} 承受电压相同，而 C_1 和 C_{23} 的耐压都是50V，因此，该混联组合，电压不能超过

$$U = U_1 + U_{23} = (50 + 50)\text{V} = 100\text{V}$$

阅读与应用二　电容器简介

一、电容器的性能和质量

衡量一个电容器的性能和质量，除了电容器的电容量之外，还有电容器的电容量误差、耐压值、绝缘电阻、介质损耗、温度系数等。

1. 标称容量与允许误差

标称容量是标志在电容器上的名义电容量，常用电容器容量的标称值系列见表4-1。任何电容器的标称容量都满足表4-1 中数据乘以 10^n（n 为整数）。

表4-1　常用电容器容量的标称值系列

电容器类别	标称值系列
高频纸介质、云母介质、玻璃釉介质、高频(无极性)有机薄膜介质	1.0 1.1 1.2 1.3 1.5 1.6 1.8 2.0 2.2 2.4 2.7 3.0 3.3 3.6 3.9 4.3 4.7 5.1 5.6 6.2 6.8 7.5 8.2 9.1
纸介质、金属化纸介质、复合介质、低频(有极性)有机薄膜介质	1.0 1.5 2.0 2.2 3.3 4.0 4.7 5.0 6.0 6.8 8.0
电解电容器	1.0 1.5 2.2 3.3 4.7 6.8

电容器的实际容量与标称值之间的最大允许的差值范围，称为电容量的允许误差。

一般电容器的容量及误差都标志在电容器上。体积较小的电容器常用数字和文字标志。

2. 电容器的耐压值

一个电容器当加到其两端的电压升高到某一数值时，介质的绝缘性能会被破坏，造成两个极板间的短路，电容器也就不能再使用了。这种现象叫做击穿，此时的电压称为击穿电压。电容器的击穿电压和介质的种类及厚度有直接的关系。

3. 电容器的绝缘电阻

实际上，任何绝缘材料都不是绝对绝缘的。由于介质的种类和厚薄不同，电容器在加上电压之后，会有微弱的电流通过介质，叫做电容器的漏电流。或者说，电容器的两个极板之间有一定的电阻存在（不会是无穷大），这个电阻就叫做电容器介质的绝缘电阻。

绝缘电阻当然越大越好，它和介质的种类以及厚度有关系，和环境条件也有很大关系。温度高了或者电容器受潮，绝缘电阻会显著下降，形成严重的漏电现象。所以一般电容器都用蜡封，质量好的电容器甚至要密封。绝缘电阻太低的电容器一般不能使用。

4. 电容器的介质损耗

电容器中的介质在交变电场（方向不断变化的电场）中要消耗一部分能量。因此，当电容器接到交流电路（电压、电流的大小和方向不断变化的电路）中时，它要消耗一定数量的电能，叫做介质损耗。介质损耗的大小和作为介质的绝缘材料的种类有关系。

介质损耗大的电容器很容易使介质发热，并且环境温度越高，介质损耗越大，严重的时候甚至会烧坏电容器。一般情况下，会降低电容器的使用寿命，使电路的工作状态发生变化。在高压（例如电力系统）和高频（例如无线电）电路中，都必须采用低介质损耗的电容

器。

5. 温度系数

当温度升高或降低时，电容器的电容量会随着发生变化，我们用温度系数 α_c 来表示电容量和温度之间的关系。它是在一定温度范围内，温度每变化 1 ℃时，电容量改变的数值与原来电容量数值之比。例如，一只电容器在 20 ℃时的电容量是 100pF，在 25 ℃时电容量变成 102pF，那么它的温度系数就是

$$\alpha_C = \frac{102 - 100}{100} / (25 - 20) = \frac{0.02}{5} = +0.004$$

在上面这些参数中，最重要的是电容量和额定电压这两个参数。此外，在选择电容器时，根据不同的用途和需要，适当考虑其他特性要求。例如，电力系统中用的电容器还应考虑选择介质损耗小的，高频电子电路中的电容器应考虑介质损耗和温度系数等等。特别要指出的是，在选择电容器时，不能盲目追求高标准、高质量。因为耐压高、误差小、性能稳定的电容器一般都比较昂贵。而在某些场合，电容器误差大和性能不稳定对电路的影响并不大，因此应合理地选择电容器。

二、电容器的种类

电容器的种类很多，按电容量是否可变，可以分为固定电容器、可变电容器和半可变电容器三类；按介质的不同，分为空气电容器、纸介电容器、云母电容器、陶瓷电容器、电解电容器等等。每种电容器都有它自己的用途和特征，下面介绍几种常用的电容器。

1. 固定电容器

固定电容器的电容量是固定的。按照介质的不同，固定电容器又可分为许多种，常见的有纸介电容器、油质电容器、金属化纸介电容器、云母电容器、陶瓷电容器、有机薄膜电容器，如图 4-11 至图 4-16 所示。

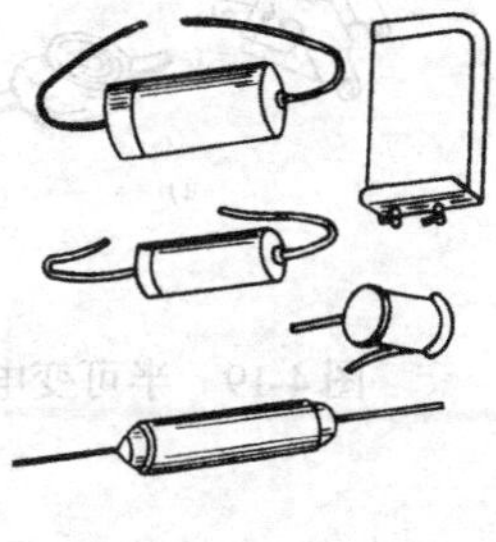

图 4-11　纸介电容器

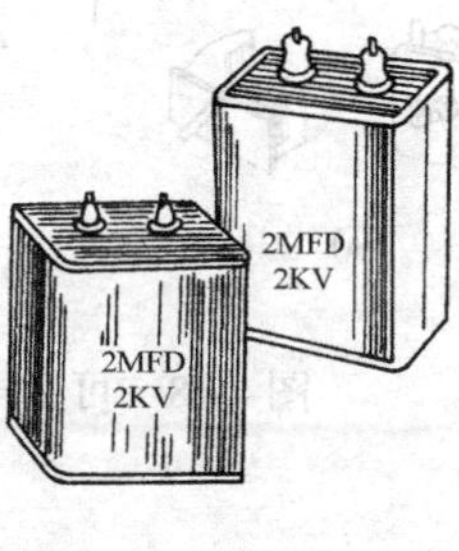

图 4-12　油质电容器

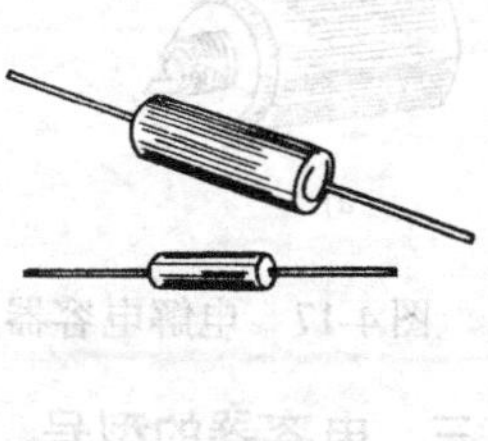

图 4-13　金属化纸介电容器

图 4-14　云母电容器

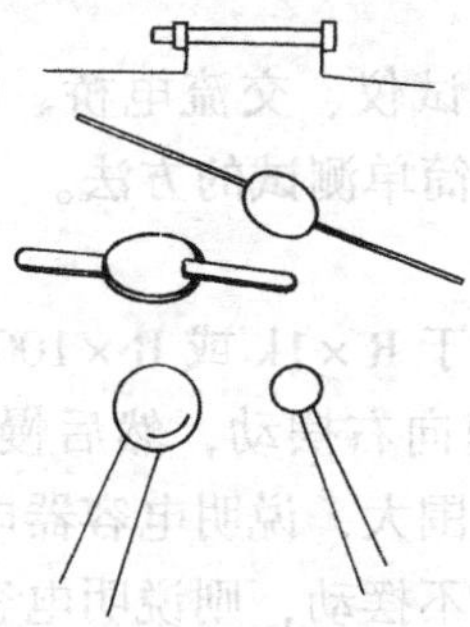

图 4-15　陶瓷电容器

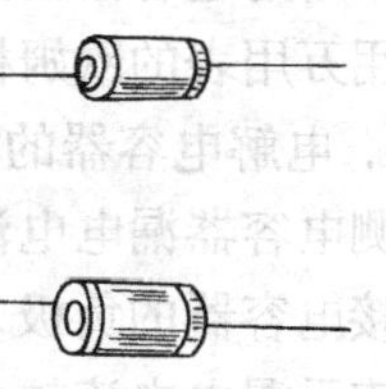

图 4-16　有机薄膜电容器

2. 电解电容器

电解电容器的外形如图 4-17a 所示，它由极板所用的材料不同又可以分为铝电解电容器和钽电解电容器等。

电解电容器通常用于电源滤波、音频耦合与音频旁路电路中。由于电解电容器具有固定的极性，只能用于直流或脉动电路。使用时正极应接高电位，负极应接低电位，不能接错，否则会被击穿损坏。电解电容器的符号和一般电容器有些不同，如图 4-17b 所示。

3. 可变电容器

可变电容器的外形如图 4-18a 所示，它是由很多定片和动片所组成的，根据动片与定片之间所用介质不同，通常分为空气可变电容器和聚苯乙烯薄膜可变电容器两种。把两组或三组可变电容器装在一起同轴旋动的称作双连或三连可变电容器，简称双连或三连；而只有一组的称为单连可变电容器，简称单连。它们的容量随动片转动的角度不同而改变。单连和双连可变电容器的符号分别如图 4-18b 所示。

4. 半可变电容器

半可变电容器的外形如图 4-19a 所示，它是由两片或两组小型金属弹片中间夹有云母、陶瓷等介质组成的。用螺钉调节两组金属片间的距离或相对面积，可以改变电容量。半可变电容器容量变化范围较小，而且在使用中不经常改变，通常在电路调试中进行频率的校准。半可变电容器又称微调电容器，简称微调，其图形符号如图 4-19b 所示。

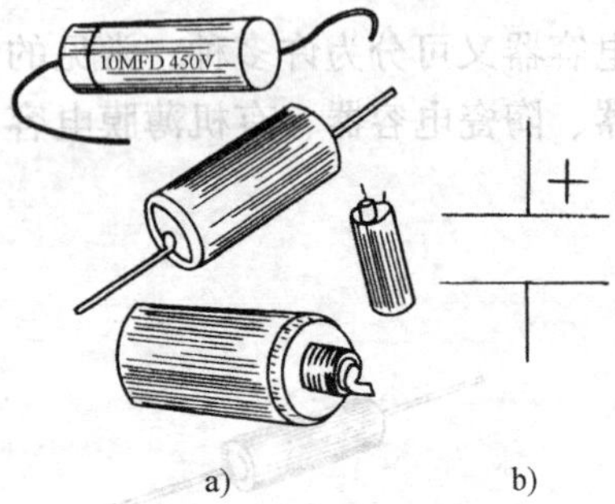

图 4-17　电解电容器

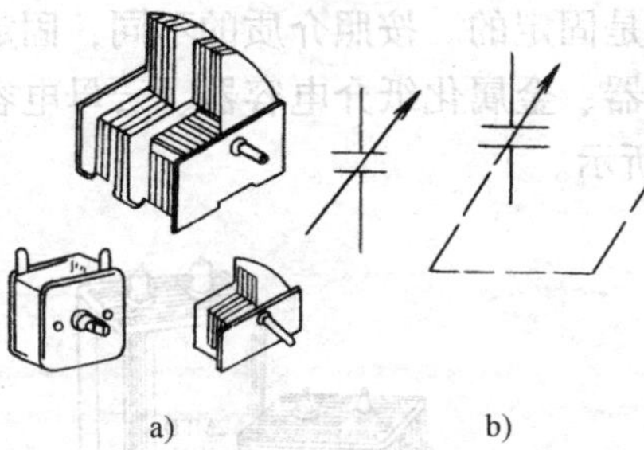

图 4-18　可变电容器

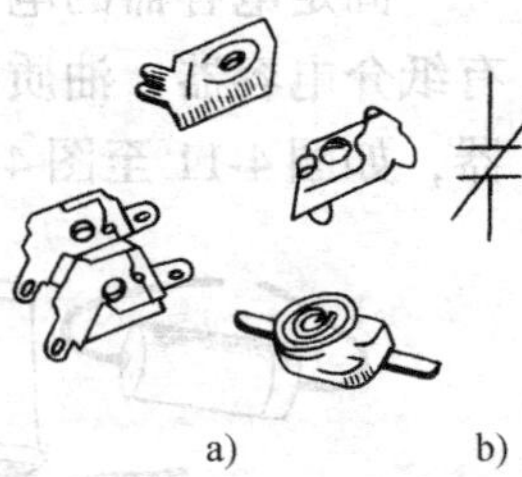

图 4-19　半可变电容器

三、电容器的型号

电容器的型号由四个部分组成，各部分的符号及意义，见表 4-2。

四、电容器的简易测试

常用的电容器检测仪器有电容测试仪、交流电桥、Q 表（谐振法）和万用表。下面介绍利用万用表的欧姆档对电容器进行简单测试的方法。

1. 电解电容器的测试

测电容器漏电电流，将万用表置于 R×1k 或 R×100 档，用黑表笔接电容器的正极，红表笔接电容器的负极。此时表针迅速向右摆动，然后慢慢退回。待不动时指示的电阻值越大，表示漏电电流越小。表针摆动范围大，说明电容器电容量大。若指针摆动至零附近不返回，则说明该电容器已击穿；若表针不摆动，则说明电容器已开路，失效。

2. 非电解电容器的测试

将万用表置于 R×10k 档，用两表笔分别接电容器两端，测得电阻越大越好，一般在几百 kΩ 至几千 kΩ。若测得电阻很小甚至为 0，说明电容器已短路。对于大于 5000pF 以上的电容器，表针会快速摆动一下，然后返回电阻无穷大位置附近，表笔换接，摆动的幅度比第一次更大，而后又复原，说明该电容器是好的。电容器的容量越大，测量时万用表表针摆动越大。

表 4-2　电容器型号组成部分的代号

第一部分:主称		第二部分:材料		第三部分:特征分类						第四部分:序号
符号	意义	符号	意义	符号	意义					对主称、材料、特征相同,仅尺寸、性能指标略有差别,但基本上不影响互换的产品给同一序号,若尺寸、性能指标的差别已明显影响互换时,则在序号后面用大写字母作为区别代号予以区别
					瓷介	云母	玻璃	电解	其他	
C	电容器	C	瓷介	1	圆片	非密封	—	箔式	非密封	
		Y	云母	2	管形	非密封	—	箔式	非密封	
		I	玻璃釉	3	迭片	密封	—	烧结粉、固体	密封	
		O	玻璃膜	4	独石	密封	—	烧结粉、固体	密封	
		Z	纸介	5	穿心	—	—	—	穿心	
		J	金属化纸	6	支柱	—	—		—	
		B	聚苯乙烯	7	—	—	—	无极性	—	
		L	涤纶	8	高压	高压	—	—	高压	
		Q	漆膜	9	—	—	—	特殊	特殊	
		S	聚碳酸酯							
		H	复合介质							
		D	铝							
		A	钽							
		N	铌							
		G	合金							
		T	钛							
		E	其它材料							

3. 可变电容器的检查

主要是用万用表电阻档检查动、定片之间是否碰片。用红、黑表笔分别接动片和定片，旋转轴柄，若表针不动，说明动、定片之间无短路（碰片处）；若指针摆动，说明电容器有短路（碰片处）。

第五节　电感器与电感量

电感器是用绝缘导线在绝缘骨架上绕制而成的线圈，所以也称电感线圈。由物理学知识可知，线圈通以电流就会产生磁场。磁场的强弱可用磁感应强度 B 或用 B 与其垂直穿过面积 S 的乘积称为磁通（$\Phi = BS$）来表示。其磁场方向可用右手螺旋定则判别，如图 4-20 所示。磁通 Φ 与线圈匝数 N 的乘积称为磁链（$\psi = \Phi N$）。

不难理解，由于磁场是电流产生的，则磁链与电流之间就有一定的函数关系，即

$$\psi = f(i) \tag{4-8}$$

如果线圈是“空心线圈”，则ψ与i成正比，可写成

$$\psi = Li \tag{4-9}$$

式中，L称自感系数，又称电感量，简称电感。它反映了一个线圈在通过一定的电流i后所能产生磁链ψ的能力，电感是表明线圈电工特性的一个物理量。

$$L = \frac{\psi}{i} \tag{4-10}$$

由式（4-9）或式（4-10）可以看出，电感元件的磁链-电流特性如图4-21所示。若$\psi = f(i)$为一条通过坐标原点直线的电感元件称为“线性电感”，如空心线圈；若不是直线，则为“非线性电感”，如铁心线圈。

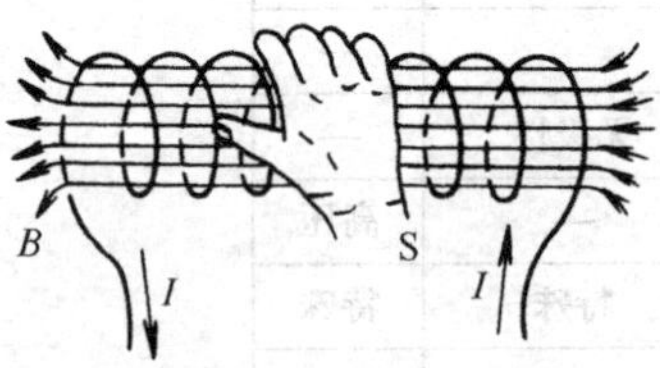

图4-20 右手螺旋定则

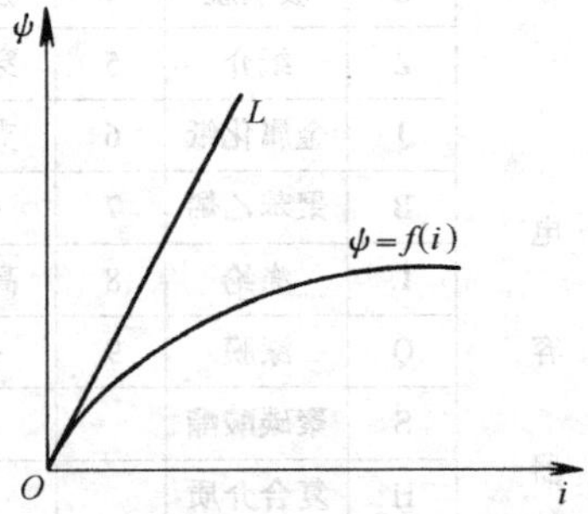

图4-21 电感元件磁链-电流特性曲线

对空心线圈而言，电感L虽可用ψ、i的比值来表征，但L是一个与ψ和i均无关的常数。可以证明（略），圆柱形线圈的电感量与线圈的匝数N、圆柱的横截面积S、圆柱的长度b，以及线圈所处媒质（空气）的磁导率μ_0有关。写成公式即

$$L = \frac{\mu_0 N^2 S}{b} \tag{4-11}$$

这就是说线圈的电感量是一个客观存在的物理量。

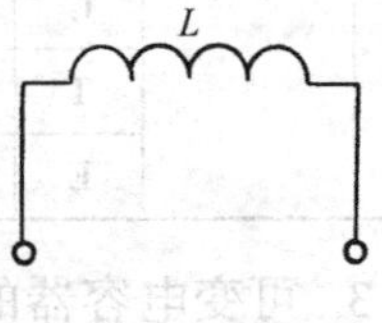

图4-22 电感元件图形符号

作为一个电感线圈，因为是由绝缘导线绕制而成的，自然是有电阻的，又因为线圈匝与匝之间相互平行，所以也存在电容。如果线圈的电阻、电容忽略不计，只突出表征其电感特性，那么电感线圈就是一个电路“理想元件”，称为“电感元件”。在后面的内容中，若无特殊说明，都将电感线圈作为一个理想元件来对待。电感元件的图形符号如图4-22所示，其中L为文字符号。

在国际单位制中，磁链的单位是韦伯（Wb），电流的单位是安培（A），则电感的单位是亨利（H）。在实际应用中，常用的单位还有毫亨（mH）、微亨（μH），即

$$1\text{mH} = 10^{-3}\text{H}$$

$$1\mu\text{H} = 10^{-6}\text{H}$$

需要指出，由于习惯，今后“电感”两字通常为“电感量”与“电感元件”的统称。

第六节　电感元件上电压与电流的关系

电路如图 4-23 所示，选取线圈的电流 i、电压 u_L 为关联参考方向，根据电磁感应定律有

$$u_L = L\frac{\mathrm{d}i}{\mathrm{d}t} \tag{4-12}$$

式（4-12）表明，交变电流　流过电感 L 时，使电感两端出现自感电压 u_L，反过来为使交变电流流过 L，必须外加一个交变电压 u，这个电压与交变电流在线圈中引起自感电动势 e_L 相平衡，即

$$u = -e_L \tag{4-13}$$

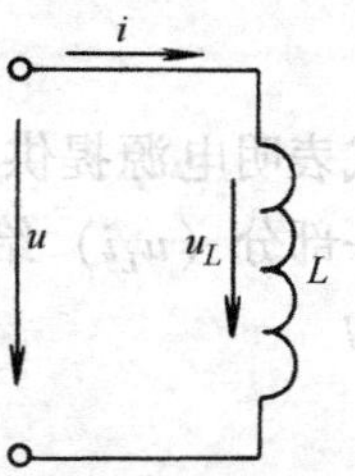

图 4-23　电感上电流与电压

由式（4-12）可知，线圈两端是否有自感电压，不取决于电流的值，而取决于电流是否变化，电感也是动态元件。如线圈通过的是直流电流，电流（I）为常量，而常量的微分是零，就是说在通直流的电路中，“电感元件”两端是没有电压的。或者说：直流电路中电感元件相当“短路”。

［例 4-4］　有一个电感线圈，电阻不计，$L=60\mathrm{mH}$，通以锯齿波电流，如图 4-24 所示，试求该线圈的自感电压的变化波形。

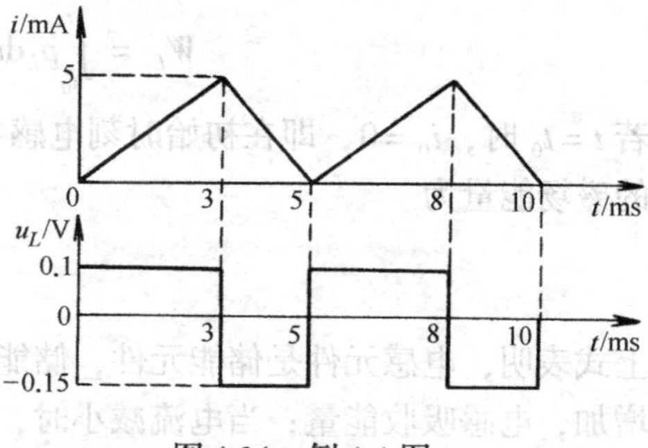

图 4-24　例 4-4 图

解：设电流 i 与自感电压的方向为关联方向，由图 4-24 可知，根据电流波形按坐标数据分段计算如下：

（1）$0\leqslant t\leqslant 3\mathrm{ms}$

$$u_L = L\frac{\Delta i}{\Delta t} = 60\times10^{-3}\times\frac{5\times10^{-3}-0}{3\times10^{-3}-0}\mathrm{V} = 0.1\mathrm{V}$$

（2）$3\mathrm{ms}<t\leqslant 5\mathrm{ms}$

$$u_L = L\frac{\Delta i}{\Delta t} = 60\times10^{-3}\times\frac{0-5\times10^{-3}}{(5-3)\times10^{-3}}\mathrm{V} = -0.15\mathrm{V}$$

由于电流波形为周期变化，所以电压波形也重复出现，如图 4-24 所示。

当然也可根据电流波形写出其时间函数式，用微分计算。

［例 4-5］　如图4-25 所示，若已知：$u_C(t)=t^2$（V），$L=1\mathrm{H}$，$C=1\mathrm{F}$。求 $i(t)$ 和 $u_L(t)$。

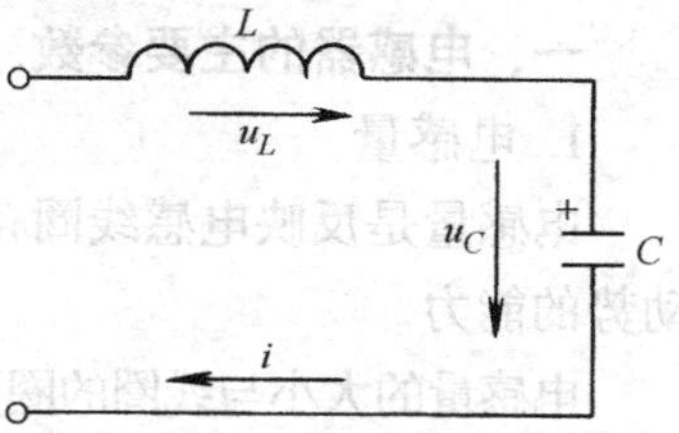

图 4-25　例 4-5 图

解：（1）此电路中的电流即电容电路电流

$$i(t) = C\frac{\mathrm{d}u_C}{\mathrm{d}t} = 1\times\frac{\mathrm{d}(t^2)}{\mathrm{d}t}\mathrm{A} = 2t\mathrm{A}$$

此电流也是通过电感中的电流，所以

$$u_L(t) = L\frac{\mathrm{d}i}{\mathrm{d}t} = 1\times\frac{\mathrm{d}(2t)}{\mathrm{d}t}\mathrm{V} = 2\mathrm{V}$$

第七节　电感中的磁场能量

一个通有电流的电感线圈中存在着磁场，磁场中储存着磁场能量。这些能量是维持线圈电流的外部电源供给的。如图 4-26 所示电路中，将电感和电阻串联后接通直流电源，根据基尔霍夫电压定律，可写出回路方程

$$U_S = u_R + u_L$$

或

$$U_S i = u_R i + u_L i$$

上式表明电源提供的功率（$U_S i$）一部分（$u_R i$）给电阻，另一部分（$u_L i$）给电感。由此可得电源提供给电感的功率为

$$p_L = u_L i = Li\frac{\mathrm{d}i}{\mathrm{d}t}$$

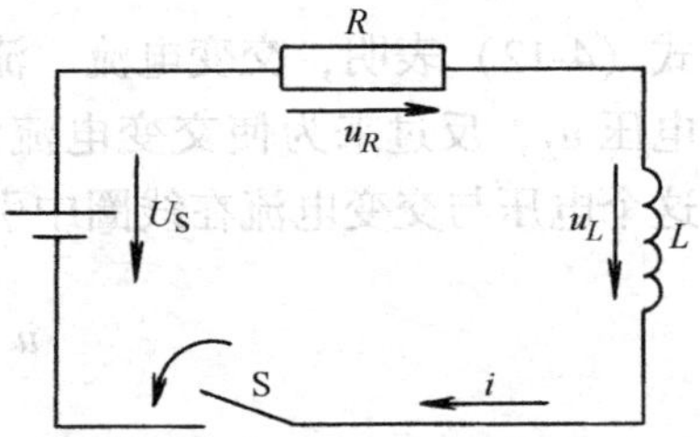

图 4-26　电感元件的磁能

在 dt 时间内电源提供给电感的能量为

$$\mathrm{d}W_L = p_L \mathrm{d}t = u_L i \mathrm{d}t = Li\mathrm{d}i$$

这一能量转变为磁场能量，储存在电感的磁场中。在图 4-26 电路中，当开关 S 接通后电感开始储能，在 $t=t_0$ 到任意时刻 t 的一段时间内，电流由 i_0 变到 i，电感储存的能量为

$$W_L = \int_{t_0}^{t} p_L \mathrm{d}t = \int_{i_0}^{i} Li\mathrm{d}i = \frac{1}{2}Li^2 - \frac{1}{2}Li_0^2 \tag{4-14}$$

若 $t=t_0$ 时，$i_0=0$，即在初始时刻电感中没有电流，也就没有储能。那么电感在 t 时刻储存的磁场能量为

$$W_L = \frac{1}{2}Li^2 \tag{4-15}$$

上式表明，电感元件是储能元件，储能的多少与其电流的二次方成正比。电流增大时，储能增加，电感吸收能量；当电流减小时，储能减少，电感释放能量。但电感元件在任何时刻释放的能量都不可能多于它储存的能量，因为它是无源元件。由式（4-15）还可以看出，电感的能量不能突变，所以电感中的电流也不能突变。

阅读与应用三　电感器简介

一、电感器的主要参数

1. 电感量

电感量是反映电感线圈存储磁场能量的能力，也反映电感器通过变化电流时产生感应电动势的能力。

电感量的大小与线圈的圈数、线圈的直径、线圈内部是否有铁心或磁心、线圈的绕制方式有关系。圈数越多，电感量越大。线圈内有铁心、磁心的，比同样的空心线圈的电感量大得多。

2. 品质因数（Q 值）

品质因数是电感线圈的一个主要参数，它反映了线圈质量的高低。通常也称为 Q 值。Q 值与构成线圈的导线粗细、绕法、单股线还是多股线有关。如果线圈的损耗小，Q 值就

高；反之，损耗大，则 Q 值就小。

3. 分布电容

由于线圈每两匝（或每两层）导线可以看成是电容器的两块金属片，导线之间的绝缘材料相当于绝缘介质，即相当一个很小的电容，这一电容称为线圈的分布电容。另外，线圈与地之间、线圈与屏蔽盒之间也存在分布电容。由于分布电容的存在，将使线圈的品质因数 Q 值下降，稳定性变差。减小分布电容的方法有：减小线圈骨架的直径；用多股细导线绕制线圈；采用间绕法、蜂房式绕法绕制线圈。

4. 额定电流

额定电流是指电感器长期工作而不至损坏的最大电流，这也是电感器的一个重要参数。电感器工作在大电流电路中，在选用时必须考虑额定电流这一参数。

二、电感器的种类

电感器的种类很多，而且分类方法也不一样。通常按电感器的形式分为固定电感器、可变电感器、微调电感器。按磁体的性质，分为空心线圈、铁心线圈和磁心线圈。按结构特点，分为单层电感器、多层电感器、蜂房电感器等。

各种电感线圈都具有不同的特点和用途。但它们都是用漆包线、纱包线、镀银裸铜线，绕在绝缘骨架上、铁心或磁心上构成的，而且匝与匝之间要彼此绝缘。为适应各种用途的需要，电感线圈做成各式各样的形状，如图 4-27 所示。

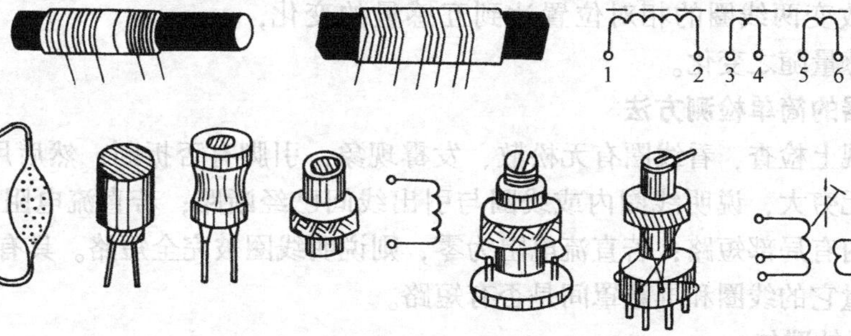

图 4-27　电感器外形及符号

1. 固定电感器

固定电感器又称色码电感器，是将铜线绕在磁心上，再用塑料壳或用环氧树脂包封而组成的，固定电感器的体积小，重量轻，结构牢固可靠，防潮性能好，安装方便。它广泛应用于各种电子设备中。

目前，大部分国产固定电感器都是将电感量、误差直接标在外壳上，而不再采用色环法。若采用 E_{12} 系列，允许误差分别用罗马数字“Ⅰ”、“Ⅱ”、“Ⅲ”表示，分别为 ±5%，±10%，±20%。

2. 单层电感器

单层电感器的电感量较小，大约在几微亨（μH）至几十微亨（μH），适应于高频电路中。线圈的绕制常采用密绕和间绕，间绕指线圈每匝间都相隔一定的距离，所以它的分布电容小。若采用粗导线绕制，可获得高 Q 值（150～400）和高稳定性。电感值大于 15μH 时的线圈常采用密绕，密绕线圈体积小，但它的匝间电容较大，使 Q 值和稳定性下降。

3. 多层电感器

电感值大于300μH时常采用多层电感线圈。多层线圈的匝和匝、层与层之间分布电容大，同时线圈层与层之间的电压相差较多，当线圈两端具有较高电压时，容易发生跳火、绝缘击穿等问题，为避免上述情况发生，可采用分段绕制。

4. 蜂房电感线圈

将导线以一定的偏转角（约为19°~26°）在骨架上缠绕为蜂房式，可减少线圈的分布电容。

5. 带磁心的电感线圈

线圈加装磁心后，电感值和品质因数都将增大，所以带磁心的电感线圈应用很广。例如，晶体管收音机中的天线线圈、振荡线圈等。磁心材料有锰锌铁氧体、镍锌铁氧体等。

6. 铁心电感器

铁心电感器是在硅钢片或坡莫合金叠成的铁心上绕制线圈而成的。其外形和电路符号如图4-28所示。铁心电感器电感量较大。

7. 可变电感器

其电感值可平滑均匀地改变，一般采用以下三种方法：①在线圈中插入磁心或铁心，通过改变它们的位置来调节线圈的电感量；②在线圈上安装一个滑动的触点，通过改变触点的位置来改变线圈的电感量；③将两个线圈串联，然后通过均匀改变两线圈的相对位置达到互感量的变化，而使线圈的电感量随之变化。

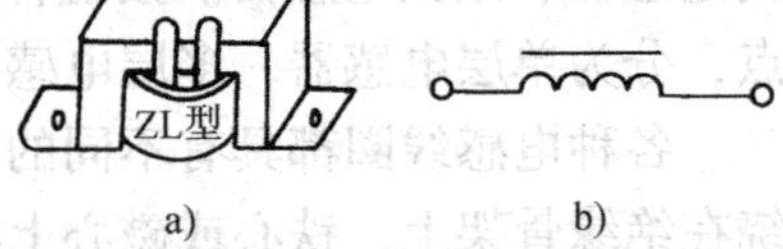

图4-28 铁心电感器

三、电感器的简单检测方法

首先从外观上检查，看线圈有无松散、发霉现象，引脚有否折断；然后用万用表测量，若直流电阻为无穷大，说明线圈内或线圈与引出线间已经断路；若直流电阻比正常值小很多，说明线圈内有局部短路；若直流电阻为零，则说明线圈被完全短路。具有金属屏蔽罩的线圈，还需测量它的线圈和屏蔽罩间是否有短路。

四、电感器的联结

将两个或两个以上的电感器进行适当的连接，可以改变其参数。

1. 串联

两个或两个以上电感器按顺序一个接一个地连接，如图4-29所示，称为线圈串联。

电感量：$L = L_1 + L_2 + L_3 + \cdots$

额定电流：以其中最小的额定电流为准。

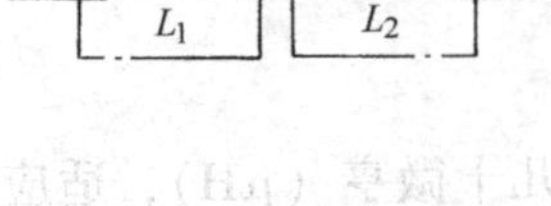

图4-29 电感器的串联

图4-30 电感器的并联

2. 并联

两个或两个以上线圈两端分别接在一起，引出一对接线称为并联，如图4-30所示。图中点划线表示屏蔽。

电感量：$\frac{1}{L}=\frac{1}{L_1}+\frac{1}{L_2}+\frac{1}{L_3}+\cdots$

额定电流（如电感量和额定电流均相同的线圈并联）是各线圈额定电流之和。

线圈串联可提高电感量，并联可增大额定电流。

本 章 小 结

本章讨论了电容器与电容量，电感器与电感量，主要内容是：

一、电容器与电容量

1. 电容器是储存电荷和电场能量的装置，反映电容器储存电荷能力的物理量称为电容量。若忽略电容器的“漏电流”、介质损耗就是一个电路“理想元件”称为“电容元件”。

2. 电容元件上电流与电压是“微分关系”，即 $i=C\frac{\mathrm{d}u_C}{\mathrm{d}t}$。它表明，电容电路某瞬间的电流取决于该瞬间的电容电压的变化率，而不是决定于该瞬间的电压值。

3. 已充电的电容器中，储存着电场能量，储能的多少与其电压的二次方成正比，即 $W_C=\frac{1}{2}Cu_C^2$，电容元件是一个储能元件。

二、电感器与电感量

1. 电感器若忽略其电阻、电容的因素，就是一个电路“理想元件”，称为“电感元件”。

2. 电感量 L 反映电感线圈产生磁链 Ψ 的能力，是表明线圈电工特性的物理量。L 值与电流大小无关，只与线圈的形状、匝数及几何尺寸有关。

3. 电感元件上电压与电流的关系式为 $u_L=L\frac{\mathrm{d}i_L}{\mathrm{d}t}$。它表明，电感元件某瞬间的电压不是决定于此瞬间的电流值，而是决定于该瞬间的电流变化率。

4. 通过电流的线圈中储存着磁场能量，储能的多少与其电流的二次方成正比，即 $W_L=\frac{1}{2}Li^2$，电感元件是一个储能元件。

思考题与习题四

1-1　电容器是怎样构成的？

1-2　在一只电容器的极板间接入直流电压，$U_1=300\mathrm{V}$，测得极板上带有电荷量为 $Q=0.02\mathrm{C}$，问该电容器的电容量是多少？若将该电容器极板间电压升至 $U_2=600\mathrm{V}$，极板上的电荷量将是多少？

2-1　试在坐标纸上绘出 $C_1=0.1\mathrm{F}$ 和 $C_2=0.01\mathrm{F}$ 两个电容（线性）的 $Q-U$ 曲线。

2-2　已知某只电容 $C_1=0.1\mu\mathrm{F}$，在 $\Delta t=100\mu\mathrm{s}$ 时段内，电容电压的变化 $\Delta u=10\mathrm{V}$，求电容线路在这段时间内的电流。

3-1　接在电容 C 上的电压为随时间按正弦规律变化的电压，如题图 4-1a，已知：$C=2\mu\mathrm{F}$，$u=100\sin1000t$（V），求电容线路中的电流 i，取 u 与 i 为关联参考方向，如题图 4-1b 所示。

3-2　有一电容器 $C=100\mu\mathrm{F}$，不带电荷。现对其进行充电，充电电流为 $i=1\mathrm{mA}$，持续时间为 2s，求电容器充电后极板间的电压。

4-1　有两个电容元件，其电容量分别为：$C_1=300\mathrm{pF}$，$C_2=500\mathrm{pF}$，试求将其串联、并联两种情况下的等效电容值。

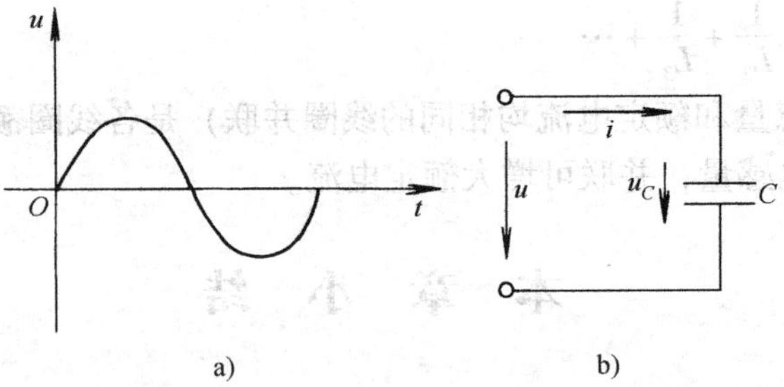

题图 4-1

4-2　有两个电容元件，$C_1=2.5\mu F$，耐压 $U_1=250V$；$C_2=10\mu F$，耐压 $U_2=500V$。将这两个电容串联，试求串联组合后所能承受的总电压值。

4-3　三个电容元件混联，如题图 4-2 所示。已知 $U=300V$，$C_1=3\mu F$，$C_2=2\mu F$，$C_3=4\mu F$。求：U_1、Q_2。

4-4　两个电容串联，$C_1=2\mu F$，$C_2=6\mu F$，外接电压 $U=100V$。求：两个电容器各自储存的电场能量为多少？

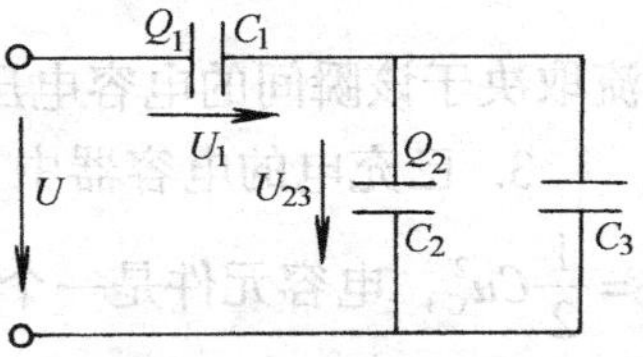

题图 4-2

5-1　分别在同一坐标纸上绘出线性电感 $L_1=2H$ 和 $L_2=0.5H$ 的 $\psi\sim i$ 曲线。若线圈通过电流 $i=0.2A$，得自感磁链 $\psi_L=0.08Wb$，求该线圈的电感。

6-1　有一电感元件 $L=200mH$，通过它的电流波形如题图 4-3 所示。

试求：(1) 各时段内电感两端电压。

(2) 做出 u_L 随时间变化的波形图。

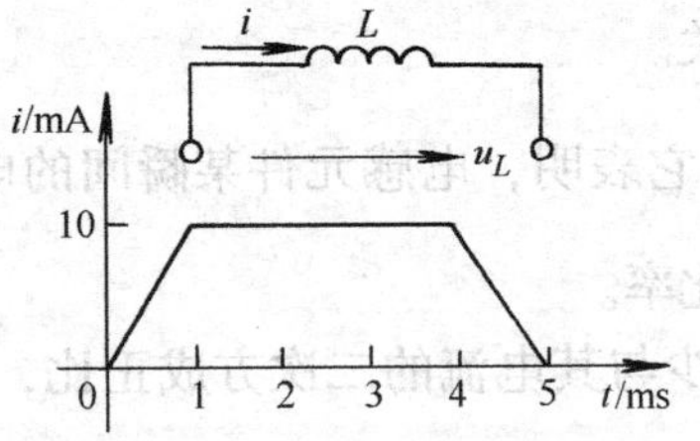

题图 4-3

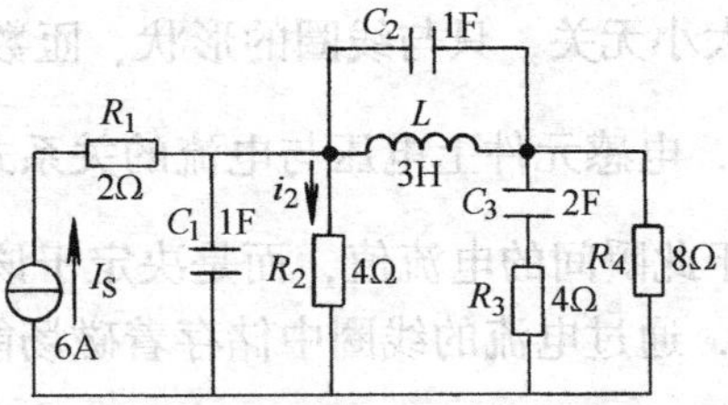

题图 4-4

6-2　如题图 4-4 所示电路，求 R_2 中的电流 i_2 和直流电流源两端的电压。

7-1　有一个电感元件，$L=2H$，当通过其中的电流为 $I=5A$，此时储存在磁场中的能量是多少？

7-2　有一匝数 $N=2000$ 匝，横截面积 $S=20cm^2$ 的空心线圈，通过电流 $I=10A$ 时的磁感应强度 $B=6.28\times10^{-3}Wb/m^2$。

求：线圈中的磁场能量。

第五章　正弦交流电路

正弦交流电是指大小和方向都随着时间按正弦规律周期变化的电流、电压、电动势的总称。正弦交流电路，是指含有正弦电源（激励）而且电路各部分所产生的交流量（响应）均按正弦规律变化的电路。如交流发电机中所产生的电动势和正弦波信号发生器所输出的信号电压都是随时间按正弦规律变化的。它们是常用的正弦电源。正弦交流电在生产上和日常生活中应用广泛，具有许多实用意义上的优点。工程中一般所说的交流电（AC），通常都指正弦交流电。因此，正弦交流电路是电工基础中很重要的一部分，对其基本概念、基本理论和基本分析应很好地掌握，并能运用，为后面学习交流电机、变压器和电子技术打下理论基础。

第一节　正弦交流电路的基本概念

一、正弦交流电的产生

正弦交流电由交流发电机产生。图 5-1a 所示为最简单的发电机结构图，它主要由固定在机壳上的定子和转子构成。转子是绕有线圈的圆柱形铁心，可以绕轴旋转，转子线圈的两端分别接在彼此绝缘的两个集电环 C1、C2 上，每个集电环又和电刷保持良好的接触，发电机转子线圈中所产生的交流电通过电刷 A、B 送往外电路。

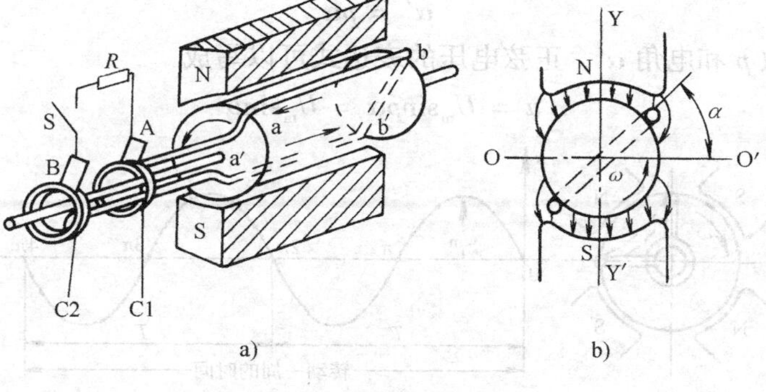

图 5-1　简单交流发电机结构

当单匝线圈 ab、b′a′在外力作用下绕轴以角速度 ω 匀速转动时，线圈的 ab、a′b′边作切割磁感应线运动而产生感应电动势，一旦外电路闭合，即可产生感应电流。线圈的 aa′、bb′边因不切割磁感应线而无电磁感应现象产生。所以能产生感应电动势的 ab、a′b′两边称为有效边。由物理学中的知识可知，直导线的感应电动势为

$$e = BLv \tag{5-1}$$

式中，L 为导线的有效长度；v 为运动速度，都是固定不变的，为使发电机产生正弦交流电

动势，它的定子磁极 N 和 S 均加工成特殊形状，使转子和定子之间空气隙中的磁感应强度按正弦规律分布，如图 5-1b 所示。在电机的中性面（两极的平分面）上，电枢表面的磁感应强度为零，在极掌的中间处磁感应强度最大（B_m）。即磁感应强度的分布随“空间角”α 的变化可以写成

$$B = B_m \sin\alpha \tag{5-2}$$

将式（5-2）代入式（5-1），并考虑电机制造上的结构系数 K（包括线圈尺寸、匝数等），可得

$$e = KLvB_m \sin\alpha$$

或

$$e = E_m \sin\alpha$$

式中

$$E_m = KLvB_m$$

为线圈感应电动势的最大值。如果将电动势用感应电压 u（取与 e 参考方向相反）表示可写成

$$u = U_m \sin\alpha \tag{5-3}$$

若将式（5-3）绘成正弦曲线（或称电压波形），如图 5-2 所示。

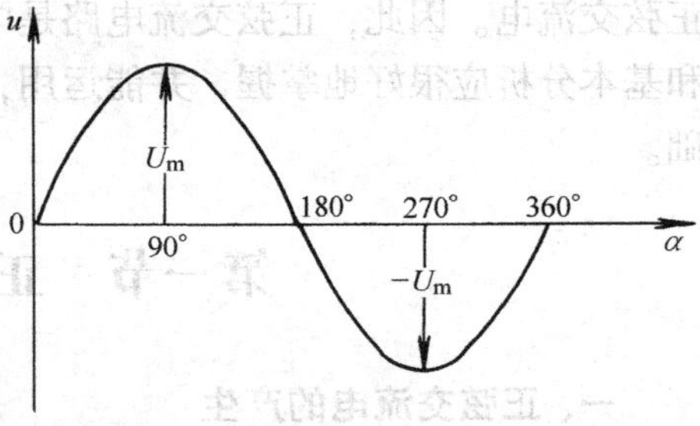

图 5-2　正弦交流电压的波形

应当指出：上述公式中的角度 α 是从发电机中性面算起的，线圈导体所转过的角度称为“空间角”或“机械角”，但在正弦交流电的分析和计算中用的是“电角”。在只有一对磁极的情况下，电角与空间角是相等的。如图 5-3 所示为两对（四个）磁极的情况，不难看出：电机的线圈在空间只转了 90°，而电压却相应地变化了 180°，当线圈转过 180°，电压则变化了一周 360°。如果把与电压变化相应的角度称为“电角”，用字母 α' 表示，用 p 表示磁极对数，则电角应为空间角的 p 倍，即

$$\alpha' = p\alpha \tag{5-4}$$

当引入了磁极对数 p 和电角 α'，正弦电压的表达式可以写成

$$u = U_m \sin p\alpha = U_m \sin\alpha' \tag{5-5}$$

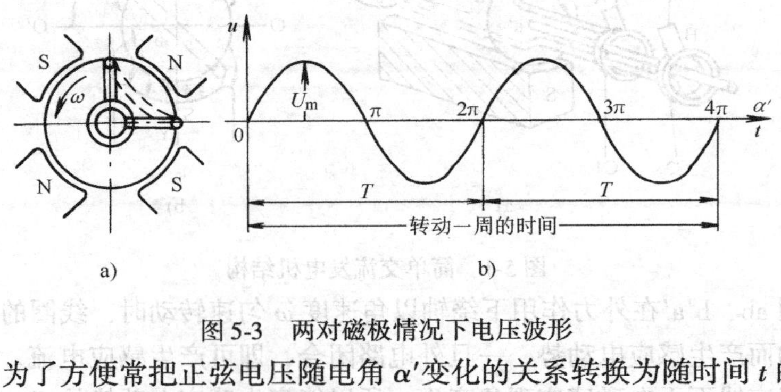

图 5-3　两对磁极情况下电压波形

在实用中，为了方便常把正弦电压随电角 α' 变化的关系转换为随时间 t 的变化关系，为此引入了“电角频率”（或称电角速度）这个物理量。所谓“电角频率”就是交流电在单位时间内变化的电角度，用字母“ω”表示，即

$$\omega = \frac{\alpha'}{t}$$

将式（5-5）写成正弦时间函数式为

$$u = U_m \sin\omega t \tag{5-6}$$

对正弦电流可以写成

$$i = I_m \sin\omega t \tag{5-7}$$

式（5-6）、式（5-7）分别为正弦电压、电流瞬时值的表达式。习惯上交流电压、电流的瞬时值用英文小写字母"u"、"i"表示，也可写成 $u(t)$、$i(t)$。

二、正弦交流电的"三要素"

1. 正弦交流电的周期和频率

如图5-4所示为正弦电压的波形曲线，可以看到，电压的大小和方向是随时间作周期性变化的。交流电的"周期"就是交流电的某一值重复出现的最短时间，用字母"T"表示。图5-4中从0点到a点是一个周期，从b点到c点也是一个周期。周期的长短反映了交流电变化的快慢。

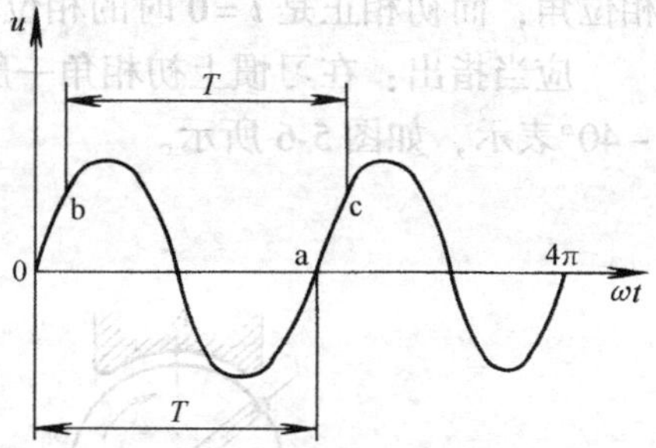

图5-4　正弦交流电压的周期

衡量交流电变化快慢的，还常使用另一个物理量，即频率。频率为每秒钟变化的周期数，用字母"f"表示。可见频率和周期是互为倒数关系的，即

$$f = \frac{1}{T} \tag{5-8}$$

式中，周期的单位是秒（s）；频率的单位是赫（Hz），常用的单位还有千赫（kHz）、兆赫（MHz）。

我国电力工业的标准频率为50Hz，称为工频，它的周期是0.02s。在不同领域还用到其他频率，如有线通信中使用的频率为几百到几千Hz；电热方面为$50 \sim 10^3$Hz，而无线电技术方面约在$10^5 \sim 3\times10^3$Hz之间等。

下面介绍频率（f）和电角频率（ω）的关系，由电角频率的定义式不难导出：

$$\omega = \frac{\alpha'}{t} = \frac{2\pi}{T} = 2\pi f \tag{5-9}$$

角频率的单位是弧度/秒（rad/s）。

式（5-9）表示了T、f、ω三个量之间的关系，它们从不同角度反映正弦量变化的快慢，只要知道其中一个量，就可以求出其他两个量。

2. 正弦交流电的最大值

最大值就是在一个周期的变化过程中，出现的最大瞬时值。从正弦量的波形曲线上看，最大值也就是正弦波的最高点，所以也称"幅值"，交变量的最大值用大写字母下脚标以"m"来表示，如U_m、I_m分别表示电压、电流的"最大值"。

3. 正弦交流电的相位角（初相、相位差）

（1）初相角　从图5-1b所示的交流发电机原理图上可以看出，在我们所选定的计时开始时间（$t=0$），发电机线圈的有效边已经不处在中性面上，而是转过了一个角度（α），这时感应电压也已从周期起点（即交流电从零值开始变正值的瞬间）变化了一个电角（$p\alpha$），到达U_0的数值，其正弦曲线如图5-5所示。因此，要准确完整地描绘一个正弦量仅知道最大值和频率还是不够的，还必须知道计时开始时（$t=0$瞬间），电压已从周期起点变化了多

少电角。为此，我们把正弦量由负变正的那个零点到计时开始所经过的电角度称为“初相角”，简称“初相”，用字母 ψ 表示，如图 5-5 所示。

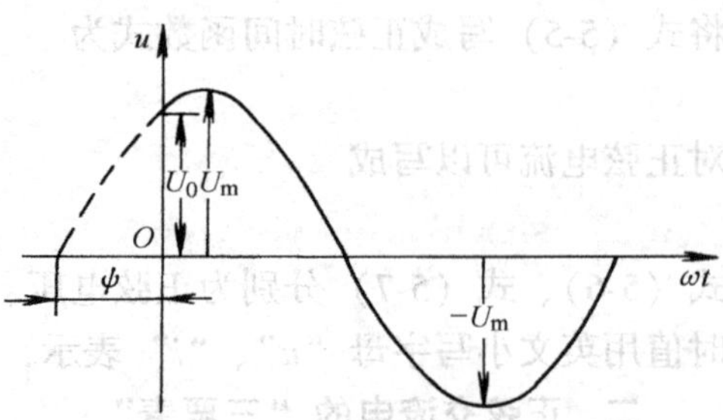

图 5-5　正弦电压的初相角波形

考虑初相后正弦电压和正弦电流瞬时值完整的表达式分别为

$$u = U_m \sin(\omega t + \psi_u) \tag{5-10}$$

$$i = I_m \sin(\omega t + \psi_i) \tag{5-11}$$

式 (5-6) 和式 (5-7) 是初相为零的表达式。式 (5-10) 和式 (5-11) 中的 $(\omega t + \psi)$ 称为正弦量的相位角，而初相正是 $t = 0$ 时的相位角。

应当指出：在习惯上初相角一般不用大于 180° 的角表示。例如，$\psi = 320°$，可化成 $\psi = -40°$ 表示，如图 5-6 所示。

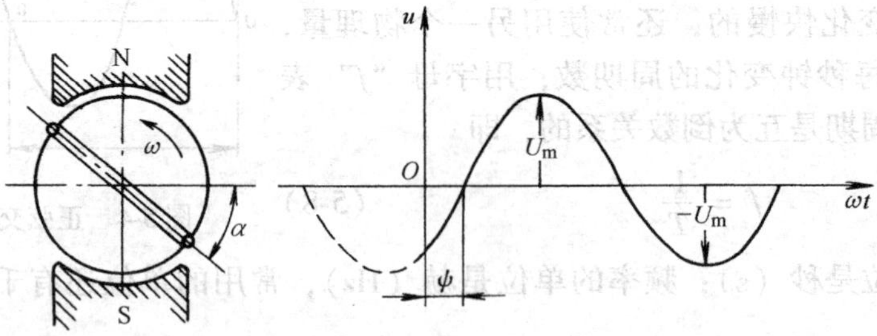

图 5-6　正弦电压初相角为负值的波形

(2) 相位差　仍以交流发电机原理图为例，图 5-7 所示可直观地看到发电机的电枢上有两个绕组，注意它们所处的空间位置不同。当电枢旋转时，两个绕组中所感应的电压 u_1 和 u_2 的频率和最大值相同，但初相角是不同的，分别为 ψ_1 和 ψ_2，则两个电压的瞬时值表达式为

$$u_1 = U_m \sin(\omega t + \psi_1)$$

$$u_2 = U_m \sin(\omega t + \psi_2)$$

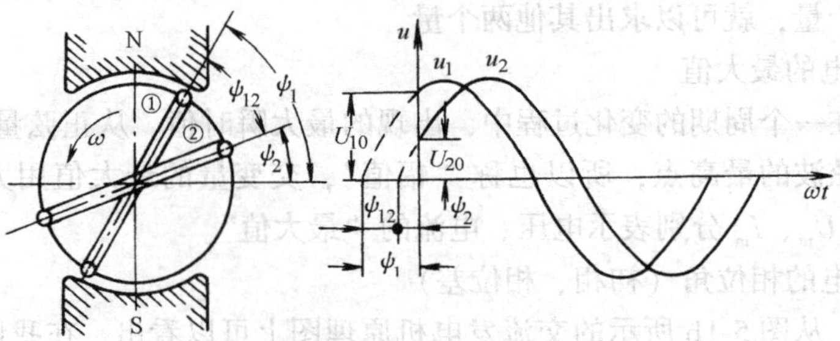

图 5-7　正弦电压的相位差

它们的相位差（也就是初相角之差）为

$$(\omega t + \psi_1) - (\omega t + \psi_2) = \psi_{12} \text{ 或 } \psi_{21} = \psi_2 - \psi_1 \tag{5-12}$$

应强调指出，必须是同频率的正弦量比较相位才有意义，这样相位差才是一个固定值。若一

个正弦量比另一个正弦量早达到某一数值（如零值或最大值），就说第一个正弦量在相位上“超前”第二个正弦量，或者说第二个正弦量“滞后”第一个正弦量。如图 5-7 所示，就可以说 u_1 超前 $u_2\psi_{12}$角，或者说 u_2 滞后 $u_1\psi_{12}$角，也可以用 $\psi_{21}(=\psi_2-\psi_1)$表示，显然 $\psi_{21}=-\psi_{12}$。

在比较两个正弦量的相位时，“超前”或“滞后”的角度一般也不取大于180°。初相角相同的正弦量称为“同相”，相差180°的正弦量称为“反相”。

综上所述，要完整地描绘一个正弦量，必须要确切地知道它的频率、最大值和初相角，这三个量称为正弦量的三要素。

顺便指出：我们在讲述正弦量产生时所用的发电机原理图，是磁极（定子）固定、电枢（转子）转动，但实际交流发电机大多是磁场旋转、电枢为固定的，如图 5-8 所示。

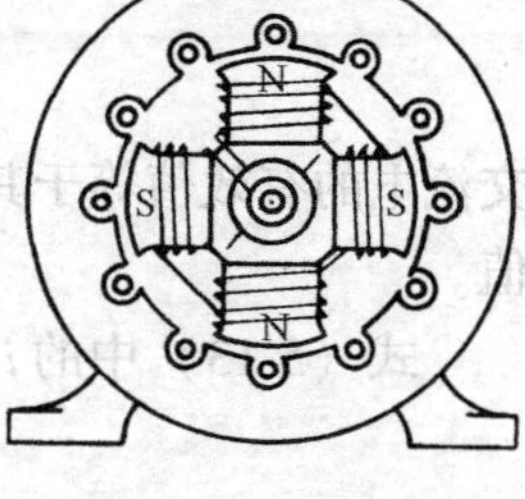

图 5-8　实际发电机原理图

［例 5-1］　已知：$i_1=10\sin(\omega t+45°)$ A；$i_2=5\sin\omega t$ A；$i_3=8\sin(\omega t-150°)$ A；$f=50$Hz。

求：（1）电角频率 ω。

（2）电流 i_1 和 i_2 的相位差，并指出哪个超前，哪个滞后？

（3）i_1 和 i_3 的相位差，哪个超前，哪个滞后？

解：（1）电角频率

$$\omega=2\pi f=2\times 3.14\times 50\text{rad/s}=314\text{rad/s}$$

（2）$\psi_1=45°$，$\psi_2=0°$

$$\psi_{12}=\psi_1-\psi_2=45°-0°=45°$$

电流 i_1 超前 $i_2$45°，或 i_2 滞后 $i_1$45°。

（3）$\psi_1=45°$，$\psi_3=-150°$

$$\psi_{13}=\psi_1-\psi_3=45°-(-150°)=195°(\text{或}-165°)$$

电流 i_1 超前 $i_3$195°，或者说 i_1 超前 i_3（−165°）。也就是 i_1 滞后 $i_3$165°，i_3 超前 $i_1$165°。

第二节　正弦交流电的有效值和平均值

为了确切反映交流电能量转换的实际效果，电工技术中用有效值来衡量交流量的大小，而在电工技术中除了使用有效值还常用到平均值，下面就来介绍交流电的“有效值”和“平均值”。

一、交流电的有效值

在实际电路中，无论是交流电还是直流电都有将电能转换成其他形式能量的问题，对电阻（R）来说，当通过的电流是直流电流（I_{DC}）时，消耗的功率为 I_{DC}^2R，在 t 秒钟内由电能变为热能的能量为 I_{DC}^2Rt。如果通过这个电阻（R）的交流电流为（i），则功率也是时间的函数为 i^2R，它在 t 秒钟内转变为热能的能量需要用积分的概念，即 $\int_0^t i^2R\mathrm{d}t$。

对同一个电阻元件（R），如果交流电流 i 在一个周期（T）时间内流过电阻产生的热能和某一直流电流 I_{DC} 在同一时间 T 内流过电阻产生的热能相等，即

$$I_{DC}^2RT = \int_0^T i^2R\mathrm{d}t$$

可得

$$I_{DC} = \sqrt{\frac{1}{T}\int_0^T i^2\mathrm{d}t}$$

我们把热效应与交流电流等效的直流电流称为“交流电流的有效值”，它的文字符号不用I_{DC}而用大写字母“I”表示，即

$$I = \sqrt{\frac{1}{T}\int_0^T i^2\mathrm{d}t} \tag{5-13}$$

交流电的有效值等于其瞬时值二次方在一周期时间内的平均值的开平方，又称“方均根”值。

式（5-13）中的i为任意随时间变化的周期函数。如果电流i为正弦电流（设初相为零）

$$i = I_m\sin\omega t$$

将其代入式（5-13）得

$$I = \sqrt{\frac{1}{T}\int_0^T (I_m\sin\omega t)^2\mathrm{d}t}$$

$$= \sqrt{\frac{I_m^2}{T}\int_0^T\left(\frac{1-\cos2\omega t}{2}\right)\mathrm{d}t}$$

$$= \sqrt{\frac{I_m^2}{2T}(T-0)} = \frac{I_m}{\sqrt{2}}$$

即正弦电流的有效值等于其最大值除以$\sqrt{2}$。

$$I = \frac{I_m}{\sqrt{2}} \tag{5-14}$$

与正弦电流相同正弦交流电压的有效值可写成

$$U = \frac{U_m}{\sqrt{2}} \tag{5-15}$$

一般电气设备上所标的额定电压和额定电流以及通常所使用的交流电压和电流的数值都指的是有效值。使用交流电压表和电流表所测得的数值也都是有效值。

[例5-2] 生产车间的动力电源电压为380V，照明电源的电压为220V，问它们的最大值各为多少伏？

解：国家标准规定的电压等级都是有效值，根据式（5-15）可求：

动力电源电压最大值为 $U_m = \sqrt{2}U = \sqrt{2}\times380\text{V} = 537\text{V}$

照明电源电压最大值为 $U_m = \sqrt{2}U = \sqrt{2}\times220\text{V} = 311\text{V}$

[例5-3] 如果已知正弦电流的最大值为28.2A，试问用交流电流表进行测量时，电流表的读数为多少？

解：因为交流电流表测得的为有效值，由式（5-14）可求电流表读数为

$$I = \frac{I_m}{\sqrt{2}} = \frac{28.2\text{A}}{\sqrt{2}} = 20\text{A}$$

二、交流电的平均值

交流电流的平均值是从电荷量这个方面来衡量交流值的一个量。设交流电流为 i，在 $\mathrm{d}t$ 时间内通过电路的电荷量为 $i\mathrm{d}t$，它在正半周期内通过电路的电荷总量为 $\int_0^{\frac{T}{2}} i\mathrm{d}t$；某一直流电流 I_{DC} 通过该电路，在等于交流电的正半周期时间内通过电路的电荷总量为 $I_{DC} \times \frac{T}{2}$，若这两个电荷量相等，即

$$I_{DC} \times \frac{T}{2} = \int_0^{\frac{T}{2}} i\mathrm{d}t$$

可得出

$$I_{DC} = \frac{2}{T}\int_0^{\frac{T}{2}} i\mathrm{d}t$$

我们把这样的一个直流电流称为“交流电流的平均值”，不用字母 I_{DC} 表示，而采用交流平均值的字符“I_{av}”表示，即

$$I_{av} = \frac{2}{T}\int_0^{\frac{T}{2}} i\mathrm{d}t \tag{5-16}$$

如果电流 i 为正弦电流 $i = I_m \sin\omega t$，代入式（5-16）

$$I_{av} = \frac{2}{T}\int_0^{\frac{T}{2}} I_m \sin\omega t\mathrm{d}t = \frac{2I_m}{\omega T}\int_0^{\frac{T}{2}} \sin\omega t\mathrm{d}(\omega t)$$

积分后得

$$I_{av} = \frac{2}{\pi} I_m \tag{5-17}$$

对应的正弦交流电压的平均值与最大值的关系可写成

$$U_{av} = \frac{2}{\pi} U_m \tag{5-18}$$

即正弦量在正半周期内的平均值等于最大值的 $2/\pi$ 倍，当然，正弦量在一个周期内的平均值为零，无意义。

第三节 正弦量的相量表示法

一、复数简介

如果直接利用正弦量的解析式或波形图来分析计算正弦交流电路，将是非常繁琐和困难的。工程计算中通常是采用复数表示正弦量，把对正弦量的各种运算转化为复数运算，从而大大简化正弦交流电路的分析计算过程，这种方法称为相量法。

复数和复数运算是相量法的数学基础，先对复数的概念进行必要的复习。

1. 复数的表达形式

设 A 为一复数，其实部和虚部分别为 a 和 b，则复数 A 可用代数形式表示为

$$A = a + jb \tag{5-19}$$

一个复数除了用式（5-19）称为“代数形式”表示外，还可用由实数轴与虚数轴构成的复平面上的一个“矢量”表示。如图 5-9 所示，矢量的长短 $|A|$ 表示复数 A 的“大小”，数学上

称为复数的“模数”；ψ 是矢量的方向角，数学上称为复数的“辐角”。一个矢量可用极坐标形式表示，对应图 5-9，可将复数 A 写成极坐标形式

$$A = |A| \angle \psi \tag{5-20}$$

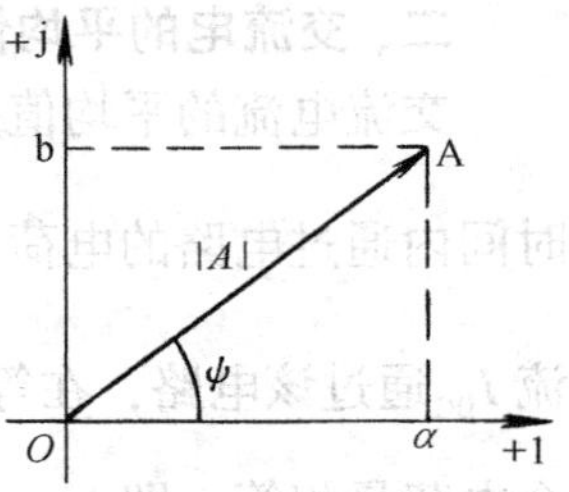

图 5-9　复数的矢量表示

由图 5-9 不难看出复数的代数形式与极坐标形式之间的转换关系

已知代数形式　$A = a + \mathrm{j}b$

则极坐标形式中

$$\left.\begin{aligned} |A| &= \sqrt{a^2 + b^2} \\ \psi &= \arctan\frac{b}{a} \end{aligned}\right\} \tag{5-21}$$

已知极坐标形式　$A = |A| \angle \psi$

则代数形式中

$$\left.\begin{aligned} a &= |A| \cos\psi \\ b &= |A| \sin\psi \end{aligned}\right\} \tag{5-22}$$

2. 复数的四则运算

（1）加法　将复数化成代数形式，然后实部与实部相加，虚部与虚部相加得到新的复数。

[例 5-4]　已知 $A = 3 + \mathrm{j}4$，$B = 10 \angle 36.9°$，求 $C = A + B$。

解： 需将 B 也化成代数形式

$$B = 10 \angle 36.9° = 10\cos 36.9° + \mathrm{j}10\sin 36.9° = 8 + \mathrm{j}6$$

则

$$C = A + B = (3 + \mathrm{j}4) + (8 + \mathrm{j}6)$$

$$= (3 + 8) + \mathrm{j}(4 + 6) = 11 + \mathrm{j}10 = 14.86 \angle 42.27°$$

（2）减法　将复数化成代数形式，然后实部与实部相减，虚部与虚部相减，得到新的复数。

[例 5-5]　已知 $A = 5 \angle 36.9°$，$B = 10 \angle -120°$，求：$C = A - B$ 和 $D = B - A$。

解： A 和 B 都应化成代数形式

$$A = 5 \angle 36.9° = 4 + \mathrm{j}3$$

$$B = 10 \angle -120° = -5 - \mathrm{j}8.66$$

则

$$C = A - B = [4 - (-5)] + \mathrm{j}[3 - (-8.66)] = 9 + \mathrm{j}11.66$$

$$= 14.73 \angle 52.34°$$

$$D = B - A = (-5 - 4) + \mathrm{j}(-8.66 - 3) = -9 - \mathrm{j}11.66$$

$$= 14.73 \angle -127.66°$$

（3）乘法　通常是将复数化成极坐标形式，然后将相乘的复数“模相乘、角相加”得到新的复数。

[例 5-6]　已知 $A = 58 \angle 30°$，$B = 25 - \mathrm{j}36$，求：$C = AB$。

解： 需将 B 化成极坐标形式

$$B = 25 - \mathrm{j}36 = 43.83 \angle -55.22°$$

$$C = AB = 58 \angle 30° \times 43.83 \angle -55.22°$$

$= (58 \times 43.83) \underline{/ 30° + (-55.22°)}$

$= 2542.14 \underline{/ -25.22°}$

（4）除法　通常也是把复数化成极坐标形式，然后相除的两个复数“模相除、角相减”，得到新的复数。

［例 5-7］　若已知 $A = 38 \underline{/52°}$，$B = 22 \underline{/-130°}$，求：$C = \dfrac{A}{B}$；$D = \dfrac{B}{A}$。

解：$C = \dfrac{A}{B} = \dfrac{38 \underline{/52°}}{22 \underline{/-130°}} = \dfrac{38}{22}\underline{/52° - (-130°)} = 1.73 \underline{/182°}$

$D = \dfrac{B}{A} = \dfrac{22 \underline{/-130°}}{38 \underline{/52°}} = \dfrac{22}{38}\underline{/-130° - 52°}$

$= 0.58 \underline{/-182°}$

二、正弦量的复数表示法（相量法）

如前所述，当知道正弦量的最大值（或有效值）、初相角和角频率（或频率）这三个要素，就可以写出该正弦量的瞬时值表达式。在正弦稳态交流电路中，所有的激励和响应都是同频的正弦量，所以只要知道有效值和初相角两个要素，就能描述一个正弦量。又因为一个复数也可以说是由两个要素构成，即“模数”和“辐角”。这样就可以把正弦量的表示法引入了复数领域。

如 $i = \sqrt{2} I \sin(\omega t + \psi_i)$，$\omega$ 作为已知量，我们用电流的有效值（I）和初相角（ψ_i）两个要素借用复数来描绘正弦电流，方法是：

1）电流的有效值对应复数的模数。

2）电流的初相角对应复数的辐角。

这样正弦电流可写成复数形式

$$\dot{I} = I \underline{/\psi_i} \tag{5-23}$$

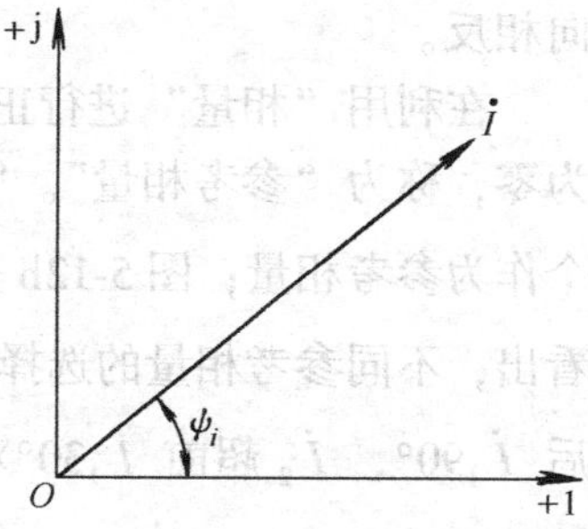

图 5-10　正弦电流的极坐标形式

依照图 5-9 的画法可对应画出正弦电流的极坐标形式，如图5-10 所示。注意，习惯用 I 上打一点（$\dot{I}$）来表示电流的复数形式，不带点的 I 仍为电流的有效值。

仿照电流，正弦电压 $u = \sqrt{2} U \sin(\omega t + \psi_u)$ 的复数形式可以写成

$$\dot{U} = U \underline{/\psi_u} \tag{5-24}$$

把用复数形式表示的正弦量称为“相量”，以区别表示复数的“矢量”。

知道正弦量的瞬时值表达式，可以写出它的“相量”。反之，知道了一个正弦量的相量形式，也可以写出它的正弦量瞬时值表达式。

例如，已知正弦量瞬时值表达式写出其“相量”。

$$u_1 = \sqrt{2} \times 10\sin(\omega t + 30°)\ \mathrm{V} \rightarrow \quad \dot{U}_1 = 10 \underline{/30°}\mathrm{V}$$

$$u_2 = \sqrt{2} \times 100\sin(\omega t - 50°)\ \mathrm{V} \rightarrow \quad \dot{U}_2 = 100 \underline{/-50°}\mathrm{V}$$

$$i_1 = 5\sin(\omega t + 120°)\ \mathrm{A} \rightarrow \quad \dot{I}_1 = \frac{5}{\sqrt{2}} \underline{/120°}\mathrm{A}$$

$$i_2 = \sqrt{2} \times 2\sin(\omega t - 10°)\ \mathrm{A} \rightarrow \quad \dot{I}_2 = 2 \underline{/-10°}\mathrm{A}$$

又如，已知“相量”，写出正弦量瞬时值表达式

$$\dot{U}=150\ \underline{/-120°}\text{V}\rightarrow\quad u=\sqrt{2}\times150\sin(\omega t-120°)\text{V}$$

$$\dot{I}=\sqrt{2}\times5\ \underline{/106°}\text{A}\rightarrow\quad i=10\sin(\omega t+106°)\text{A}$$

正弦量用复数表示后，也可用复数平面上的极坐标图形表示，如图5-10所示称为“相量图”。同频率的正弦量化成复数（相量）后，可以画在同一幅相量图中，如 $u=\sqrt{2}U\sin(\omega t+\psi_u)$；$i=\sqrt{2}I\sin(\omega t+\psi_i)$，其“相量”分别为 $\dot{U}=U\underline{/\psi_u}$；$\dot{I}=I\underline{/\psi_i}$。其相量图如图5-11所示。从相量图中可直观地看到正弦量的大小，初相角及相位差。从图5-11可看到，电压 $\dot{U}$ 超前电流 $\dot{I}\ \psi_{ui}$，$\psi_{ui}=\psi_u-\psi_i$。

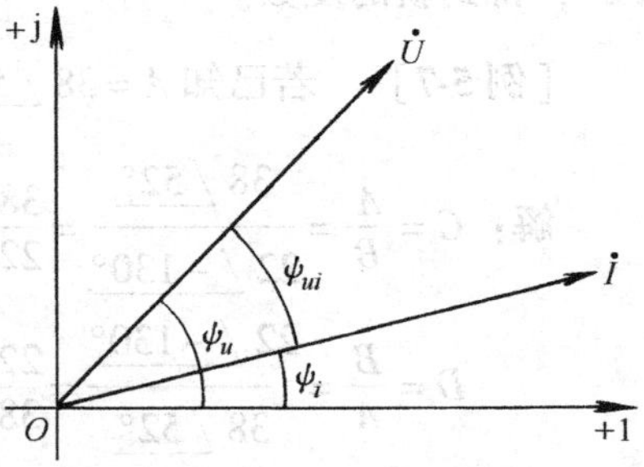

图5-11　$\dot{U}$ 与 $\dot{I}$ 的相量图

应当指出：电流相量 $\dot{I}$ 和电压相量 $\dot{U}$ 是正弦量瞬时值 i 和 u 的“代表符号”，它们和瞬时值一样可以在电路图上标出参考方向，而有效值 U、I 或最大值 U_m、I_m 等只是数值。

正弦电流和电压也必须在电路图上标出其“参考方向”。某一时刻的“实际方向”仍然依据该时刻实际值的正负来判断。如果 $i(t_1)>0$，则 t_1 时刻电流的实际方向与电路图上的参考方向相同；如果 $i(t_2)<0$，则 t_2 时刻电流的实际方向与电路图上的参考方向相反。

在利用“相量”进行正弦电路的计算时，为了方便，常选定其中一个正弦量的初相角为零，称为“参考相量”。“参考相量”是可以任意选取的。如图5-12a三个相量没有选哪个作为参考相量；图5-12b是选取 $\dot{U}$ 作为参考相量；图5-12c是选取 $\dot{I}_1$ 为参考相量。不难看出，不同参考相量的选择只影响各相量的初相，并不影响各相量之间的相位差，如 $\dot{U}$ 滞后 $\dot{I}_1$ 90°，$\dot{I}_2$ 超前 $\dot{I}_1$ 30°对三个图都是一样的。

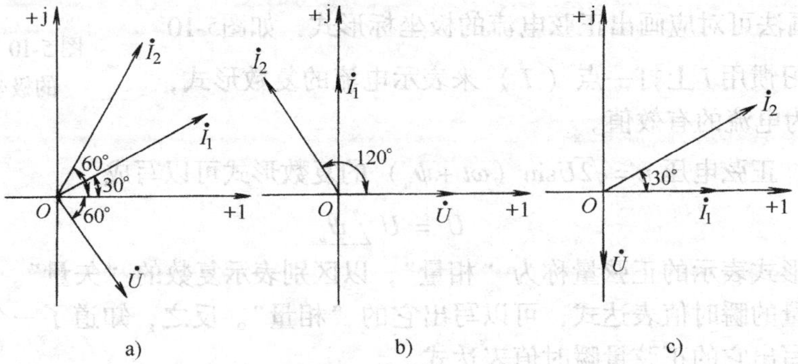

图5-12　参考相量

第四节　纯电阻、纯电感、纯电容正弦交流电路

一、纯电阻正弦交流电路

在实际用电器具和设备中，有的就可以忽略次要因素，只突出其电阻性质，从而将其抽

象为电阻元件（所谓“纯电阻”），如电阻电炉、白炽灯等。

1. 电阻元件上正弦电流与电压关系

如图5-13a所示，如果电阻元件R的电压为

$$u_R = U_{Rm}\sin\omega t \tag{5-25}$$

由于电阻元件上的电流与电压每一瞬时都应符合欧姆定律，所以

$$i = \frac{u_R}{R} = \frac{U_{Rm}\sin\omega t}{R} = I_m\sin\omega t \tag{5-26}$$

式中

$$I_m = \frac{U_{Rm}}{R} \quad I = \frac{U_R}{R} \tag{5-27}$$

因为电阻R是实数，相除之后并不影响正弦量的频率和初相角。若电阻元件上的电压与电流都用相量表示，由式（5-26）和式（5-27）可得

$$\dot{U}_R = U_R\angle 0^\circ;\ \dot{I} = I\angle 0^\circ$$

则

$$\frac{\dot{U}_R}{\dot{I}} = \frac{U_R\angle 0^\circ}{I\angle 0^\circ} = \frac{U_R}{I}\angle 0^\circ - 0^\circ = R \tag{5-28}$$

电阻元件上电压与电流的波形曲线及相量图如图5-13b和c所示。

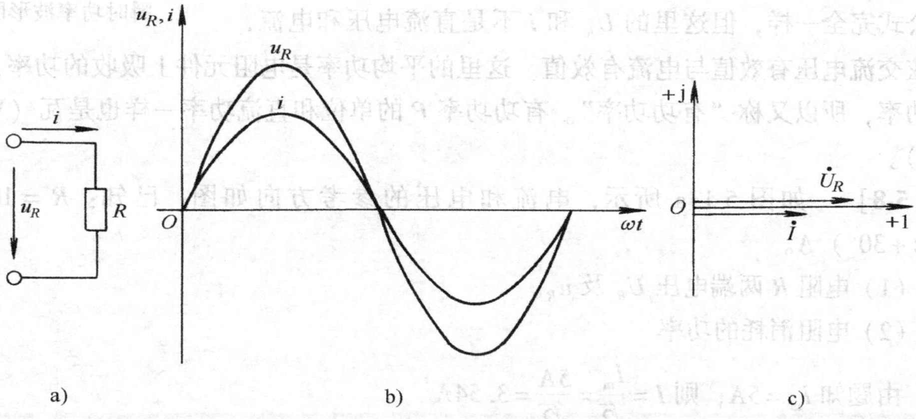

图5-13 电阻中电压与电流的波形图和相量图

通过上面的分析，结论是：

1）电阻元件上，正弦电压与电流的瞬时值、最大值、有效值和相量值都符合欧姆定律。

2）电阻元件上正弦电压与正弦电流之比是电阻值R，它是一个实数。

3）电阻元件上正弦电压与正弦电流同频且初相角相等，即$\psi_u = \psi_i$，称为“同相”。

2. 电阻元件上的功率

（1）瞬时功率（p） 电压瞬时值与电流瞬时值的乘积称为瞬时功率（用p表示）。为方便取电压初相为零（即参考正弦量），那么电流的初相也是零，若取u、i为关联参考方向，瞬时功率可写成

$$p = u_R i = U_{Rm}\sin\omega t I_m\sin\omega t$$

$$= U_{Rm}I_m\sin^2\omega t = U_{Rm}I_m\frac{1-\cos2\omega t}{2}$$

$$= U_RI - U_RI\cos2\omega t \qquad (5\text{-}29)$$

图5-14绘出了瞬时功率p的曲线（每一瞬时都是u与i的乘积）。两个正弦函数之积仍然是正弦函数（如果将横坐标上移U_RI，即可看出这一点）。该曲线在$0-\pi$区间电流、电压都为正值，乘积为正值；在$\pi-2\pi$区间电流、电压都是负值，乘积仍为正值。这正说明电阻元件吸收功率是耗能元件。

（2）有功功率（P）　瞬时功率在一个周期内的平均值称为“平均功率”（用P表示），即

$$P = \frac{1}{T}\int_0^T p\mathrm{d}t$$

$$= \frac{1}{T}\int_0^T (U_RI - U_RI\cos2\omega t)\mathrm{d}t$$

$$= U_RI$$

$$P = U_RI \qquad (5\text{-}30)$$

或

$$P = I^2R = \frac{U_R^2}{R} \qquad (5\text{-}31)$$

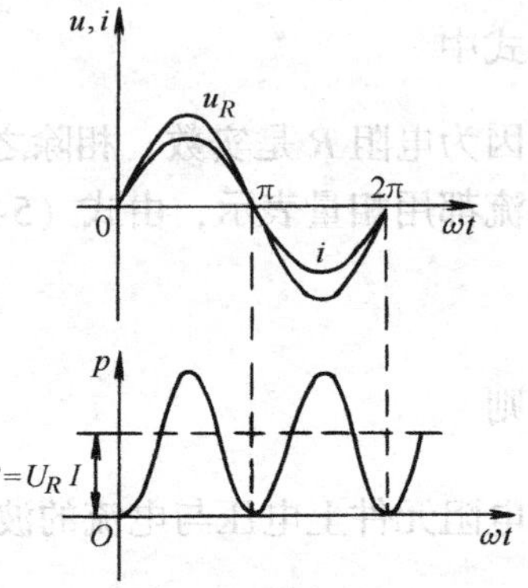

图5-14　电阻元件的瞬时功率波形图

注意：式（5-30）与式（5-31）与直流电路中计算电阻上的功率公式完全一样，但这里的U_R和I不是直流电压和电流，而是正弦交流电压有效值与电流有效值。这里的平均功率是电阻元件上吸收的功率，是实际作功的功率，所以又称“有功功率”。有功功率P的单位和直流功率一样也是瓦（W）或千瓦（kW）。

[例5-8]　如图5-13a所示，电流和电压的参考方向如图，已知：$R=10\Omega$，$i=5\sin(\omega t+30°)$ A。

求：（1）电阻R两端电压U_R及u_R。

（2）电阻消耗的功率

解：由题知$I_m=5\text{A}$；则$I=\frac{I_m}{\sqrt{2}}=\frac{5\text{A}}{\sqrt{2}}=3.54\text{A}$

$\psi_i=30°$，电阻上$\psi_u=\psi_i=30°$（电流与电压同相）

（1）$U_R=IR=3.54\text{A}\times10\Omega=35.4\text{V}$

$U_{Rm}=I_mR=5\text{A}\times10\Omega=50\text{V}$

得　$u_R=U_{Rm}\sin(\omega t+\psi_u)=50\sin(\omega t+30°)$ V

此题若用相量求解，数值和角度同时求出

由题得　$\dot{I}_m=5\angle30°\text{A}$

可求得　$\dot{U}_{Rm}=\dot{I}_mR=5\angle30°\times10=50\angle30°\text{V}$

瞬时值　$u_R=U_{Rm}\sin(\omega t+\psi_u)=50\sin(\omega t+30°)$ V

有效值　$U_R=\frac{U_{Rm}}{\sqrt{2}}=\frac{50\text{V}}{\sqrt{2}}=25\sqrt{2}\text{V}$

（2）电阻功率

$$P = U_R I = 25 \times \sqrt{2}\mathrm{V} \times \frac{5}{\sqrt{2}}\mathrm{A} = 125\mathrm{W}$$

二、纯电感正弦交流电路

电感元件上的电流与电压的关系，在第四章作了介绍，在如图 5-15a 所示，取关联参考方向有

$$u_L = L\frac{\mathrm{d}i}{\mathrm{d}t}$$

对于直流电流，$i = I$（常量），$u_L = 0$，即电感元件在直流电路中相当短接。那么，在正弦交流情况下又如何呢？

1. 电感元件上正弦电流与正弦电压的关系

为了方便，取正弦电流为参考相量，即

$$i = I_\mathrm{m}\sin\omega t \tag{5-32}$$

则

$$u_L = L\frac{\mathrm{d}(I_\mathrm{m}\sin\omega t)}{\mathrm{d}t} = \omega L\frac{\mathrm{d}(I_\mathrm{m}\sin\omega t)}{\mathrm{d}(\omega t)}$$

$$= \omega L I_\mathrm{m}\cos\omega t = U_{L\mathrm{m}}\sin\left(\omega t + \frac{\pi}{2}\right) \tag{5-33}$$

式中

$$U_{L\mathrm{m}} = \omega L I_\mathrm{m} \quad 或 \quad U_L = \omega L I \tag{5-34}$$

可见，取 $\psi_i = 0$，则 $\psi_u = \frac{\pi}{2}$，电流与电压的波形曲线如图 5-15b 所示。

令

$$X_L = \omega L \tag{5-35}$$

则式（5-34）可写成

$$U_{L\mathrm{m}} = X_L I_\mathrm{m} \quad 或 \quad U_L = X_L I \tag{5-36}$$

这里的 X_L 称为“感抗”。电感（L）在交流电路中才表现出“抗”。由式（5-36）可知，感抗（X_L）的单位是欧（Ω），也可由式（5-35）导出

$$[X_L] = [\omega][L] = \left[\frac{1}{\mathrm{s}}\mathrm{H}\right] = \left[\frac{1}{\mathrm{s}}\mathrm{s}\Omega\right] = [\Omega]$$

如果用相量表示电感上电流与电压的关系，可由式（5-32）和式（5-33）分别写出

$$\dot{I} = I\angle 0°；\dot{U}_L = U_L\angle 90°$$

则

$$\frac{\dot{U}_L}{\dot{I}} = \frac{U_L\angle 90°}{I\angle 0°} = X_L\angle 90° = \mathrm{j}X_L \tag{5-37}$$

或

$$\dot{U}_L = \dot{I}\,\mathrm{j}X_L \tag{5-38}$$

电流与电压的相量图如图 5-15c 所示，通过上述分析，结论是：

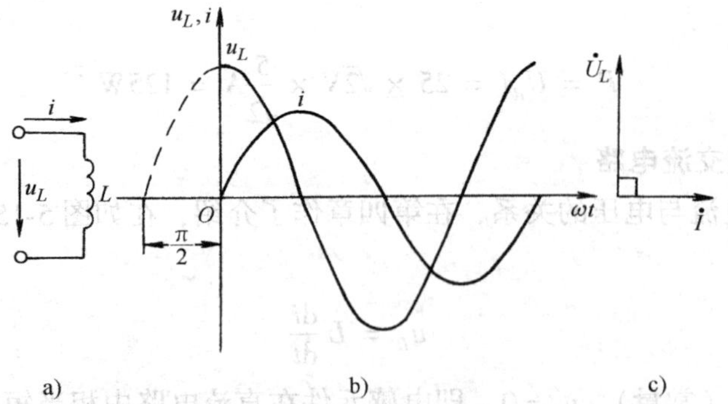

图 5-15　电感元件电压、电流波形图及相量图

1）电感元件上正弦电流和电压瞬时值的关系是微分关系，即遵守电磁感应定律。

2）引入感抗（X_L）后，正弦电流、电压的最大值、有效值，具有欧姆定律形式，如式（5-36）。

3）电流和电压相量之间的关系也具有欧姆定律形式，如式（5-37）、式（5-38）。jX_L 为感抗 X_L 的复数形式。

4）电感元件上，电压、电流是同频率的正弦量，且电压相量超前电流相量 π/2（90°），或电流相量滞后电压相量 π/2（90°）。

2. 电感元件上的功率

（1）瞬时功率（p）　在 u_L、i 取关联参考方向下

$$
\begin{aligned}
p &= u_L i = U_{Lm}\sin(\omega t + \pi/2)\, I_m \sin\omega t \\
&= U_{Lm} I_m \cos\omega t \sin\omega t \\
&= U_{Lm} I_m \frac{\sin 2\omega t}{2}
\end{aligned}
$$

$$p = U_L I \sin 2\omega t \qquad (5\text{-}39)$$

瞬时功率 p 的变化曲线如图 5-16 所示。p 仍为正弦规律变化，频率为电流（或电压）频率的两倍。

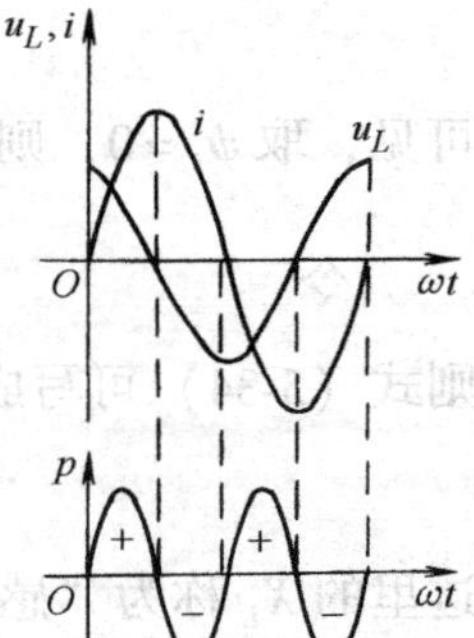

图 5-16　电感元件的瞬时功率波形图

（2）有功功率（P）

$$
\begin{aligned}
P &= \frac{1}{T}\int_0^T p\,\mathrm{d}t \\
&= \frac{1}{T}\int_0^T U_L I \sin 2\omega t\,\mathrm{d}t = 0
\end{aligned}
\qquad (5\text{-}40)
$$

正弦周期函数在一个周期内的平均值是零。这说明在一个周期内，电感元件吸收的能量与放出的能量是相等的，并没有消耗功率，如前所述，电感是“储能元件”。

（3）无功功率（Q）　电感元件上电压有效值与电流有效值的乘积定义为“无功功率”，用 Q_L 表示。

$$Q_L = U_L I = I^2 X_L = \frac{U_L^2}{X_L} \qquad (5\text{-}41)$$

Q_L 是 U_L、I 之积，单位也应是瓦（W），但为了与有功功率区别，把无功功率的单位改用“乏”（var）或“千乏”（kvar）。

由式（5-41）可以看出，电感元件上的无功功率反映的是瞬时交变功率的“最大值”。以后会进一步认识无功功率不是“无用”功率。

［**例 5-9**］　已知：$i=\sqrt{2}\times 10\sin(314t)$ A 通过电感元件后，无功功率 $Q_L=200\text{var}$。

求：（1）电感元件的电感量。

（2）电感元件两端电压 u_L

解：（1）$X_L=\dfrac{Q_L}{I^2}=\dfrac{200}{10^2}\Omega=2\Omega$

$$L=\frac{X_L}{\omega}=\frac{2}{314}\text{H}=0.006369\text{H}=6.37\times 10^{-3}\text{H}$$

$$=6.37\text{mH}$$

（2）$\dot{U}_L=\dot{I}(\text{j}X_L)=10\angle 0^\circ\times\text{j}2=10\angle 0^\circ\times 2\angle 90^\circ$

$=20\angle 90^\circ\text{V}$；$U_L=20\text{V}$

$u_L=\sqrt{2}\times 20\sin(314t+90^\circ)$ V

三、纯电容正弦交流电路

在第四章中已介绍过电容元件上电流和电压的关系。如图 5-17a 所示，在 u_C、i 取关联参考方向时

$$i=C\frac{\text{d}u_C}{\text{d}t}$$

对于直流电路，$u_C=U_\text{S}$（常数），则 $i=0$。在直流电路中，电容元件相当于断接。电容元件在正弦交流电情况下又如何呢？

1. 电容元件上正弦电压与正弦电流关系

为了方便取电压为参考相量，即

$$u_C=U_{C\text{m}}\sin\omega t \tag{5-42}$$

则

$$i=C\frac{\text{d}u_C}{\text{d}t}=C\frac{\text{d}(U_{C\text{m}}\sin\omega t)}{\text{d}t}=\omega CU_{C\text{m}}\frac{\text{d}(\sin\omega t)}{\text{d}(\omega t)}$$

得

$$i=I_\text{m}\sin\left(\omega t+\frac{\pi}{2}\right) \tag{5-43}$$

式中

$$I_\text{m}=\omega CU_{C\text{m}}$$

或

$$I_\text{m}=\frac{U_{C\text{m}}}{\dfrac{1}{\omega C}};\ I=\frac{U_C}{\dfrac{1}{\omega C}} \tag{5-44}$$

由上述可见，电压初相角 $\psi_u=0$，则 $\psi_i=\psi_u+\dfrac{\pi}{2}=\dfrac{\pi}{2}$。电压与电流的正弦波形如图 5-17b 所示。

令

$$X_C=\frac{1}{\omega C} \tag{5-45}$$

则式（5-44）可写成

$$I_\text{m}=\frac{U_{C\text{m}}}{X_C}\ \text{或}\ I=\frac{U_C}{X_C} \tag{5-46}$$

这里的 X_C 称为"容抗"，单位也是欧（Ω）。

如果将式（5-43）的电流和式（5-42）的电压都用相量表示，即

$$\dot{I}=I\angle 90°;\ \dot{U}_C=U_C\angle 0°$$

则

$$\frac{\dot{U}_C}{\dot{I}}=\frac{U_C\angle 0°}{I\angle 90°}=X_C\angle -90°=-\mathrm{j}X_C \tag{5-47}$$

电流与电压的相量图如图 5-17c 所示。

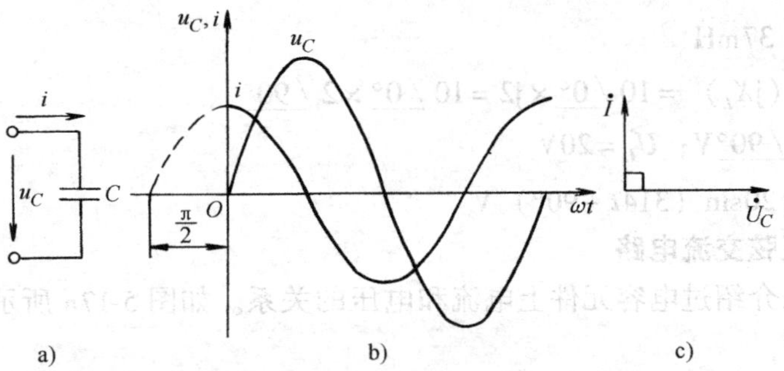

图 5-17　电容元件电压、电流波形图及相量图

通过上述分析，结论是：

1）电容元件上正弦电压与电流瞬时值的关系是微分关系。

2）引入容抗 X_C 后，正弦电压的最大值（或有效值）与电流的最大值（或有效值）具有欧姆定律形式。

3）电流和电压的相量关系也具有欧姆定律形式。式（5-47）中的 $-\mathrm{j}X_C$ 是容抗的复数形式。与复数感抗相比复数容抗为负虚数。

4）在相位上电容元件上的电流超前其电压 π/2（90°）。

2. 电容元件上的功率

1）瞬时功率（取 u_C 与 i 为关联方向）

$$p=u_Ci=U_{Cm}\sin\omega t I_m\sin\left(\omega t+\frac{\pi}{2}\right)$$

$$\begin{aligned}p&=U_{Cm}I_m\sin\omega t\cos\omega t\\&=U_{Cm}I_m\frac{\sin2\omega t}{2}\\&=U_CI\sin2\omega t\end{aligned} \tag{5-48}$$

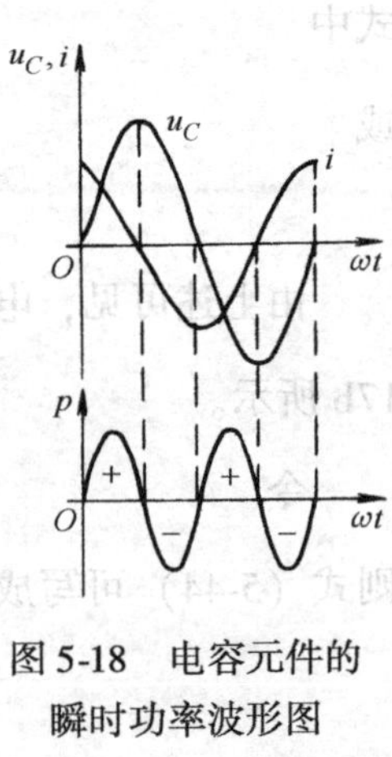

图 5-18　电容元件的瞬时功率波形图

瞬时功率 p 的曲线如图 5-18 所示。瞬时功率也按正弦规律变化，频率为电流（或电压）频率的 2 倍。

2）有功功率

$$\begin{aligned}P&=\frac{1}{T}\int_0^T p\mathrm{d}t\\&=\frac{1}{T}\int_0^T U_CI\sin2\omega t\mathrm{d}t=0\end{aligned}$$

与电感元件一样，电容也是储能元件。当 $p>0$ 吸收能量，当 $p<0$ 放出能量，元件本身没有消耗能量。

3）无功功率　也和电感一样，将电容元件上电压有效值与电流有效值的乘积称为容性无功功率，用 Q_C 表示

$$Q_C = U_C I = I^2 X_C = \frac{U_C^2}{X_C} \tag{5-49}$$

Q_C 与 Q_L 一样，单位也用乏（var）表示。

［例 5-10］　已知 $C=72\mu F$，接通正弦电压，$u_C=\sqrt{2}\times 380\sin(314t+52°)$ V

求：（1）电流 i。

（2）Q_C。

解：由题知 $\dot{U}_C = 380\underline{/52°}$V，$\omega = 314$rad/s

$$-jX_C = -j\frac{1}{\omega C} = -j\frac{1}{314\times 72\times 10^{-6}}\Omega = -j44.23\Omega = 44.23\underline{/-90°}\Omega$$

（1）$\dot{I} = \dfrac{\dot{U}_C}{-jX_C} = \dfrac{380\underline{/52°}}{44.23\underline{/-90°}}A = 8.59\underline{/142°}A$

$i=\sqrt{2}\times 8.59\sin(314t+142°)$ A

（2）$Q_C = U_C I = 380V\times 8.59A = 3264.2var \approx 3.264kvar$

第五节　电阻、电感串联电路

上节分别讲述了 R、L、C 三个元件单独存在时接通正弦交流电的情况。在实用电路中，经常遇到的是电阻（R）和电感（L）相串联的情况。例如，不能忽略电阻作用的线圈，就要用 R、L 串联来等效；交流电动机的绕组、荧光灯电路的镇流器与灯管等都可近似等效为 R、L 串联组合。

一、电阻与电感串联电路电压与电流的关系

如图 5-19 所示，这是一个 R、L 串联电路与正弦电压源 u 接通。应在电路图上用瞬时值或相量标出交流电压与电流的参考方向。

下面来分析电路总电压（电源电压）u 与电流 i 以及电感电压 u_L、电阻电压 u_R 之间的关系。为了方便我们用相量法，并取电流相量为参考相量，即

$$\dot{I} = I\underline{/0°}$$

电流通过电阻，产生的电阻电压相量为

$$\dot{U}_R = \dot{I}R = IR\underline{/0°} = U_R\underline{/0°}$$

电流通过电感，产生的电感电压相量为：

$$\dot{U}_L = \dot{I}(jX_L) = IX_L\underline{/90°} = U_L\underline{/90°}$$

每一瞬时总电压都应等于各分电压之和

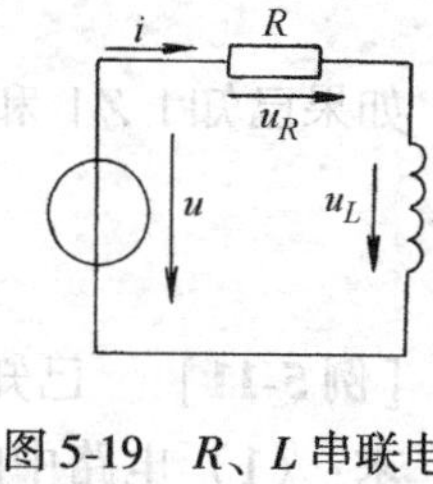

图 5-19　R、L 串联电路

$$u = u_R + u_L \tag{5-50}$$

将式（5-50）写成相量形式

$$\dot{U}=\dot{U}_R+\dot{U}_L=\dot{I}R+\dot{I}\ (\mathrm{j}X_L)\ =\dot{I}\ (R+\mathrm{j}X_L)$$

或
$$\dot{U}=\dot{I}Z \tag{5-51}$$

将上述电流相量及各电压相量画在相量图上如图 5-20 所示（习惯画法是同一性质的相量首尾相接，保持初相角不变，便于相量相加）。

式（5-51）中的

$$Z=R+\mathrm{j}X_L \tag{5-52}$$

是一个复数，它的实部是电路中的电阻，虚部为电路中的电抗（这里是感抗），称为“复阻抗”。

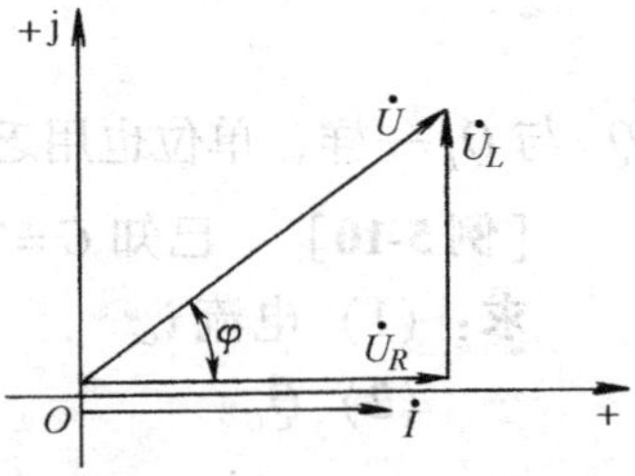

图 5-20　电流、电压相量图

二、对复阻抗的认识

上面已经引出了复阻抗 Z，下面来对它作进一步分析。由式（5-51）得

$$Z=\frac{\dot{U}}{\dot{I}}=\frac{U\angle\psi_u}{I\angle\psi_i}=|Z|\angle\psi_i-\psi_u=|Z|\angle\varphi$$

$$Z=R+\mathrm{j}X_L=|Z|\angle\varphi \tag{5-53}$$

从式（5-53）可知，Z 的模 $|Z|=\dfrac{U}{I}$，即等于电压的有效值除以电流的有效值，它的单位是欧（Ω）；Z 的幅角 $\varphi=\psi_u-\psi_i$ 是电压与电流的相位差。所以复阻抗 Z 既反映了电流和电压的“数值”关系，也反映了电流和电压之间的“相位”关系。

式（5-51）在形式上与欧姆定律相似，通常把它说成是正弦电路中欧姆定律的相量形式。

应当注意：复数电压（$\dot{U}$）和复数电流（$\dot{I}$）是“相量”，它们分别代表正弦电压和正弦电流。Z 尽管也是复数，但它不是正弦时间函数，为了区别这两种复数，在大写字母 Z 上不打点，而用 $|Z|$ 表示 Z 的模数，Z 不是相量。

如果将图 5-20 由 $\dot{U}_R$、$\dot{U}_L$ 和 $\dot{U}$ 组成的直角三角形称为“电压三角形”，那么将它的三个边同除以电流（$\dot{I}$），就成了“阻抗三角形”，如图 5-21 所示。

复阻抗 Z 的代数形式和极坐标形式的互相转换，也可借助阻抗三角形进行。如果已知 R 和 X_L，则

$$\left.\begin{aligned}|Z|&=\sqrt{R^2+X_L^2}\\ \varphi&=\arctan\frac{X_L}{R}\end{aligned}\right\} \tag{5-54}$$

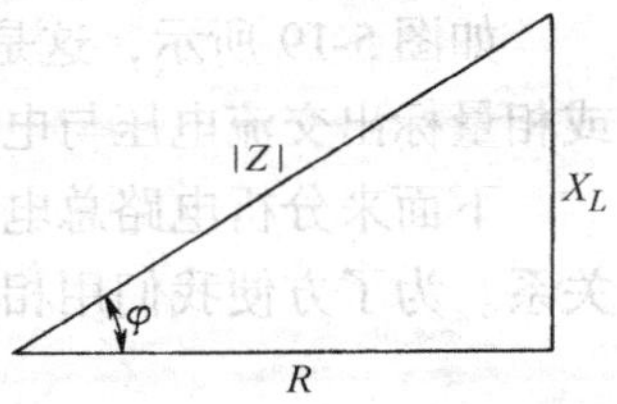

图 5-21　阻抗三角形

如果已知 $|Z|$ 和 φ，则

$$\left.\begin{aligned}R&=|Z|\cos\varphi\\ X_L&=|Z|\sin\varphi\end{aligned}\right\}$$

[例 5-11]　已知图 5-19 中 $u=\sqrt{2}\times220\sin\ (\omega t+16^\circ)$ V，$R=300\Omega$，$X_L=520\Omega$，

求：（1）电路中的电流 i。

（2）电阻和电感上的电压 U_R 和 U_L。

（3）作相量图。

解：求出电路阻抗

$$Z = R + jX_L = (300 + j520)\ \Omega = 600\angle 60^\circ \Omega$$

电压的相量

$$\dot{U} = 220\angle 16^\circ \text{V}$$

（1）电路中电流

$$\dot{I} = \frac{\dot{U}}{Z} = \frac{220\angle 16^\circ}{600\angle 60^\circ} = 0.37\angle -44^\circ \text{A}$$

$$i = \sqrt{2} \times 0.37\sin(\omega t - 44^\circ)\ \text{A}$$

（2）

$$\dot{U}_R = \dot{I} R = 0.37\angle -44^\circ \times 300\text{V} = 111\angle -44^\circ \text{V}$$

$$U_R = 111\text{V}$$

$$\dot{U}_L = \dot{I}\, jX_L = 0.37\angle -44^\circ \times 520\angle 90^\circ \text{V} = 192.4\angle 46^\circ \text{V}$$

$$U_L = 192.4\text{V}$$

（3）相量图如图5-22所示，$\dot{U}_R$ 与 $\dot{I}$ 同相；$\dot{U}_L$ 超前 $\dot{I}$ 90°（注意 $\dot{U}_L$ 初相角的标法）。总电压的初相角为16°，$\dot{U}$ 与 $\dot{I}$ 的夹角应为阻抗（幅）角 $\varphi = 60^\circ$，且应看出 $\dot{U} = \dot{U}_R + \dot{U}_L$。（而 $U \neq U_R + U_L$）。电感性电路电流滞后于总电压，滞后的角度等于阻抗角 φ。

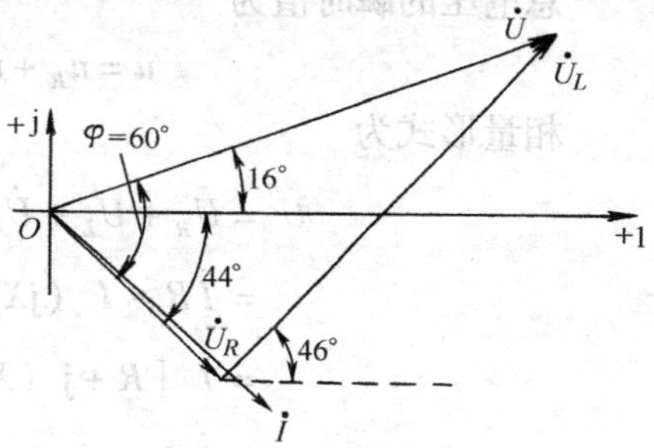

图5-22　例5-11图

[例5-12]　已知 $R = 60\Omega$，$X_L = 80\Omega$，串联后接通正弦交流电源，测出 $U_R = 120\text{V}$。

求：（1）电路中电流 I。

（2）总电压 U。

解：（1）电路中的电流

$$I = \frac{U_R}{R} = \frac{120\text{V}}{60\Omega} = 2\text{A}$$

（2）电路阻抗

$$|Z| = \sqrt{R^2 + X_L^2} = \sqrt{60^2 + 80^2}\,\Omega = 100\Omega$$

总电压

$$U = I|Z| = 2\text{A} \times 100\Omega = 200\text{V}$$

或求电感电压

$$U_L = IX_L = 2\text{A} \times 80\Omega = 160\text{V}$$

$$U = \sqrt{U_R^2 + U_L^2} = \sqrt{120^2 + 160^2}\,\text{V} = 200\text{V}$$

此题若用相量计算，需选取参考相量，可取已知量电阻电压为参考相量，即

$$\dot{U}_R = 120\angle 0^\circ \text{V}$$

则

$$\dot{I} = \frac{\dot{U}_R}{R} = \frac{120\angle 0^\circ \text{V}}{60\Omega} = 2\angle 0^\circ \text{A}$$

$$Z = R + jX_L = (60 + j80)\ \Omega = 100\angle 53.1^\circ \Omega$$

$$\dot{U} = \dot{I} Z = 2\angle 0^\circ \text{A} \times 100\angle 53.1^\circ \Omega = 200\angle 53.1^\circ \text{V}$$

或先求

$$\dot{U}_L = \dot{I}\, jX_L = 2\angle 0^\circ \text{A} \times 80\angle 90^\circ \Omega = 160\angle 90^\circ \text{V}$$

则 $\dot{U}=\dot{U}_R+\dot{U}_L=(120\angle 0^\circ+160\angle 90^\circ)\text{ V}=(120+\text{j}160)\text{ V}=200\angle 53.1^\circ\text{V}$

第六节　*R*、*L*、*C* 串联电路

电阻、电感、电容元件串联电路是具有一般意义的典型电路，因为它包含了三个不同的电路参数，常用的串联电路，都可能认为是它的特例。

一、电流与电压关系

如图 5-23 所示，取电流为参考相量

$$\dot{I}=I\angle 0^\circ$$

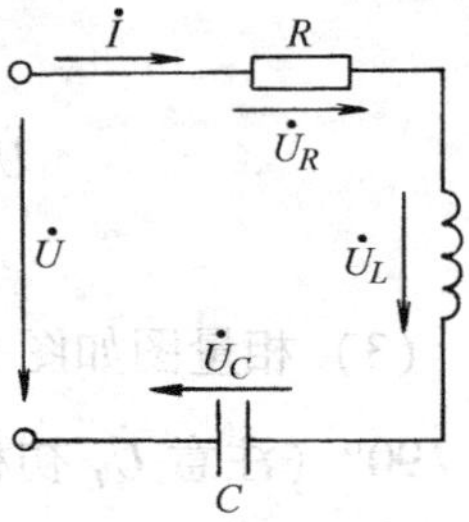

图 5-23　*R*、*L*、*C* 串联电路

则 *R*、*L*、*C* 上的电压分别为

$$\dot{U}_R=\dot{I}R;\ \dot{U}_L=\dot{I}(\text{j}X_L);\ \dot{U}_C=\dot{I}(-\text{j}X_C)$$

总电压的瞬时值为

$$u=u_R+u_L+u_C$$

相量形式为

$$\begin{aligned}\dot{U}&=\dot{U}_R+\dot{U}_L+\dot{U}_C\\&=\dot{I}R+\dot{I}(\text{j}X_L)+\dot{I}(-\text{j}X_L)\\&=\dot{I}[R+\text{j}(X_L-X_C)]\\&=\dot{I}Z\end{aligned}\tag{5-55}$$

式（5-55）中

$$Z=R+\text{j}(X_L-X_C)=R+\text{j}X=|Z|\angle\varphi\tag{5-56}$$

Z 是 *R*、*L*、*C* 串联电路的复数阻抗；$X=X_L-X_C$ 为感抗和容抗的代数和，称为“电抗”。

式（5-55）的电压、电流关系，也称为相量形式的欧姆定律。

二、从阻抗 *Z* 看电路性质

（1）$X_L>X_C$　感抗大于容抗，在同一电流作用下，$U_L>U_C$，从图 5-24 的相量图可见，电路总电压（$\dot{U}$）超前电流（$\dot{I}$）φ 角，称为“感性”电路。$X_L-X_C=X>0$，$Z=R+\text{j}X=|Z|\angle\varphi$，$\varphi>0$（电路呈感性）。

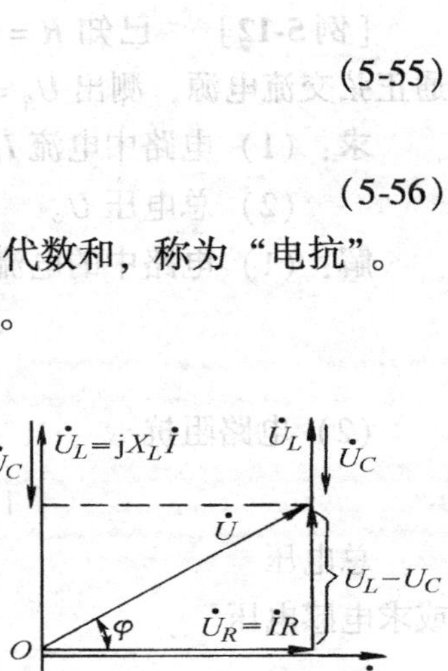

图 5-24　感性电路相量图

（2）$X_L<X_C$　感抗小于容抗，在同一电流的作用下，$U_L<U_C$，从图 5-25 的相量图可见，电路总电压（$\dot{U}$）滞后电流（$\dot{I}$）φ 角，称为“容性”电路。$X_L-X_C=X<0$，$Z=R+\text{j}X=|Z|\angle\varphi$，$\varphi<0$（电路呈容性）。

（3）$X_L=X_C$　感抗等于容抗，在同一电流作用下 $U_L=U_C$，从图 5-26 的相量图可见，电路总电压（$\dot{U}$）与电流（$\dot{I}$）同相，称为“阻性电路”。$Z=R$，$\varphi=0$，相当于只有电阻的电路。

由上述分析可知，从阻抗角 φ 的正、负可判别电路的性质。

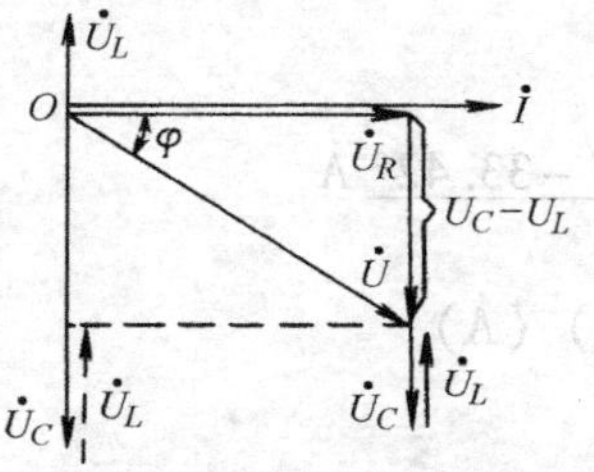

图 5-25　容性电路相量图

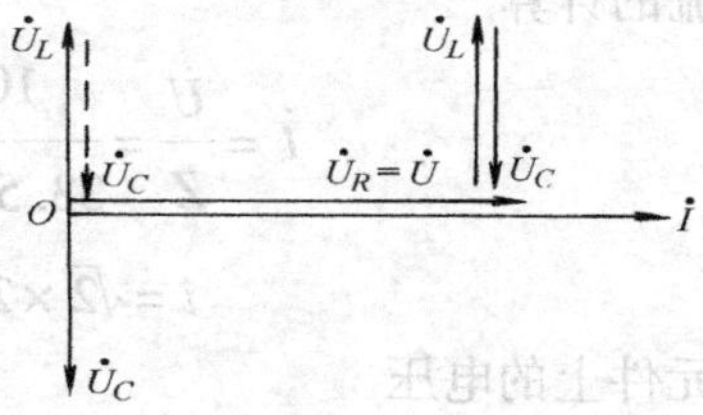

图 5-26　阻性电路相量图

[例 5-13]　如已知某阻抗（负载）接通正弦电压 $u=\sqrt{2}\times220\sin(314t+20°)$ V，得正弦电流 $i=\sqrt{2}\times10\sin(314t+80°)$ A。求：该负载（阻抗）是什么性质？并计算其等效参数。

解：由题意知

$$\psi_u-\psi_i=20°-80°=-60°$$

即电压滞后电流 60°（或电流超前电压 60°），负载属容性。

也可用电压相量和电流相量计算复数阻抗

$$Z=\frac{\dot{U}}{\dot{I}}=\frac{220\angle 20°\text{V}}{10\angle 80°\text{A}}=22\angle -60°\Omega$$

阻抗角 $\varphi<0$，阻抗应属容性。

由　　$Z=22\angle -60°\Omega=(11-\text{j}19.05)\ \Omega$

得　　$R=11\Omega;\ X_C=19.05\Omega$

Z 的实部为电阻（R），虚部为负值是容抗（X_C）。负载显容性是说这个负载可以用电阻（R）和电容（C）串联来等效代替。

此负载的等效电容

$$C=\frac{1}{\omega X_C}=\frac{1}{314\times19.05}\text{F}=167.2\times10^{-6}\text{F}=167.2\mu\text{F}$$

[例 5-14]　有一 R、L、C 串联电路，已知：$R=15\Omega$，$L=30$mH，$C=20\mu$F，外接电压 $u=\sqrt{2}\times100\sin(\omega t+30°)$ V，电压频率 $f=300$Hz。

求：（1）电路中的电流 i。

（2）各元件上的电压。

（3）作相量图。

解：参照图 5-23 所示的参考方向。

电路的感抗、容抗及复数阻抗分别为

$$X_L=\omega L=2\pi fL=2\pi\times300\times30\times10^{-3}\Omega=56.52\Omega$$

$$X_C=\frac{1}{\omega C}=\frac{1}{2\pi fC}=\frac{1}{2\pi\times300\times20\times10^{-6}}\Omega=26.54\Omega$$

$$Z=R+\text{j}(X_L-X_C)=[15+\text{j}(56.52-26.54)]\ \Omega=(15+\text{j}29.98)\ \Omega=33.52\angle 63.42°\ \Omega$$

电压相量由题可知

$$\dot{U}=100\angle 30°\text{V}$$

电流的计算

$$\dot{I}=\frac{\dot{U}}{Z}=\frac{100\ \underline{/30^\circ}\ \mathrm{V}}{33.52\ \underline{/63.42^\circ}\Omega}=2.98\ \underline{/-33.42^\circ}\ \mathrm{A}$$

$$i=\sqrt{2}\times 2.98\sin\ (\omega t-33.42^\circ)\ (\mathrm{A})$$

各元件上的电压

$$\dot{U}_R=\dot{I}R=2.98\ \underline{/-33.42^\circ}\times 15\mathrm{V}=44.7\ \underline{/-33.42^\circ}\ \mathrm{V}$$

$$\dot{U}_L=\dot{I}\mathrm{j}X_L=2.98\ \underline{/-33.42^\circ}\times 56.52\ \underline{/90^\circ}\ \mathrm{V}=168.43\ \underline{/56.58^\circ}\ \mathrm{V}$$

$$\dot{U}_C=\dot{I}\ (-\mathrm{j}X_C)\ =2.98\ \underline{/-33.42^\circ}\times 26.54\ \underline{/-90^\circ}\ \mathrm{V}=79.09\ \underline{/-123.42^\circ}\ \mathrm{V}$$

（u_R、u_L、u_C 不难写出，略）

相量图如图 5-27 所示，作图步骤如下：

1）作一复数平面。

2）作 $\dot{I}$ 使 $\psi_i=-33.42^\circ$。

3）作 $\dot{U}_R$ 与 $\dot{I}$ 同相。

4）作 $\dot{U}_L$ 与 $\dot{U}_R$ 箭头相接，超前 $\dot{I}90^\circ$，即 $\dot{U}_L$ 的初相角为 56.58°。

5）作 $\dot{U}_C$ 与 $\dot{U}_L$ 箭头相接，滞后 $\dot{I}90^\circ$，即 $\dot{U}_C$ 的初相角为 -123.42°。

6）将原点与 $\dot{U}_C$ 箭头端连起来应是总电压 $\dot{U}$。

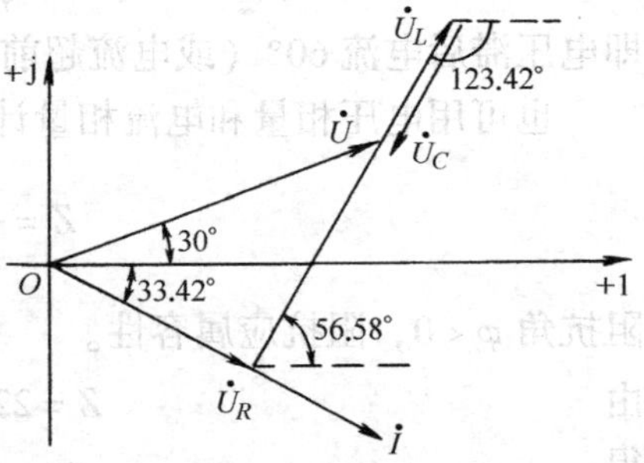

图 5-27　相量图

（作相量图应注意初相角的标注方法，同一类型的相量线段的长短要比例适当。如此题只有一个电流，长短可任意，电压相量有四个，应在相量图上看出 $\dot{U}=\dot{U}_R+\dot{U}_L+\dot{U}_C$。）

第七节　复阻抗并联电路及复导纳

一、并联电路的总阻抗

如图 5-28 两个并联复阻抗，用图 5-29 一个等效复阻抗代替。所谓“等效”，仍如前所述：“保持端口处电流、电压关系不变”。

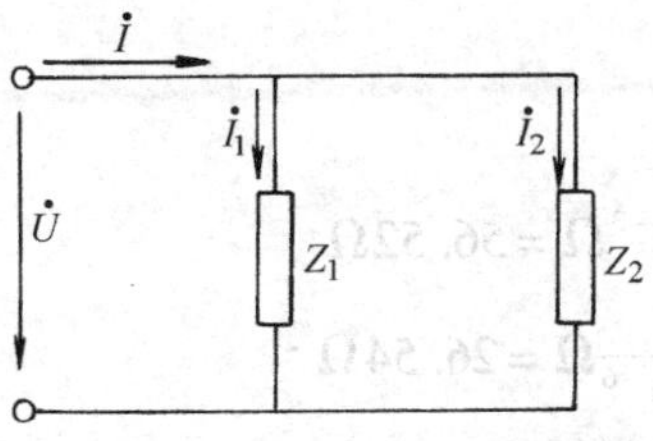

图 5-28　阻抗并联电路

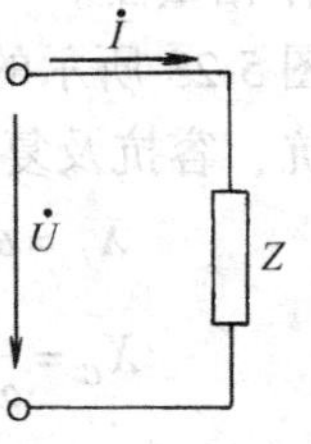

图 5-29　阻抗并联等效电路

由图 5-28 得

$$\dot{I}=\dot{I}_1+\dot{I}_2=\frac{\dot{U}}{Z_1}+\frac{\dot{U}}{Z_2}=\left(\frac{1}{Z_1}+\frac{1}{Z_2}\right)\dot{U}$$

由图 5-29 得

$$\dot{I}=\frac{\dot{U}}{Z}$$

比较两个式，要保持端口处电流与电压关系不变，只有

$$\frac{1}{Z}=\frac{1}{Z_1}+\frac{1}{Z_2} \tag{5-57}$$

或

$$Z=\frac{Z_1 Z_2}{Z_1+Z_2} \tag{5-58}$$

不难推论若有 n 个阻抗并联，总阻抗的倒数应为

$$\frac{1}{Z}=\frac{1}{Z_1}+\frac{1}{Z_2}+\cdots+\frac{1}{Z_n} \tag{5-59}$$

上面三个公式与直流电阻电路完全相似，直流电路只有电阻，这里是复数阻抗。

可以想见，总电流及应用分流原理求支路电流的公式分别为

$$\dot{I}=\frac{\dot{U}}{Z},\ \dot{I}_1=\frac{Z_2}{Z_1+Z_2}\dot{I},\ \dot{I}_2=\frac{Z_1}{Z_1+Z_2}\dot{I}$$

二、复导纳

以两条支路并联为例，将式（5-57）用另一种符号写成下面的形式：

$$Y=Y_1+Y_2$$

式中

$$Y=\frac{1}{Z},\ Y_1=\frac{1}{Z_1},\ Y_2=\frac{1}{Z_2}$$

这里的 Y 是复阻抗 Z 的倒数，称为“复导纳”。

已知阻抗的一般形式为

$$Z=R+\mathrm{j}\ (X_L-X_C)$$

则导纳的一般形式为

$$Y=\frac{1}{Z}=\frac{1}{R+\mathrm{j}\ (X_L-X_C)}$$

将上式的分子和分母乘共轭复数，即

$$Y=\frac{R-\mathrm{j}\ (X_L-X_C)}{[R+\mathrm{j}\ (X_L-X_C)]\ [R-\mathrm{j}\ (X_L-X_C)]}$$

$$=\frac{R}{R^2+\ (X_L-X_C)^2}-\mathrm{j}\left[\frac{X_L}{R^2+\ (X_L-X_C)^2}-\frac{X_C}{R^2+\ (X_L-X_C)^2}\right]$$

得

$$Y=G-\mathrm{j}\ (B_L-B_C)\ =G-\mathrm{j}B \tag{5-60}$$

式中

$$\left.\begin{aligned}
G&=\frac{R}{R^2+\ (X_L-X_C)^2}\ \text{（称为等效电导）}\\
B_L&=\frac{X_L}{R^2+\ (X_L-X_C)^2}\ \text{（称为等效感纳）}\\
B_C&=\frac{X_C}{R^2+\ (X_L-X_C)^2}\ \text{（称为等效容纳）}\\
B&=B_L-B_C\ \text{（称为等效电纳）}
\end{aligned}\right\} \tag{5-61}$$

如果阻抗只是电阻，$Z=R$，$X_L=0$，$X_C=0$

则 $$Y=G=\frac{1}{R}\text{（称为电导，与直流电路的定义相同）}$$

如果阻抗只是感抗，$Z=\mathrm{j}X_L$，$R=0$，$X_C=0$

则 $$Y=-\mathrm{j}B_L=-\mathrm{j}\frac{1}{X_L}=-\mathrm{j}\frac{1}{\omega L}$$

这里的 $B_L=\frac{1}{\omega L}$ 称为“感纳”。

如果阻抗只是容抗，$Z=-\mathrm{j}X_C$，$R=0$，$X_L=0$

则 $$Y=\mathrm{j}B_C=\mathrm{j}\frac{1}{X_C}=\mathrm{j}\omega C$$

这里的 $B_C=\omega C$ 称为“容纳”。

引入导纳后，负载端口处电流和电压的关系式，有两种表示方法，即

$$\dot{U}=\dot{I}Z \quad \text{和} \quad \dot{I}=\dot{U}Y$$

当电路只有一条或两条支路时，通常用阻抗法进行计算。并联支路越多，越会显出导纳法的优越性。

[例 5-15] 如图 5-30 所示为四条支路并联，已知 $R_1=10\Omega$，$X_{L2}=25\Omega$，$X_{C2}=20\Omega$，$R_3=6\Omega$，$X_{L3}=8\Omega$，$X_{C4}=20\Omega$，$\dot{U}=220\underline{/0°}\,\mathrm{V}$

求：（1）等效阻抗。

（2）各支路电流。

（3）作相量图。

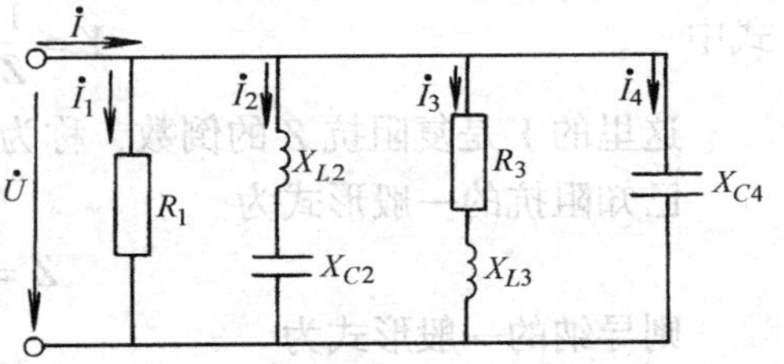

图 5-30 例 5-14 图（1）

解：（1）求总阻抗实质上就是计算各支路的导纳和总导纳。

$$Z_1=R_1=10\Omega \quad \text{得} \quad Y_1=\frac{1}{Z_1}=\frac{1}{R_1}=G_1=\frac{1}{10}\mathrm{S}=0.1\mathrm{S}$$

$$Z_2=\mathrm{j}(X_{L2}-X_{C2})=\mathrm{j}5\Omega \quad \text{得} \quad Y_2=\frac{1}{Z_2}=\frac{1}{\mathrm{j}5}=-\mathrm{j}0.2\mathrm{S}$$

$$Z_3=R_3+\mathrm{j}X_{L3}=(6+\mathrm{j}8)\,\Omega=10\underline{/53.1°}\,\Omega$$

得 $$Y_3=\frac{1}{Z_3}=\frac{1}{10\underline{/53.1°}}=0.1\underline{/-53.1°}\,\mathrm{S}=(0.06-\mathrm{j}0.08)\,\mathrm{S}$$

$$Z_4=-\mathrm{j}X_{C4}=-\mathrm{j}20\Omega \quad \text{得} \quad Y_4=\frac{1}{Z_4}=\frac{1}{-\mathrm{j}20}\mathrm{S}=\mathrm{j}0.05\mathrm{S}$$

总导纳（实质上是总阻抗的倒数等于各支路阻抗倒数之和）。

$$\begin{aligned}Y&=Y_1+Y_2+Y_3+Y_4\\&=[0.1+(-\mathrm{j}0.2)+(0.06-\mathrm{j}0.08)+\mathrm{j}0.05]\,\mathrm{S}\\&=[0.16-\mathrm{j}0.23]\,\mathrm{S}=0.28\underline{/-55.18°}\,\mathrm{S}\end{aligned}$$

总阻抗

$$Z=\frac{1}{Y}=\frac{1}{0.28\underline{/-55.18°}}\Omega=3.57\underline{/55.18°}\,\Omega$$

(2) 各支路电流

$$\dot{I}_1=\dot{U}Y_1=220\angle 0°\times 0.1\text{A}=22\text{A}$$

$$\dot{I}_2=\dot{U}Y_2=220\angle 0°\times 0.2\angle -90°\text{ A}=44\angle -90°\text{ A}$$

$$\dot{I}_3=\dot{U}Y_3=220\angle 0°\times 0.1\angle -53.1°\text{ A}=22\angle -53.1°\text{ A}$$

$$\dot{I}_4=\dot{U}Y_4=220\angle 0°\times 0.05\angle 90°\text{ A}=11\angle 90°\text{ A}$$

总电流可用支路电流的相量和求，也可用

$$\dot{I}=\dot{U}Y=220\angle 0°\times 0.28\angle -55.18°\text{ A}=61.6\angle -55.18°\text{ A}$$

(3) 相量图如图 5-31 所示。

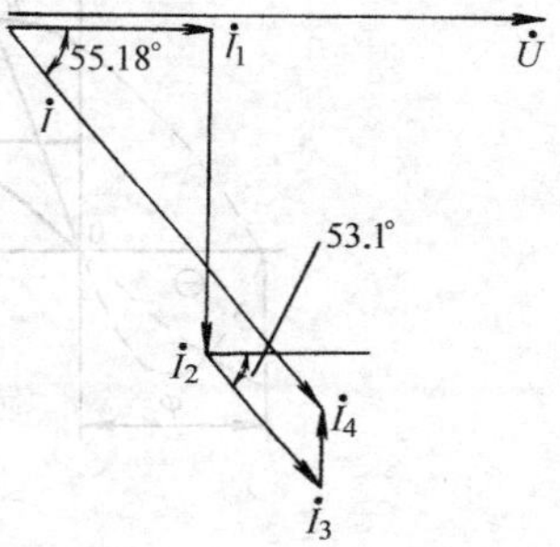

图 5-31 例 5-14 图 (2)

第八节 正弦交流电路的功率

单一元件（R、L、C）接通正弦交流电后，各元件上的功率情况已在前几节讲过，如电阻（R）元件上只有“有功功率”（P），没有“无功功率”（Q）；电感（L）或电容（C）元件上只有“无功功率”（Q_L 或 Q_C），而没有“有功功率”（P）。现在来分析一般情况下（不是单一元件）电路的功率计算问题。

一、瞬时功率（p）

如图 5-32 所示，若

$$i=\sqrt{2}I\sin\omega t$$

$$u=\sqrt{2}U\sin(\omega t+\varphi)$$

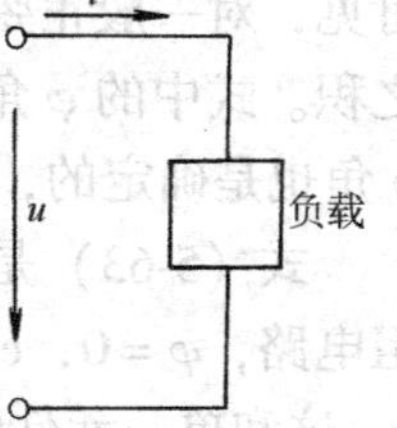

图 5-32 负载电路图

负载的瞬时功率为

$$\begin{aligned}p&=ui=\sqrt{2}I\sin\omega t\sqrt{2}U\sin(\omega t+\varphi)\\&=2UI\sin\omega t\sin(\omega t+\varphi)\\&=2UI\times\frac{1}{2}[\cos(\omega t-\omega t-\varphi)-\cos(\omega t+\omega t+\varphi)]\end{aligned}$$

即

$$p=UI[\cos\varphi-\cos(2\omega t+\varphi)] \tag{5-62}$$

从式 (5-62) 可以看出，瞬时功率由两部分组成：第一部分为恒定分量 $UI\cos\varphi$，是一个与时间无关的常量，不论 $\varphi>0$，还是 $\varphi<0$，该项永为正值；第二部分为交流分量 $UI\cos(2\omega t+\varphi)$，它的频率是电源频率的两倍。

图 5-33 画出电压、电流和功率的波形图，（此图设 $0<\varphi<\pi/2$），i 的初相角为零，u 超前 i 的角度为 φ。p 为曲线上每时刻 u 和 i 的乘积，由于 φ 的存在，使在一个周期内有两个时段 u 和 i 方向相反。该时段内瞬时功率为负值（$p<0$），说明负载不从电源吸收电能，而是有能量送回电源，这是因为电路内不仅有耗能元件（R），还有储能元件（L 或 C）存在。

二、有功功率（P）

上面讲的瞬时功率，是一个随时间按正弦规律变化的量。这个量无论是计算和测量都不方便，而在通常情况下，也不需要计算和测量它。但它是研究交流电功率的基础。

如前所述，“有功功率”即“平均功率”为

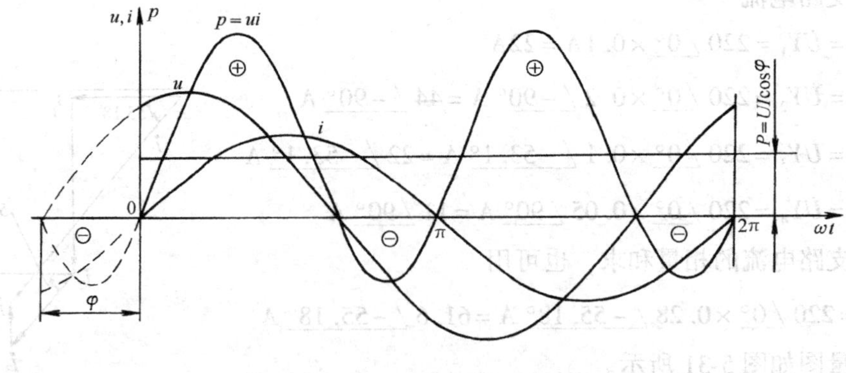

图 5-33 电压、电流和功率波形图

$$P = \frac{1}{T}\int_0^T p\mathrm{d}t$$

$$= \frac{1}{T}\int_0^T UI[\cos\varphi - \cos(2\omega\ t + \varphi\ )]\mathrm{d}t$$

$$= \frac{1}{T}\int_0^T UI\cos\varphi\ \mathrm{d}t - \frac{1}{T}\int_0^T UI\cos(2\omega\ t + \varphi)\mathrm{d}t$$

得
$$P = UI\cos\varphi \tag{5-63}$$
可见，对一般正弦交流电路来讲，负载的有功功率等于负载电流、电压有效值和 $\cos\varphi$ 三者之积。式中的 φ 角为乘积中 U 和 I 的相位差，也是负载阻抗的阻抗角。对确定的负载来讲，φ 角也是确定的，$\cos\varphi$ 是常数，称为负载的“功率因数”。

式（5-63）是计算有功功率的一般公式，它包括了单一元件电路有功功率的计算。如电阻电路，$\varphi=0$，$\cos\varphi=1$，$P=UI$；当电路只有电感或只有电容，$\varphi=\pm 90°$，$\cos\varphi=0$，$P=0$，这和单一元件电路有功功率的计算结果是一致的。

式（5-63）中 $U\cos\varphi$ 从电压三角形可知等于电阻电压 U_R，即

$$P = UI\cos\varphi = U_R I$$
$$= I^2 R \tag{5-64}$$

这正说明，有功功率只消耗在电阻元件上。

[例 5-16] 有一 R、L 串联电路，已知 $f=50\text{Hz}$，$R=300\Omega$，$L=1.65\text{H}$，端电压有效值 $U=220\text{V}$。

求：电路功率因数和消耗的有功功率。

解：电路阻抗

$$Z = R + \mathrm{j}\omega L = (300 + \mathrm{j}2\pi \times 50 \times 1.65)\ \Omega = (300 + \mathrm{j}518)\ \Omega$$
$$= 598.60\underline{/59.92°}\Omega$$

由阻抗角 $\varphi=59.92°$，功率因数

$$\cos\varphi = \cos 59.92° = 0.501$$

电路中的电流有效值

$$I = \frac{U}{|Z|} = \frac{220\text{V}}{598.60\Omega} = 0.376\text{A}$$

有功功率

$$P = UI\cos\varphi = 220\text{V} \times 0.376\text{A} \times 0.501 = 40.40\text{W}$$

或

$$P = I^2R = (0.367\text{A})^2 \times 300\Omega = 40.40\text{W}$$

三、视在功率

各种电气设备都在其产品铭牌上标出了额定电压和额定电流，它们指的都是有效值，把设备上电压有效值（U）与电流有效值（I）的乘积定义为“视在功率”（S），即

$$S = UI \tag{5-65}$$

将式（5-65）与式（5-63）相比较，“视在功率”与“有功功率”之间只差“功率因数”（$\cos\varphi$）。视在功率与有功功率的单位应相同，但为了区别，视在功率的单位称为“伏安”（VA）。

四、无功功率（Q）

前面曾经介绍了电感元件（L）和电容元件（C），在接入正弦交流电路后的功率为“无功功率”：$Q_L = U_L I$，$Q_C = U_C I$（这时的 $\dot{U}_L$ 或 $\dot{U}_C$ 都与 $\dot{I}$ 的相位差是90°）。

现在把 L、C 元件上无功功率的概念，推广到一般电路中。例如，一般等效为电阻（R）和电感（L）串联的感性负载，如图5-34所示。这个负载两端的电压 $\dot{U}$ 与通过的电流 $\dot{I}$ 的相位差为 φ（也是该负载复阻抗的阻抗角），图5-35为其相量图。这个负载的功率情况如何呢？

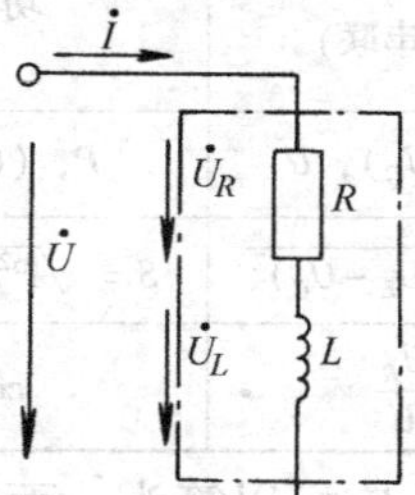

图5-34　一般负载等效电路

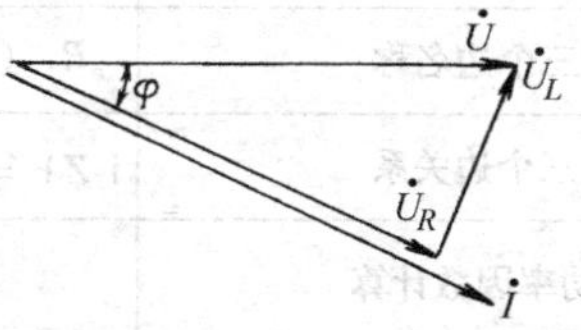

图5-35　一般负载电压、电流相量图

电阻（R）上消耗的功率为有功功率

$$P = U_R I$$

从相量图上可见 $U_R = U\cos\varphi$ 所以

$$P = UI\cos\varphi$$

这正是有功功率的一般表示式，它反映的就是电阻上消耗的功率。

再看该负载电感上的功率，即无功功率

$$Q_L = U_L I$$

而式中

$$U_L = U\sin\varphi$$

则

$$Q_L = UI\sin\varphi$$

不难理解，如果是容性负载，$Q_C = U_C I$ 同样会导出

$$Q_C = UI\sin\varphi \qquad （这时的 \varphi < 0）$$

所以无功功率的一般公式为

$$Q = UI\sin\varphi \tag{5-66}$$

式中的 Q 应为

$$Q = Q_L - Q_C \tag{5-67}$$

感性电路 $Q>0$；容性电路为 $Q<0$。

五、功率三角形

综上所述，可以发现负载的 S、P、Q 三种功率和功率因数 $\cos\varphi$ 在数值上有一定联系，并可用“功率三角形”来表示这一联系，如图 5-36 所示。

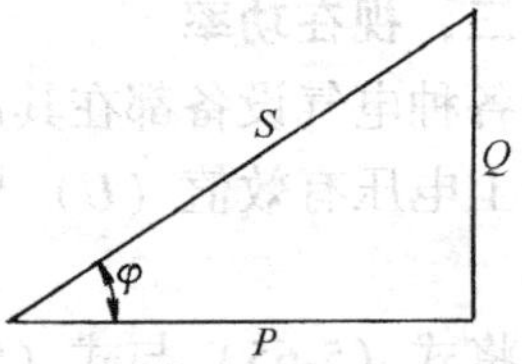

图 5-36　功率三角形

$$P = S\cos\varphi$$

$$Q = S\sin\varphi$$

$$S = \sqrt{P^2 + Q^2} = \sqrt{P^2 + (Q_L - Q_C)^2}$$

$$\cos\varphi = \frac{P}{S}$$

前面曾讲过“电压三角形”和“阻抗三角形”，这里又介绍了“功率三角形”。在同一个电路中，这是三个相似三角形。熟悉它们之间的关系，对交流电路的分析和计算十分有利。现用下表小结一下它们的相似性。

阻抗三角形、电压三角形和功率三角形的相似性

项目 \ 物理量及公式 \ 三角形名称	阻抗三角形（R、L、C 串联）	电压三角形（R、L、C 串联）	功率三角形
三个边名称	R，$(X_L - X_C)$，$\|Z\|$	U_R，$(U_L - U_C)$，U	P，$(Q_L - Q_C)$，S
三个边关系	$\|Z\| = \sqrt{R^2 + (X_L - X_C)^2}$	$U = \sqrt{U_R^2 + (U_L - U_C)^2}$	$S = \sqrt{P^2 + (Q_L - Q_C)^2}$
功率因数计算	$\cos\varphi = \frac{R}{\|Z\|}$	$\cos\varphi = \frac{U_R}{U}$	$\cos\varphi = \frac{P}{S}$

需要指出的是，电压三角形是相量图，各边为电压相量，应标以箭头。而功率三角形和阻抗三角形一样各边不是相量，所以也不标箭头。

［**例 5-17**］　荧光灯电路通常被看作 R、L 串联电路，如图 5-37 所示。已知荧光灯的功率为 100W，在额定电压 $U = 220\text{V}$ 下，其电流 $I = 0.91\text{A}$。

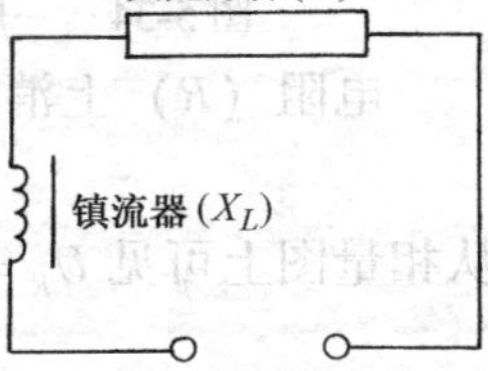

图 5-37　例 5-17 图

求：该荧光灯的功率因数及无功功率。

解：荧光灯所标功率为有功功率

$$P = 100\text{W}$$

则

$$\cos\varphi = \frac{P}{UI} = \frac{100\text{W}}{220\text{V} \times 0.91\text{A}} = 0.5；\ \varphi = 60°$$

无功功率

$$Q = UI\sin\varphi = 220\text{V} \times 0.91\text{A} \times \sin 60° = 173.38\text{var}$$

第九节　功率因数的提高

上一节在讲功率计算时，引出了功率因数（$\cos\varphi$）。这一节将介绍分析提高功率因数的经济价值和提高功率因数的主要方法。

一、提高功率因数的意义

有功功率是实际做功的功率，所以用电设备的功率大小都是以所需的有功功率表征的，如40W的白炽灯，10kW的电动机等。

作为电源设备，只能表示其供电能力。能供给多高电压（U），多大电流（I），也就决定了它的供电容量（UI）。供电容量是以视在功率表征的，如100kVA的发电机、50kVA的变压器等。

功率因数角（φ）是供电电压U和电流I的相位差，也是负载的阻抗角。由于工农业生产中大量使用异步电动机和变压器，所以工业负载多数为电感性的，这是引起功率因数低的主要原因。提高功率因数的意义主要有下面两个方面。

（1）提高电源设备的利用率　当一台发电机按额定电压（U_N）和额定电流（I_N）设计完成后，所具有的额定容量$S_N = U_N I_N$也就确定了，但它所能发送的有功功率$P = U_N I_N \cos\varphi$却不能自主。这里的$\cos\varphi$是由负载决定的。负载的功率因数高，同样的发电设备容量（S_N），可以提供更多的有功功率（P）。

例如，有一台容量$S_N = 1000\text{kVA}$的变压器供给有功功率$P_L = 600\text{kW}$的负载，当这个负载的$\cos\varphi = 0.6$时，它所需的视在功率$S_L = P_L/\cos\varphi = 600\text{kW}/0.6 = 1000\text{kVA}$，这台变压器刚好够用，已处满负荷。若将功率因数提高到$\cos\varphi = 0.8$，则同样这个负载所需的视在功率$S_L = 600\text{kW}/0.8 = 750\text{kVA}$，使变压器还有250kVA的富余容量，可供给其他负载使用，因而提高了变压器的使用率。反之，如果负载功率因数只有$\cos\varphi = 0.5$，所需的视在功率达到$S_L = 1200\text{kVA}$，超过了变压器的额定值，将无法运行。

在一个地区，若能把各工厂（用户）的功率因数都提高一些，可在不扩建发电厂或不增加发电设备的情况下，能再建些工厂。

（2）减少输电线路中的电压降和功率损失　在输送同样有功功率和保证供电电压的情况下，从

$$P = UI\cos\varphi$$

可以清楚地看出，$\cos\varphi$提高，供电电流I将会下降。I的下降会使线路上的电压降（$I|Z_0|$）和功率损失（I^2R_0）相应下降，$|Z_0|$和R_0分别为输电线的阻抗和电阻。

二、提高功率因数的主要方法

如前所述，功率因数低的原因主要是感性负载的存在，就工业企业用电来说，主要是大量使用异步电动机，为此可以从两个方面来考虑提高功率因数的方法。

（1）正确选用电动机　厂家生产的电动机，是考虑功率因数这个技术指标的。在额定状态下运行的功率因数大都在0.8以上。如轻载，特别是空载时，功率因数是很低的。因此，应根据拖动机械的需要，正确选用电动机的容量，要避免“大马拉小车”和减少空载时间。另外，电动机损坏需要更换线圈时，旧线圈的取出，不应采用火烧的办法，这会使电机铁心（硅钢片）的电磁性能改变，对电机修复后的功率因数影响很大。当然，有些场合可不选用异步电动机，如可改用直流电动机，需要大功率的设备可选用同步电动机等，这将在有关专业课中讲，不再多说。

（2）并联接入电容器　如果第一种方法称为“自然法”，那么第二种方法就称为“补偿法”，就是与感性负载并联接入电容器。用容性电流来补偿（或抵消）感性电流以达到提高

功率因数的目的。

图 5-38 用阻抗 Z 代表某感性负载，在并入电容器（C）之前，电路中的电流 $\dot{I}=\dot{I}_1$ 滞后于电压（$\dot{U}$）的相位差 φ_1（负载的阻抗角）。当并入电容器后，在电源电压不变的情况下（若线路阻抗不计），不会影响负载电流 $\dot{I}_1$ 的大小和相位，但电源供给的总电路电流 $\dot{I}$ 将由 $\dot{I}_1$ 变成

$$\dot{I}=\dot{I}_1+\dot{I}_C$$

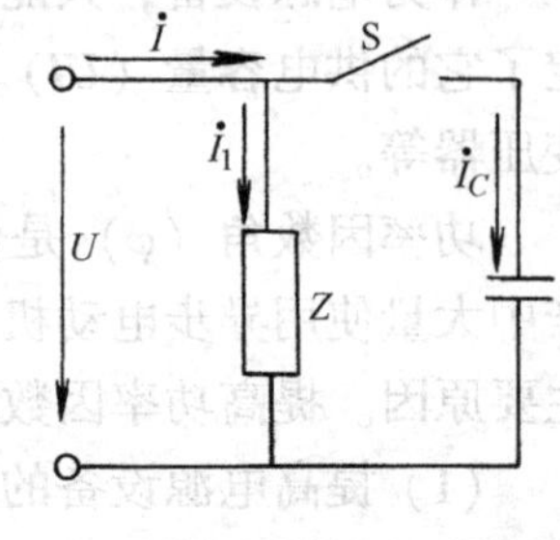

图 5-38　负载并联电容器

这一变化由图 5-39 的相量图可以清楚地看出。即并联电容后的总电流 $\dot{I}$ 与电源电压 $\dot{U}$ 之间的相位差（φ_2）比原来 φ_1 减小了，所以 $\cos\varphi_2$ 将大于 $\cos\varphi_1$，功率因数提高了。

下面来进一步分析所需电容量的计算。因为 $P=UI\cos\varphi$，就图 5-38 来说，并联电容后总电路的有功功率（P）没有变，只是由于功率因数的变化而引起了总电流的变化。

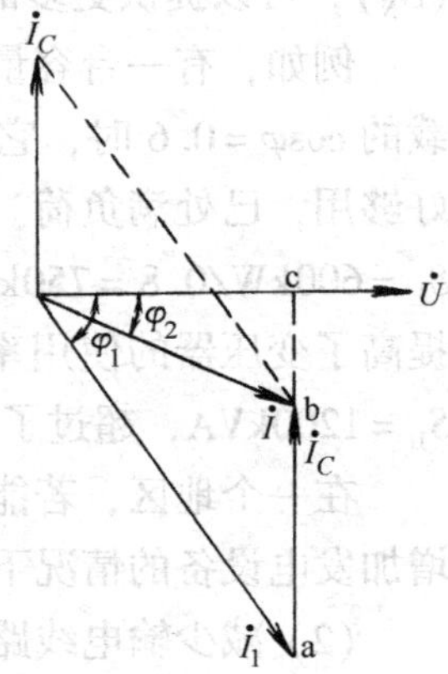

图 5-39　计算补偿电容量用相量图

并联电容前　$I_1=\dfrac{P}{U\cos\varphi_1}$

并联电容后　$I=\dfrac{P}{U\cos\varphi_2}$

从另一方面，可借助图 5-39 的相量图得出

$$I_C=I_1\sin\varphi_1-I\sin\varphi_2$$

将 I_1 和 I 两式代入

$$I_C=\frac{P}{U\cos\varphi_1}\sin\varphi_1-\frac{P}{U\cos\varphi_2}\sin\varphi_2$$

或

$$I_C=\frac{P}{U}(\tan\varphi_1-\tan\varphi_2)$$

式中，I_C 可通过容抗进行计算，即

$$I_C=\frac{U}{X_C}=U\omega C$$

上两式相等，不难导出

$$C=\frac{P}{U^2\omega}(\tan\varphi_1-\tan\varphi_2) \tag{5-68}$$

在实用中，还常利用功率补偿的概念，即将式（5-68）的电容补偿转换为无功功率补偿。

因为　$Q_C=\dfrac{U^2}{X_C}=U^2\omega C$

所以　$Q_C=P(\tan\varphi_1-\tan\varphi_2)$　（5-69）

式中，P 即负载所需的有功功率。还应注意将功率因数 $\cos\varphi$ 转换成对应的正切 $\tan\varphi$。

［例 5-18］　如图 5-38 所示，已知负载所需有功功率 $P=100\text{kW}$，电源电压 $U=220\text{V}$，$f=50\text{Hz}$，如果将功率因数 $\cos\varphi_1=0.6$，提高到 $\cos\varphi_2=0.85$。求：补偿电容量 C 和补偿无功功率 Q_C。

解：由 $\cos\varphi_1 = 0.6$，即 $\varphi_1 = 53.1°$，得 $\tan\varphi_1 = 1.33$

由 $\cos\varphi_2 = 0.85$，即 $\varphi_2 = 31.79°$，得 $\tan\varphi_2 = 0.62$

利用式（5-68）可得

$$C = \frac{P}{U^2\omega}(\tan\varphi_1 - \tan\varphi_2) = \frac{100\times10^3}{2\pi\times50\times220^2}\times(1.33-0.62)$$

$$= 0.00658\times0.71\text{F} = 4.672\times10^{-3}\text{F} = 4672\mu\text{F}$$

补偿用无功功率

$$Q_C = P(\tan\varphi_1 - \tan\varphi_2) = 100\times10^3\times(1.33-0.62)\text{ var} = 71\times10^3\text{var} = 71\text{kvar}$$

可从有关手册或产品目录中选用标准容量的电容器或电容器组装盘。

第十节　正弦交流电路的分析计算

正弦电路中的单一元件的伏安关系也都有其相量表达式。将正弦电路中的电压、电流用相量表示，在引入复阻抗、复导纳的概念后，正弦电路就具有了与直流电路完全相似的基本定律。这样，分析直流电阻电路的所有方法、公式及定理也就完全可以类推并适用于对正弦交流电路的分析计算。所不同的仅在于用电压相量和电流相量取代了以前的直流电压和电流；用复阻抗和复导纳取代了直流电阻和电导，这就是分析正弦电流电路的相量法。本节通过具体例题加以说明。

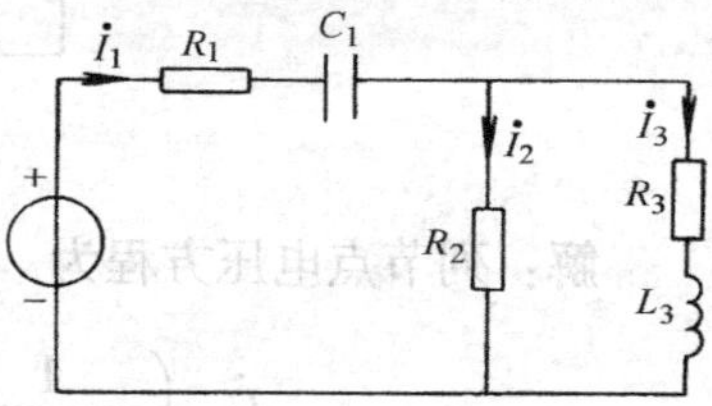

图 5-40　例 5-19 图

[例 5-19]　在图 5-40 所示电路中，已知 $R_1 = 100\Omega$，$R_2 = 100\Omega$，$R_3 = 50\Omega$，$C_1 = 10\mu\text{F}$，$L_3 = 50\text{mH}$，$U = 100\text{V}$，$\omega = 1000\text{rad/s}$。求各支路电流。

解：由已知条件可得

$$X_{C1} = \frac{1}{\omega C_1} = \frac{1}{1000\times10\times10^{-6}}\Omega = 100\Omega$$

$$X_{L3} = \omega L_3 = 1000\times50\times10^{-3}\Omega = 50\Omega$$

电路的等效复阻抗为

$$Z = R_1 - \text{j}X_{C1} + \frac{R_2(R_3+\text{j}X_{L3})}{R_2+R_3+\text{j}X_{L3}}$$

$$= \left(100-\text{j}100+\frac{100\times(50+\text{j}50)}{100+50+\text{j}50}\right)\Omega$$

$$= (100-\text{j}100+44.75\angle 26.6°)\Omega$$

$$= (100-\text{j}100+40+\text{j}20)\Omega$$

$$= (140-\text{j}80)\Omega = 161.2\angle -29.7°\Omega$$

设 $\dot{U} = 100\angle 0°\text{V}$，则

$$\dot{I}_1 = \frac{\dot{U}}{Z} = \frac{100\angle 0°\text{V}}{161.2\angle -29.7°\Omega} = 0.62\angle 29.7°\text{A}$$

$$\dot{I}_2 = \dot{I}_1\frac{R_3+\text{j}X_{L3}}{R_2+R_3+\text{j}X_{L3}} = 0.62\angle 29.7°\times\frac{50+\text{j}50}{100+50+\text{j}50}\text{A}$$

$$=0.62\angle 29.7^\circ \times 0.447\angle 26.6^\circ \text{A} = 0.28\angle 56.3^\circ \text{A}$$

$$\dot{I}_3 = \dot{I}_1 - \dot{I}_2 = (0.62\angle 29.7^\circ - 0.28\angle 56.3^\circ)\ \text{A}$$

$$= (0.538 + \text{j}0.307 - 0.155 - \text{j}0.23)\ \text{A}$$

$$= (0.383 + \text{j}0.074)\ \text{A} = 0.39\angle 10.9^\circ \text{A}$$

[例 5-20] 在如图 5-41 所示电路中，已知 $\dot{U}_{S1} = 100\angle 0^\circ \text{V}$，$\dot{U}_{S2} = 100\angle 53.1^\circ \text{V}$，$R_1 = X_{L1} = X_{C1} = R_2 = X_{C2} = 5\Omega$，试用节点电压法求图中电流 $\dot{I}$。

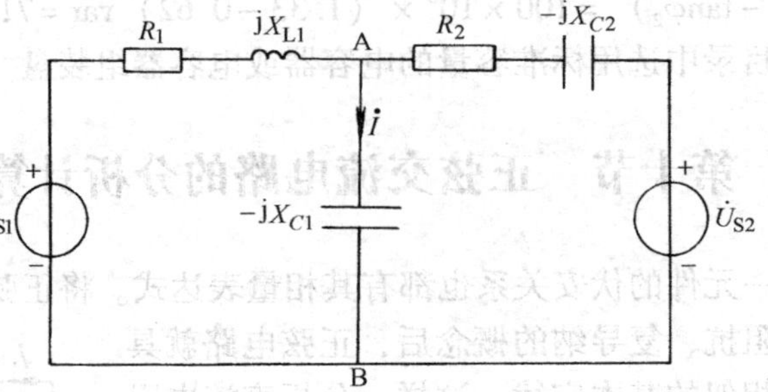

图 5-41 例 5-20 图

解：列节点电压方程为

$$\dot{U}_{AB}\left(\frac{1}{R_1 + \text{j}X_{L1}} + \frac{1}{R_2 - \text{j}X_{C2}} + \frac{1}{-\text{j}X_{C1}}\right) = \frac{\dot{U}_{S1}}{R_1 + \text{j}X_{L1}} + \frac{\dot{U}_{S2}}{R_2 - \text{j}X_{C2}}$$

代入已知数据并解得

$$\dot{U}_{AB} = (30 - \text{j}10)\ \text{V}$$

则待求电流为

$$\dot{I} = \frac{\dot{U}_{AB}}{-\text{j}X_{C1}} = \left(\frac{30 - \text{j}10}{-\text{j}5}\right)\text{A} = (2 + \text{j}6)\ \text{A} = 6.32\angle 71.6^\circ \text{A}$$

[例 5-21] 如图 5-42a 所示电路，已知 $\dot{U}_S = 120\angle 0^\circ \text{V}$，$X_{L1} = X_{C2} = R_3 = 30\Omega$，$Z_L = (21 + \text{j}28)\ \Omega$，用戴维南定理求通过 Z_L 的电流 $\dot{I}_L$。

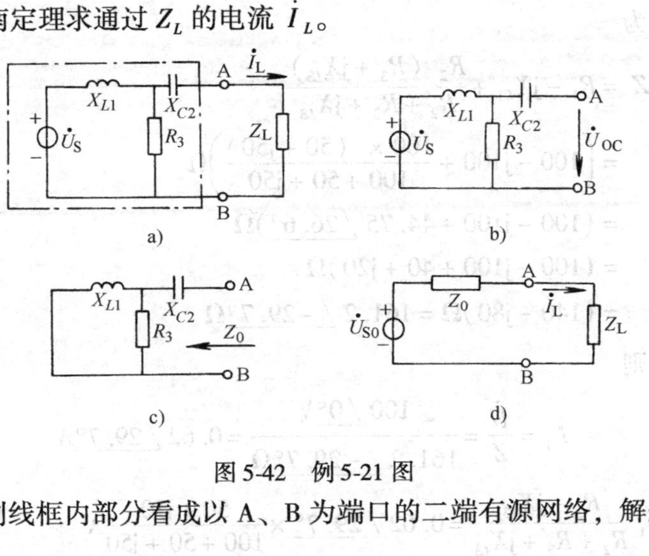

图 5-42 例 5-21 图

解：把图中点划线框内部分看成以 A、B 为端口的二端有源网络，解题步骤与直流电路一样。

（1）将电路从A、B断开，如图5-42b所示，求开口电压 $\dot{U}_{OC}$，可用分压公式

$$\dot{U}_{OC}=\frac{\dot{U}_S}{R_3+jX_{L1}}R_3=\frac{120\angle 0^\circ}{30+j30}\times 30=\frac{120\angle 0^\circ}{42.43\angle 45^\circ}\times 30\text{V}=84.85\angle -45^\circ\text{V}$$

（2）将电源“去掉”，由A、B端口看入的等效阻抗 Z_0，如图5-42c所示

$$Z_0=-jX_{C2}+\frac{R_3 jX_{L1}}{R_3+jX_{L1}}=\left(-j30+\frac{30\times 30\angle 90^\circ}{30+j30}\right)\Omega$$

$$=\left(-j30+\frac{900\angle 90^\circ}{42.43\angle 45^\circ}\right)\Omega=(-j30+21.21\angle 45^\circ)\ \Omega$$

$$=(-j30+15+j15)\ \Omega=(15-j15)\ \Omega=21.21\angle -45^\circ\Omega$$

（3）绘出等效电路，求 $\dot{I}_L$，如图5-42d所示

$$\dot{I}_L=\frac{\dot{U}_{S0}}{Z_0+Z_L}=\frac{\dot{U}_{OC}}{Z_0+Z_L}$$

$$=\frac{84.85\angle -45^\circ}{(15-j15)+(21+j28)}\text{A}=\frac{84.85\angle -45^\circ}{36+j13}\text{A}$$

$$=\frac{84.85\angle -45^\circ}{38.28\angle 19.86^\circ}\text{A}=2.22\angle -64.86^\circ\text{A}$$

［例5-22］ 如图5-43所示电路，已知：$R_1=4\Omega$，$X_{L1}=4\Omega$，$\dot{U}_{S1}=110\angle 0^\circ\text{V}$，$R_2=2\Omega$，$\dot{U}_{S2}=220\angle 30^\circ\text{V}$，$X_{C3}=6\Omega$，$R_3=8\Omega$。试用节点电压法求各支路中的电流。

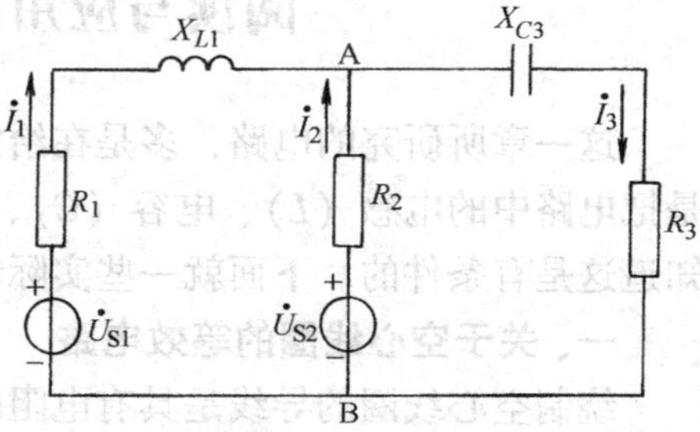

图5-43 例5-22图

解：只有一对节点，可用弥尔曼定理。仿照直流电路写成相量形式

$$\dot{U}_{AB}=\frac{\sum(\dot{U}Y)}{\sum Y}\quad（取B为参考点）$$

$$=\frac{\dot{U}_{S1}Y_1+\dot{U}_{S2}Y_2}{Y_1+Y_2+Y_3}$$

式中 $$\dot{U}_{S1}Y_1+\dot{U}_{S2}Y_2=\left(\frac{110\angle 0^\circ}{4+j4}+\frac{220\angle 30^\circ}{2}\right)\text{A}$$

$$=\left(\frac{110\angle 0^\circ}{5.66\angle 45^\circ}+110\angle 30^\circ\right)\text{A}$$

$$=(19.43\angle -45^\circ+110\angle 30^\circ)\ \text{A}$$

$$=(13.74-j13.74+95.26+j55)\ \text{A}$$

$$=(109+j41.26)\ \text{A}=116.55\angle 20.73^\circ\text{A}$$

$$Y_1+Y_2+Y_3=\frac{1}{R_1+jX_{L1}}+\frac{1}{R_2}+\frac{1}{R_3-jX_{C3}}$$

$$=\left(\frac{1}{4+j4}+\frac{1}{2}+\frac{1}{8-j6}\right)\text{S}=0.708\angle -5.27^\circ\text{S}$$

得
$$\dot{U}_{AB}=\frac{116.55\angle 20.73^\circ}{0.708\angle -5.27^\circ}\text{V}=164.62\angle 26^\circ\text{V}$$
$$=(147.96+\text{j}72.16)\ \text{V}$$

各支路中的电流，按图中所取参考方向，利用支路欧姆定律，分别计算如下：

$$\dot{I}_1=\frac{\dot{U}_{S1}-\dot{U}_{AB}}{Z_1}=\frac{110\angle 0^\circ-(147.96+\text{j}72.16)}{4+\text{j}4}\text{A}$$
$$=\frac{81.45\angle -117.75^\circ}{5.66\angle 45^\circ}\text{A}=14.41\angle -162.75^\circ\text{A}$$

$$\dot{I}_2=\frac{\dot{U}_{S2}-\dot{U}_{AB}}{Z_2}=\frac{220\angle 30^\circ-(147.96+\text{j}72.16)}{2}\text{A}$$
$$=\frac{56.96\angle 41.63^\circ}{2}\text{A}=28.48\angle 41.63^\circ\text{A}$$

$$\dot{I}_3=\frac{\dot{U}_{AB}}{Z_3}=\frac{164.62\angle 26^\circ}{8-\text{j}6}\text{A}=\frac{164.62\angle 26^\circ}{10\angle -36.87^\circ}\text{A}=16.46\angle 62.87^\circ\text{A}$$

读者可以验证
$$\dot{I}_1+\dot{I}_2-\dot{I}_3=0$$

阅读与应用四　交流电路的实际参数

这一章所研究的电路，多是在给定了电路图和电路参数的情况下来进行分析和计算的，是把电路中的电感（L）、电容（C）、电阻（R）等参数看成是“理想的”元件。然而，要知道这是有条件的。下面就一些实际情况来简要说明这个问题。

一、关于空心线圈的等效电路

绕制空心线圈的导线是具有电阻的，线圈自身具有电感，所以一般把图5-44a的实际线圈抽象为图5-44b由电阻和电感元件串联的等效电路。这在低频下是可以的，但在高频下，单用R、L两个参数就难以全面反映线圈的真实情况。

实际的情况是，两根导线之间，隔有绝缘介质，这就形成了电容器，具有一定的电容量。在图5-45a中画出了空心线圈任意两个线匝之间分布电容的示意图，所以这个线圈的较完整的等效电路应该用图5-45b表征。

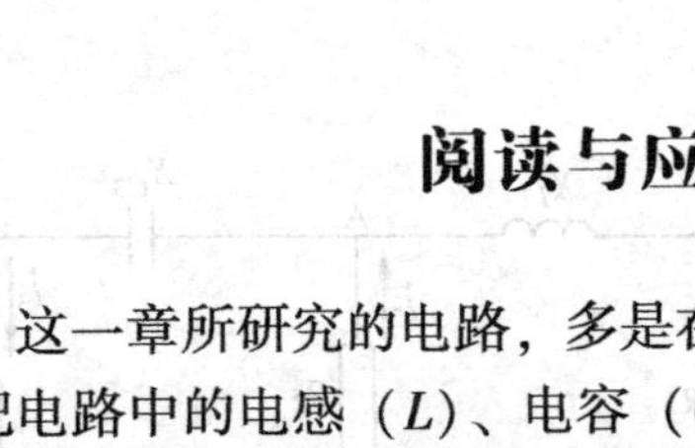

a)　　b)

图5-44　实际线圈

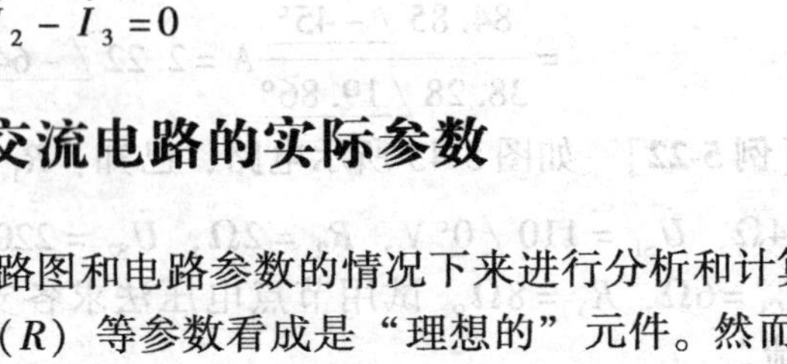

a)　　b)

图5-45　分布电容示意图

就图 5-45b 而言，若假定 $R=2\Omega$，$L=3\text{mH}$，$C=2\text{pF}$，来具体分析一下对应不同频率时的等效电路。

（1）在直流情况下（$\omega=0$）

$$X_L=\omega L=0 \qquad X_C=\frac{1}{\omega C}=\infty$$

这就是说，电感部分相当于短路，而电容部分相当于断路。所以在直流电路中，空心线圈可用一个电阻等效代替。

（2）在工频情况下（$f=50\text{Hz}$，$\omega=314\text{rad/s}$）

$$X_L=\omega L=314\times3\times10^{-3}\Omega=0.942\Omega$$

$$X_C=\frac{1}{\omega C}=\frac{10^{12}}{314\times2}\Omega=1.59\times10^{9}\Omega$$

可见 X_C 远大于 X_L，仍可认为电容支路断路，但 X_L 与 R 相比已不能忽略。所以这时的空心线圈应当用 R、L 串联来等效代替（$R=2\Omega$ 与 $X_L=0.942\Omega$ 串联）。

（3）当 $f=10000\text{Hz}$ 时

$$X_L=\omega L=2\pi fL=2\pi\times10\times10^{3}\times3\times10^{-3}\Omega=188.5\Omega$$

$$X_C=\frac{1}{\omega C}=\frac{10^{12}}{2\pi\times10^{4}\times2}\Omega=7.96\times10^{6}\Omega$$

这时 X_C 仍然很大，可看成断路，但 X_L 已比 R 大得很多，相比之下电阻可忽略不计，只用 L 来等效就行了。

（4）在中波波段（$f=550\text{kHz}$）

这时

$$X_L=\omega L=10.36\text{k}\Omega$$

$$X_C=\frac{1}{\omega C}=144.8\text{k}\Omega$$

可见电容支路已显示它的存在了。空心线圈可用 C 和 L 并联来等效。

（5）在短波波段（$f=10\text{MHz}$，$\omega=62.8\times10^{6}\text{rad/s}$）

这时

$$X_L=188.4\times10^{6}\Omega$$

$$X_C=7.96\times10^{3}\Omega$$

可见电感支路可相当于断路，空心线圈已相当一只电容器了。

通过上述分析可以看到，对待任何事物都应采取辩证观点，不应静止地、孤立地、片面地看问题。实际上对一个空心线圈，如果频率再高，如达 $f=1000\text{MHz}$（相当于微波范围），要分析它的电磁过程，只用电感、电容等电路元件的概念就不太适用了，而需要用其他方法，例如，电磁场理论等，已不是本课程所讨论的范围。

二、频率对电阻的影响——集肤效应

我们对感抗和容抗与频率的关系，印象应该是深刻的，因为这两个量在交流电路中一出现，就指出它们和频率的密切关系。通过上一段对空心线圈等效电路的分析，又进行一次再认识。但在迄今为止的计算中，都把电阻看成不变的定值。实际上，这个“定值”也是相对的和有条件的。

理论和实验都告诉我们，一根导线通过直流电流时，电流在导线截面上的分布是均匀的，或者说电流密度处处相等。但通过交流电流时，电流在导线截面上的分布是不均匀的，在靠近导线表面处电流密度大，越靠近中心，电流密度越小。这是因为：当电流通过导体时，在导体周围将环绕磁场。越是靠近中心，所交链的磁链越多，因此，越靠近中心处电感$\left(L=\frac{\Psi}{i}\right)$越大，在交流情况下，越靠近中心感抗就越大，通过的电流就越小，把这种现象称为“集肤效应”或“趋表效应”。集肤效应的出现，实质上使得导线的导电面积减小了，所以电阻值就增大了。集肤效应随着截面的增加和频率的提高会更加显著。通常把直流情况下的电阻称为“直流电阻”或“欧姆电阻”；把交流情况下的电阻称为“交流电阻”或“有效电阻”。

集肤效应的显著程度，除了与频率和导线电流有关外，还和导线材料有关。因为不同材料的电阻率（ρ）和磁导率（μ）是不同的。但工业企业多在工频（$f=50\text{Hz}$）下工作，导线截面较细，材料也多用铜、铝，所以集肤效应并不十分明显，“交流电阻”与“直流电阻”相差极小，常可忽略不计，这就是为什么一直把电阻看成定值的原因。

高压输电线，由于导线截面粗，传输距离长，有趋表现象出现，常把导线制成钢心绞线，外层承担导电任务，用铜线或铝线绞制，而内层采用钢心绞线来加强机械强度。

三、电路参数的分布性

在以前各章研究电路问题时，总是把各种参数（如电阻、电感、电容）完全集中在这些电路元件上。应当说，这也是有条件的。然而，这样做在一定的条件下“是科学地反映了客观事物”。它是从某一特定的角度概括了事物的本质或主要方面。具体事物总是比抽象概括更加生动、更加复杂。那么，实际情况又是怎样呢？一根导线的电阻是分布在从头到尾的全部长度上的；一个线圈的电感也是分布在它的每一个线匝上的；而导线之间的每一段长度上也都是有电容存在的。这就是电路参数的“分布性”。

但是，在常用的一般电路中，由于距离较短，电压较低，频率不高等，通常不考虑这种分布性，而把参数集中在相应的理想电路元件上，把导线看成无阻、无抗的“连接线”。不考虑电路参数分布性的电路称为“集中参数电路”，而必须考虑参数分布性的电路称为“分布参数电路”。

在电力系统中所看到的分布参数电路，主要是长距离输电线（例如200km以上）；有时线路虽不太长，但电压较高（如35kV以上），也应考虑这种“分布性”。在电信工程和电子线路中，在高频下，即使线路不长（如天线），也是分布参数电路。

有些专业需要分布参数电路理论，常另列章节专门讲述。我们介绍电路参数分布性的概念，是想提醒读者，对任何事物，都不应静止地、孤立地、片面地绝对化看问题，应树立辩证唯物主义的观点。

本 章 小 结

本章讨论了正弦交流电的基本概念、正弦交流电路的分析与计算，主要内容是：

一、正弦交流电的基本概念

1. 最大值（或有效值）、角频率（或周期、频率）和初相位是正弦交流电的三个要素。
2. 正弦交流电有解析式、波形图、相量三种表示形式。
3. 理想元件R、L、C交流电路的伏安关系、功率是分析交流电路的基础。

二、正弦交流电路的分析与计算

1. 利用复数概念，将正弦量用复数表示，使正弦交流电路的分析计算转化为复数运算或作相量图进行定性分析。

2. 引入了相量、阻抗、导纳的概念，欧姆定律，基尔霍夫定律可以用相量表示。使分析直流电路的方法和定理、原理适用于正弦交流电路。

三、正弦交流电路的功率

1. 正弦交流电路中有有功功率、无功功率和视在功率，要弄清其含义。

2. 要懂得功率因数的概念和提高功率因数的意义。

思考题与习题五

1-1　正弦交流电的周期、频率如何定义？两者之间关系如何？

1-2　有一正弦交流电源，已知其频率为 $f=1000\text{Hz}$。问该交流电源的周期、电角频率各为多少？

1-3　一台 6 极交流发电机，若使其发出 $f=50\text{Hz}$ 的交流电压，它的转速应为多少？$\left(n=\dfrac{60f}{p}\right)$。

1-4　已知正弦交流电压和电流分别为：$u=\sqrt{2}\times220\sin(\omega t+30°)$ V，$i=8\sin(\omega t-20°)$ A

求：(1) 电流、电压的最大值（I_m 和 U_m）；

(2) 电流、电压的初相角（ψ_i、ψ_u）；

(3) 电流、电压的相位差是多少？哪个超前？哪个滞后？

(4) 画出电流、电压的波形图。

2-1　交流电的有效值、平均值的含义是什么？正弦交流电的有效值、平均值分别与其最大值有什么关系？

2-2　若已知正弦电流的有效值 $I=20\text{A}$，试问它的最大值和平均值各为多少？

2-3　若正弦电压 $u=220\sin(\omega t+60°)$（V），问该电压的有效值和平均值各为多少？

3-1　写出下列正弦量对应的相量

(1) $i_1=\sqrt{2}\times10\sin(\omega t-20°)$ A；

(2) $u_1=250\sin(\omega t+30°)$ V；

(3) $i_2=14.1\sin(\omega t-120°)$ A；

(4) $u_2=\sqrt{2}\times300\sin(\omega t+90°)$ V。

3-2　写出下列相量对应的正弦量

(1) $\dot{I}_1=10\angle 30°\text{A}$；

(2) $\dot{I}_2=15\angle -50°\text{A}$；

(3) $\dot{U}_1=220\angle -120°\text{V}$；

(4) $\dot{U}_2=\sqrt{2}\times100\angle 120°\text{V}$。

3-3　已知：$i_1=\sqrt{2}\times10\sin(\omega t+30°)$ A，$i_2=\sqrt{2}\times5\sin(\omega t-30°)$ A，求 $i_1+i_2=$？

3-4　已知：$u_1=\sqrt{2}\times100\sin(\omega t+60°)$ V，$u_2=\sqrt{2}\times50\sin(\omega t-30°)$ V，求 $\dot{U}_1-\dot{U}_2=$？

4-1　有一只 $P=75\text{W}$ 的电烙铁接在正弦电压 $u=\sqrt{2}\times220\sin(314t+60°)$ V 的电源下。

求：(1) 电烙铁的等效电阻 R；

(2) 通过电烙铁的电流 I 和 i。

4-2　已知电阻炉的电阻 $R=242\Omega$，接在电压 $\dot{U}=220\angle -30°\text{V}$ 的工频电压源上，

求：(1) 电流 I 和 i；

(2) 电炉的电功率。

4-3 电阻元件上接电压 $u=\sqrt{2}\times 80\sin(\omega t+30°)$ V，得出的电流为 $\dot{I}=5\underline{/-30°}$A。

求：(1) 电阻元件的电阻 R；

(2) 电阻元件上的有功功率 P。

4-4 有一电感线圈的电感 $L=0.626$H，接通正弦电压 $u=\sqrt{2}\times 220\sin(314t+120°)$ V。

求：(1) 线圈的感抗。

(2) 电感中的电流 I 和 i。

(3) 电感的无功功率 Q_L。

(4) 作电压、电流相量图。

4-5 若 $f=100$Hz，电感元件上的电流和电压的有效值分别为 $I=5$A；$U_L=220$V。

求：(1) 感抗。

(2) 复数感抗。

(3) 电感量。

(4) 无功功率。

4-6 已知接在电容两端的电压 $\dot{U}_C=220\underline{/0°}$V，若电容 $C=314\mu$F，取 u_C、i 为关联参考方向。求 $f_1=50$Hz 电流 $i_1=$？及 $f_2=150$Hz 电流 $i_2=$？

4-7 若电容元件上的电压、电流分别为 $U_C=220$V，$I=5$A。

求：(1) 容抗。

(2) 复数容抗。

(3) 无功功率。

(4) 任选电压或电流为参考相量作相量图。

5-1 有一无源二端网络，接通正弦电压 $u=\sqrt{2}\times 220\sin(314t+75°)$ V，得电流相量为 $\dot{I}=5\underline{/15°}$A。

求：(1) 该网络的等效阻抗及等效参数。

(2) 作电流、电压相量图。

5-2 电感 $L=25.5$mH 与电阻 $R=6\Omega$ 串联，通过的电流 $\dot{I}=6\underline{/68°}$A，在 u、i 取关联方向、$f=50$Hz 下。

求：(1) 电阻电压 U_R 和电感电压 U_L。

(2) 总阻抗。

(3) 总电压。

(4) 作全部相量的相量图。

6-1 由 $R=30\Omega$，$X_L=120\Omega$，$C=39.8\mu$F 组成的串联电路，接在 $f=50$Hz 的电源上，若已知电阻上的电压 $U_R=60\underline{/-23.1°}$V

求：(1) 电路中的电流。

(2) u_L、u_C 及总电压 u。

(3) 作电流及各电压相量图。

6-2 如题图 5-1 所示电路。已知：总电压表读数为 $U=5$V，第 1 号电压表读数为 4V，第 2 号电压表读数为 9V，试用相量图分析，并计算出第 3 号电压表的读数。

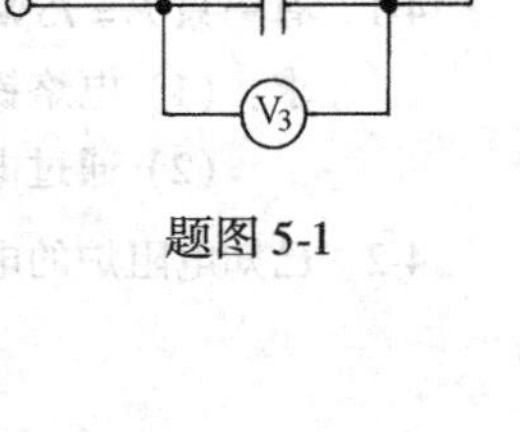

题图 5-1

6-3 如题图 5-2 为 $R-C$ 移相电路。已知：$C=0.01\mu$F，输入电压 $u_1=\sqrt{2}\sin 1200\pi t$V，今欲使输出电压 $\dot{U}_2$ 的相位比 $\dot{U}_1$ 滞后 60°，电阻 R 应调到何值？

此时 $\dot{U}_2$ 为多少伏？试绘出相量图进行分析计算。

7-1　如题图 5-3，已知：总电流表读数 $I=5\text{A}$，1 号电流表读数 $I_1=4\text{A}$，2 号电流表读数 $I_2=9\text{A}$。

求：3 号电流表读数。

7-2　题图 5-4 为单相电动机的一种电路原理图。两个绕组参数（阻抗）相同，如 $R=X_L=212\Omega$。为了使两个绕组中的电流 $\dot{I}_1$ 和 $\dot{I}_2$ 相位差为 90°。便在一个绕组中串入电容。若 $f=50\text{Hz}$，$U=220\text{V}$。

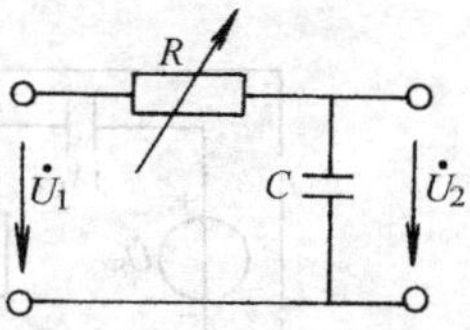

题图 5-2

求：(1) 获得 $\dot{I}_1$、$\dot{I}_2$ 90°相位差的电容值。

(2) 此时的 $\dot{I}_1$、$\dot{I}_2$ 及 $\dot{I}$。

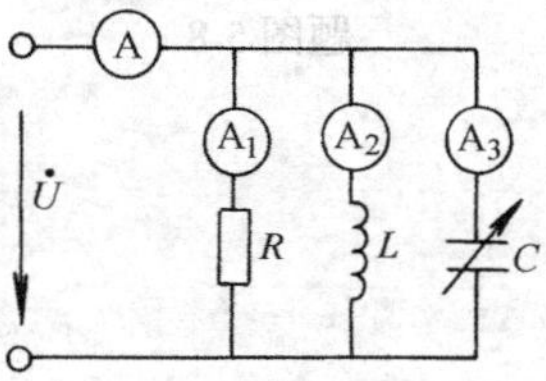

题图 5-3

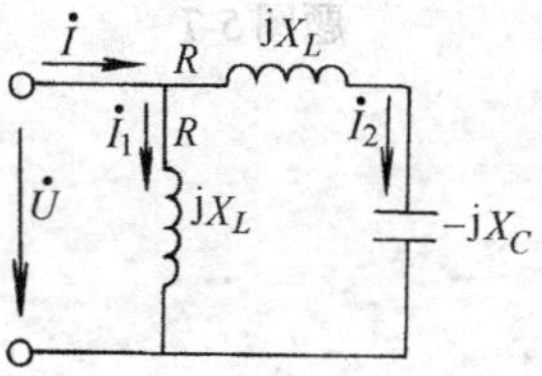

题图 5-4

7-3　如题图 5-5 为一个混联电路。已知：$R_1=6\Omega$，$X_1=10\Omega$，$R_2=29\Omega$，$X_2=50\Omega$，$R_3=15\Omega$，$X_3=26\Omega$，$\dot{U}_{12}=200\angle 0°\text{V}$。

求：(1) 各支路电流。

(2) 各元件上的电压。

(3) 作电流、电压的相量图。

8-1　(1) 求题 7-3 电路中各支路的功率及总功率。

(2) 各支路及总电路的功率因数。

8-2　如题图 5-6 所示，已测得 $U_1=12\text{V}$，$U_2=15\text{V}$，$U=20\text{V}$，电阻 $R=120\Omega$。

求：(1) 阻抗 Z 是什么性质？并算出其功率因数 $\cos\varphi_2$ 及其等效参数。

(2) 功率因数及总功率。

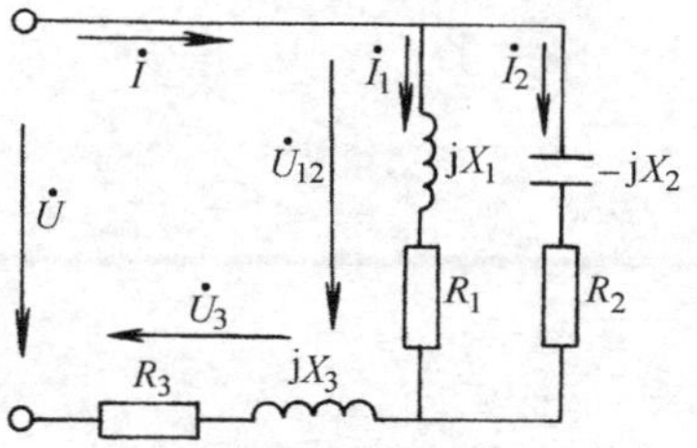

题图 5-5

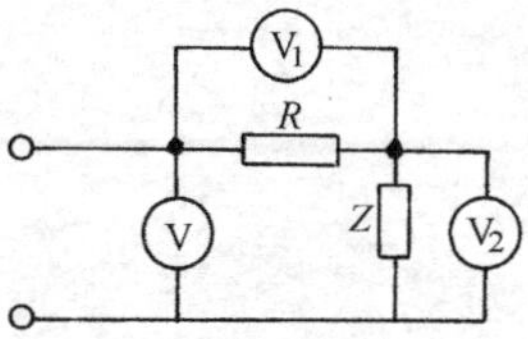

题图 5-6

9-1　某工厂车间使用工频交流电源，电压 $U=220\text{V}$，总有功功率计算值为 $P=250\text{kW}$，功率因数 $\cos\varphi_1=0.65$。今欲将功率因数提高到 $\cos\varphi_2=0.85$，应增设多少补偿容量 Q_C，相应的电容量是多少？

9-2　某车间有 40W、功率因数 $\cos\varphi_a=0.5$ 的荧光灯 100 只；100W、功率因数为 $\cos\varphi_b=1$ 的白炽灯 40 只，并联在 $U=220\text{V}$ 的电源上。

求：(1) 总功率因数 $\cos\varphi_1$ 及电路总电流 I_1。

(2) 欲将总功率因数提高到 $\cos\varphi_2=0.9$ 要并联多少电容量的电容器？此时总电流 I_2 为多少？

10-1　如题图 5-7 所示电路，已知：$\dot{U}_S=120\angle 0°\text{V}$，$X_{C1}=X_{C2}=30\Omega$，$R_3=30\Omega$，$R_L=45\Omega$。用电压源与电流源等效变换方法，将虚线框内电路等效为一个电压源，再求 $I_L=?$

10-2　如题图 5-8 所示电路，已知：$R_1=4\Omega$，$X_{L1}=4\Omega$，$\dot{U}_{S1}=110\angle 0^\circ \mathrm{V}$，$R_2=2\Omega$，$\dot{U}_{S2}=220\angle 30^\circ \mathrm{V}$，$R_3=8\Omega$，$X_{C3}=6\Omega$。此题在课文中用节点电压法计算过，现要求用其他方法重求各支路电流。

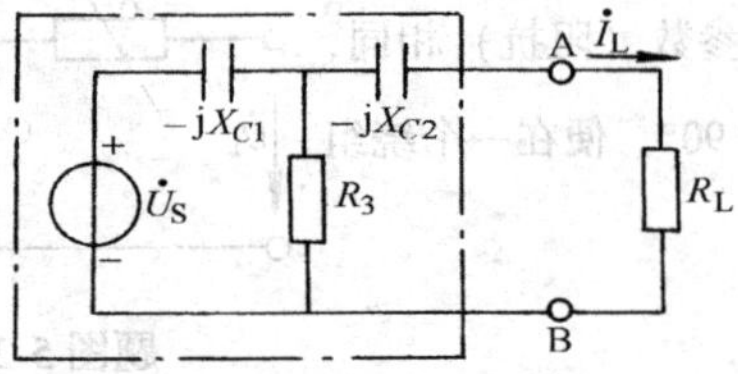

题图 5-7

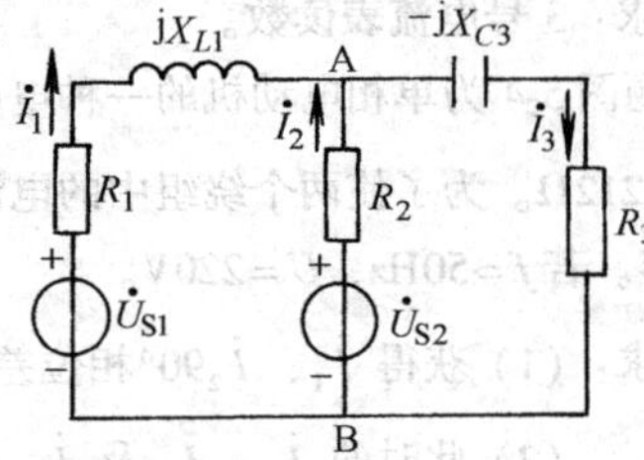

题图 5-8

第六章　三相交流电路

通常对只供给一种电压的交流电路，称为单相交流电路。三相交流电路是由“三相电源”向负载供电的电路。三相交流电，由于它的特殊优点，在工农业生产中得到了广泛的应用。单相交流电可以从三相电路中方便地引出来。

关于三相电路的分析和计算，仍可以用正弦交流电路相量分析法处理。但三相交流电路又有它的特殊规律，掌握了这些规律，可使三相电路的分析与计算得以简化。

第一节　三相交流电源

一、三相交流电动势的产生

三相交流电动势是由三相交流发电机产生的。如图 6-1 所示，在定子圆周的铁心槽中，分别嵌放着三个结构完全相同（几何尺寸、匝数、线径均相同）的线圈 U1U2、V1V2、W1W2，它们在定子圆周上彼此相隔 120°，通常称为三相对称绕组。三相绕组的首端分别用 U1、V1、W1 表示，尾端分别用 U2、V2、W2 表示，称为 U 相、V 相、W 相。转子是一对磁极，磁极上绕有由直流电流励磁的励磁绕组，适当选择磁极面的形状，就可使定转子之间空气间隙中的磁感应强度按正弦规律分布。当转子被原动机拖动沿顺时针方向以角速度 ω 作匀速转动时，三相定子绕组即切割转子磁场而感应出三相交流电动势 e_U、e_V 和 e_W。由于绕组完全对称，因此三相感应电动势最大值相等、频率相同、初相位相差 120°。若以 U 相电动势 e_U 为参考相量，则三相电动势瞬时值表达式为

$$\left.\begin{aligned} e_U &= E_m\sin\omega t \\ e_V &= E_m\sin(\omega t - 120°) \\ e_W &= E_m\sin(\omega t + 120°) \end{aligned}\right\} \tag{6-1}$$

式 (6-1) 中，E_m 为电动势的最大值。三相电动势用相量表示为

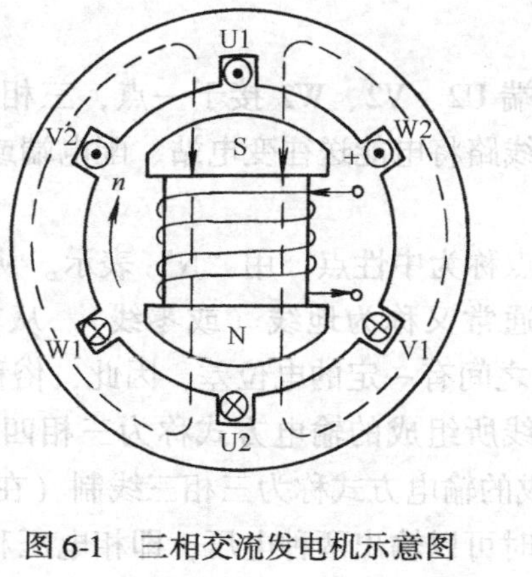

图 6-1　三相交流发电机示意图

$$\left.\begin{aligned}\dot{E}_U &= E\angle 0^\circ \\ \dot{E}_V &= E\angle -120^\circ \\ \dot{E}_W &= E\angle 120^\circ\end{aligned}\right\} \quad (6\text{-}2)$$

这种有效值相等，频率相同、各相之间相位差为120°的三相电动势称为三相对称交流电动势。其波形和相量图如图6-2所示。

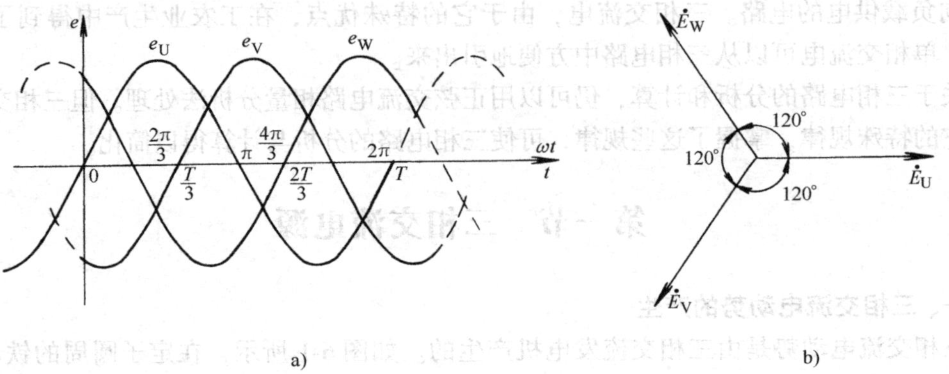

图6-2　三相交流电动势波形与相量图

三相交流电电动势 e、电压 u、或电流 i 到达正最大值（或零值）的次序称为相序。由瞬时值表达式和相量图可见，以 e_U 为参考相量，e_V 滞后于 e_U120°，e_W 又滞后于 e_V120°。如此以U-V-W-U的次序循环的称为“顺序”。若相序变成U-W-V-U称为“逆序”。

发电机产生的三相对称正弦交流电动势，若将它们输出，在各相绕组端便得到三相对称正弦交流电源电压 u_U、u_V、u_W，称为三相对称相电压，瞬时值表达式为

$$\begin{aligned}u_U &= U_m\sin\omega t \\ u_V &= U_m\sin(\omega t-120^\circ) \\ u_W &= U_m\sin(\omega t+120^\circ)\end{aligned}$$

二、三相电源绕组的联结方式

三相发电机的每一相绕组都是独立的电源，均可单独向负载供电，但这样供电需要六根导线。因此，实际上三相电源是按照一定的方式连接之后，再向负载供电的，绕组联结方式有星形联结和三角形联结。

1. 星形（Y）联结

将发电机三相绕组的尾端U2、V2、W2接于一点，三相绕组的首端U1、V1、W1分别与输电线相接，并通过输电线路将电能送往变电站、配电端或用电设备，这种接法称为星形（Y）联结，如图6-3所示。

三相绕组末端相连的一点称为中性点，用“N”表示。从中性点引出的线叫中性线，由于中性线一般与大地相接，通常又称为地线（或零线）。从首端引出的三根导线称为相线（或端线），由于它们与大地之间有一定的电位差，因此，俗称火线。

由三根相线和一根中性线所组成的输电方式称为三相四线制（通常在低压配电系统中采用）。只由三根相线所组成的输电方式称为三相三线制（在高压输电中采用）。

三相电源绕组星形联结时可以输出两种电压，即相电压和线电压。

(1) 相电压　即每相绕组的首端与末端之间的电压（即相线与中性线之间的电压），分别用 $\dot{U}_U$、$\dot{U}_V$、$\dot{U}_W$ 表示。

(2) 线电压　即任意两根相线之间的电压（即相线与相线之间的电压），分别用 $\dot{U}_{UV}$、$\dot{U}_{VW}$、$\dot{U}_{WU}$表示。

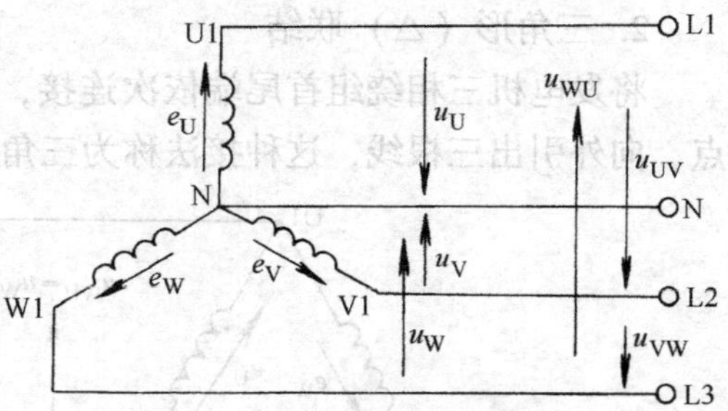

图 6-3　三相电源的星形联结

相电压与线电压的参考方向是这样规定的：相电压的参考方向，例如 $\dot{U}_U$ 是由首端 U1 指向中性点 N；线电压的参考方向，例如 $\dot{U}_{UV}$是由首端 U1 指向首端 V1，如图 6-3 所示。

根据相电压与线电压的定义，$\dot{U}_{UV}$为 U 相电压 $\dot{U}_U$ 与 V 相电压 $\dot{U}_V$ 之间的相量差，同理可得 $\dot{U}_{VW}$、$\dot{U}_{WU}$，即

$$\left.\begin{aligned}\dot{U}_{UV} &= \dot{U}_U - \dot{U}_V \\ \dot{U}_{VW} &= \dot{U}_V - \dot{U}_W \\ \dot{U}_{WU} &= \dot{U}_W - \dot{U}_U\end{aligned}\right\} \tag{6-3}$$

由于三相相电压对称，由式（6-3）可得三相线电压的相量图，如图 6-4 所示。从该图可以推出

$$U_{UV} = 2U_U\cos30°$$

同理可求 U_{VW}、U_{WU}，即

$$\left.\begin{aligned}U_{UV} &= \sqrt{3}U_U \\ U_{VW} &= \sqrt{3}U_V \\ U_{WU} &= \sqrt{3}U_W\end{aligned}\right\} \tag{6-4}$$

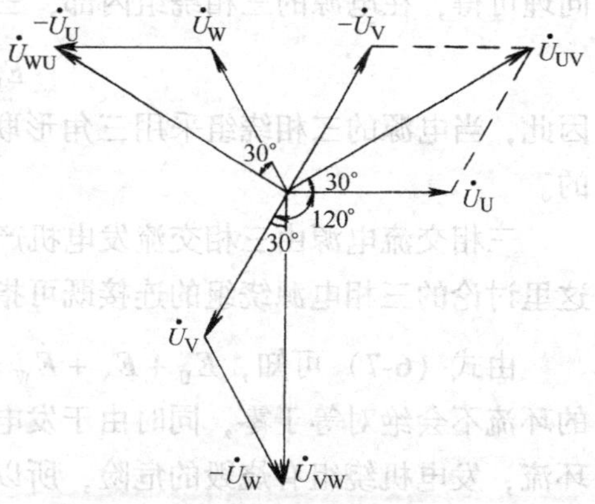

图 6-4　三相电源星形联结相电压、线电压相量图

在工程技术上，一般用 U_L 表示线电压，用 U_P 表示相电压，则式（6-4）可归纳为

$$U_L = \sqrt{3}U_P$$

从图 6-4 还可以看出，线电压的相位超前于对应的相电压 30°，即

$$\left.\begin{aligned}\dot{U}_{UV} &= \sqrt{3}\dot{U}_U \angle 30° \\ \dot{U}_{VW} &= \sqrt{3}\dot{U}_V \angle 30° \\ \dot{U}_{WU} &= \sqrt{3}\dot{U}_W \angle 30°\end{aligned}\right\} \tag{6-5}$$

从上述讨论，可归纳出三相电源绕组星形联结具有如下特点：

1）三相电动势有效值相等，频率相同，各相之间相位差为 120°。

2）相电压和线电压各自对称。

3）线电压是相电压的$\sqrt{3}$倍，且超前于对应的相电压 30°。

2. 三角形（△）联结

将发电机三相绕组首尾端依次连接，如图 6-5a 所示，将三个连接点作为三相电源输出点，向外引出三根线，这种接法称为三角形（△）联结。

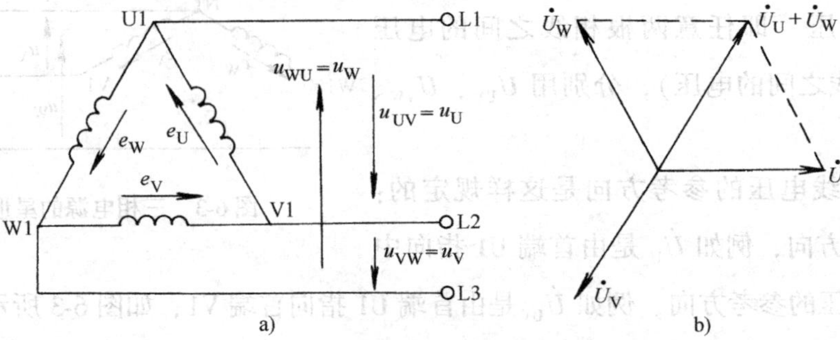

图 6-5　三相电源三角形联结与其相量图

由图 6-5a 可见

$$U_U = U_{UV} \qquad U_V = U_{VW} \qquad U_W = U_{WU}$$

线电压等于相电压，即

$$U_L = U_P$$

相量图如图 6-5b 所示，由相量图可以明显地看出：三个相电压相量和为零，即

$$\dot{U}_U + \dot{U}_V + \dot{U}_W = 0 \tag{6-6}$$

同理可得，在电源的三相绕组内部，三相电动势的相量和也为零，即

$$\dot{E}_U + \dot{E}_V + \dot{E}_W = 0 \tag{6-7}$$

因此，当电源的三相绕组采用三角形联结时，在绕组内部是不会有环路电流（环流）产生的。

三相交流电源由三相交流发电机产生，它通常经过变压器变压后才能输送给用户，因此这里讨论的三相电源绕组的连接既可指三相交流发电机，也可指三相变压器。

由式（6-7）可知，$\dot{E}_U + \dot{E}_V + \dot{E}_W = 0$。而三相绕组绝对的对称很难做到，所以三角形内的环流不会绝对等于零，同时由于发电机绕组阻抗很小，因此，三角形回路如果产生较大的环流，发电机绕组有烧毁的危险，所以发电机绕组一般不采用三角形联结。而变压器绕组由于某种需要有时采用三角形联结。

［**例 6-1**］　当发电机绕组连成星形时，设线电压为 $u_{UV} = \sqrt{2} \times 380\sin(\omega t - 30°)$ V，试写出线电压 u_{VW}、u_{WU} 的瞬时值表达式和相电压 $\dot{U}_U$、$\dot{U}_V$、$\dot{U}_W$。

解：由题知，$\dot{U}_{UV} = 380\angle -30°$V

根据线电压对称可知，$\dot{U}_{VW} = 380\angle -150°$V

$$u_{VW} = \sqrt{2} \times 380\sin(\omega t - 150°)\ \text{V}$$

$$\dot{U}_{WU} = 380\angle 90°\text{V}$$

$$u_{WU} = \sqrt{2} \times 380\sin(\omega t + 90°)\ \text{V}$$

又根据式（6-5）可知

$$\dot{U}_U = \frac{\dot{U}_{UV}}{\sqrt{3}\angle 30°} = \frac{380\angle -30°}{\sqrt{3}\angle 30°}V = 220\angle -60°V$$

同理 $\dot{U}_V = 220\angle 180°V \quad \dot{U}_W = 220\angle 60°V$

第二节　三相负载的星形联结

平时人们所见到的用电器统称为负载，负载按它对电源的要求又分为单相负载和三相负载。单相负载是指只需要单相电源供电的负载，如电灯、电炉、电脑等。三相负载是指需要三相电源供电的负载，如三相异步电动机、大功率空调等。在三相负载中，如果每相负载的电阻、电抗分别相等，这样的负载称为三相对称负载。

在三相电路中，负载的联结方法有两种：星形联结和三角形联结。

一、三相四线制星形联结

它的接线原则与电源的星形联结相仿，即将每相负载的末端U′2、V′2、W′2连成一点（称为中性点）N′，接到三相电源的中性线上；把首端U′1、V′1、W′1分别接到三相电源线上。如图6-6所示，它由三根相线和一根中性线构成，称之为三相四线制连接。每相负载承受的电压称为负载的相电压，参考方向如图6-6所示。

因为三相电源的对称，加在各相负载上的电压大小相等，即

$$U_U = U_V = U_W = U_P = \frac{U_L}{\sqrt{3}}$$

且三相线电压或相电压的相位又互差120°。

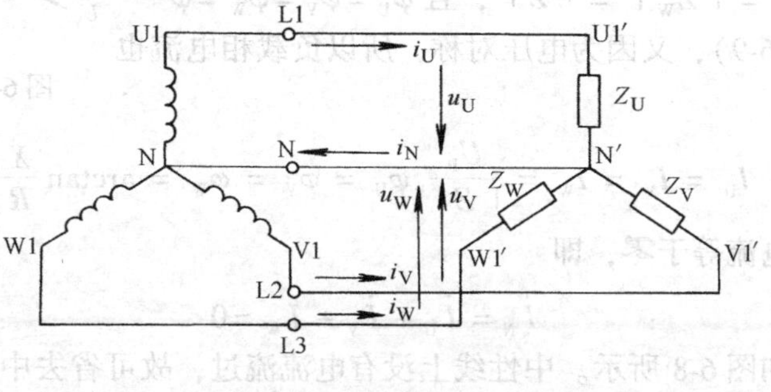

图6-6　三相四线制星形联结

三相电路中的电流有相电流与线电流之分。每相负载中的电流，称为相电流，参考方向与负载的相电压参考方向一致。每根相线中的电流称为线电流，参考方向如图6-6所示。

设电源相电压 $\dot{U}_U$ 为参考相量，则

$$\dot{U}_U = U_P\angle 0° \quad \dot{U}_V = U_P\angle -120° \quad \dot{U}_W = U_P\angle 120°$$

忽略输电线上的阻抗压降，负载各相电压即为电源各相电压，于是每相负载中的电流分别为

$$\dot{I}_U = \frac{\dot{U}_U}{Z_U} = \frac{U_P\angle 0°}{|Z_U|\angle \varphi_U} = I_U\angle -\varphi_U$$

$$\dot{I}_V = \frac{\dot{U}_V}{Z_V} = \frac{U_P \angle -120^\circ}{|Z_V| \angle \varphi_V} = I_V \angle -120^\circ - \varphi_V$$

$$\dot{I}_W = \frac{\dot{U}_W}{Z_W} = \frac{U_P \angle 120^\circ}{|Z_W| \angle \varphi_W} = I_W \angle 120^\circ - \varphi_W$$

式中，各相负载中电流有效值分别为

$$I_U = \frac{U_U}{|Z_U|}, I_V = \frac{U_V}{|Z_V|}, I_W = \frac{U_W}{|Z_W|} \tag{6-8}$$

各相负载的电压与电流之间的相位差为

$$\left.\begin{aligned} \varphi_U &= \arctan\frac{X_U}{R_U} \\ \varphi_V &= \arctan\frac{X_V}{R_V} \\ \varphi_W &= \arctan\frac{X_W}{R_W} \end{aligned}\right\} \tag{6-9}$$

中性线上的电流根据基尔霍夫电流定律可知

$$\dot{I}_N = \dot{I}_U + \dot{I}_V + \dot{I}_W$$

电压和电流的相量图如图6-7所示（设三相负载为不对称感性负载）。

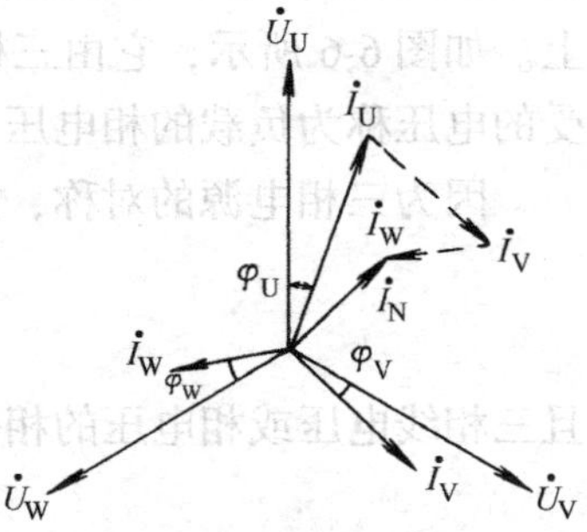

图6-7 电压电流相量图

二、三相三线制星形联结

若三相负载对称 $Z_U = Z_V = Z_W$

即 $|Z_U| = |Z_V| = |Z_W| = |Z|$，且 $\varphi_U = \varphi_V = \varphi_W = \varphi$

由式（6-8）和式（6-9），又因为电压对称，所以负载相电流也是对称的，即

$$I_U = I_V = I_W = \frac{U_P}{|Z|}, \varphi_U = \varphi_V = \varphi_W = \arctan\frac{X}{R}$$

因此，这时中性线电流等于零，即

$$\dot{I}_N = \dot{I}_U + \dot{I}_V + \dot{I}_W = 0$$

电流的相量图如图6-8所示。中性线上没有电流流过，故可省去中性线，此时并不影响三相电路的工作，各相负载的相电压仍为对称的电源相电压。对称负载星形联结的三相三线制电路，如图6-9所示。生产上常用的三相异步电动机、三相电阻炉等都是三相对称负载。

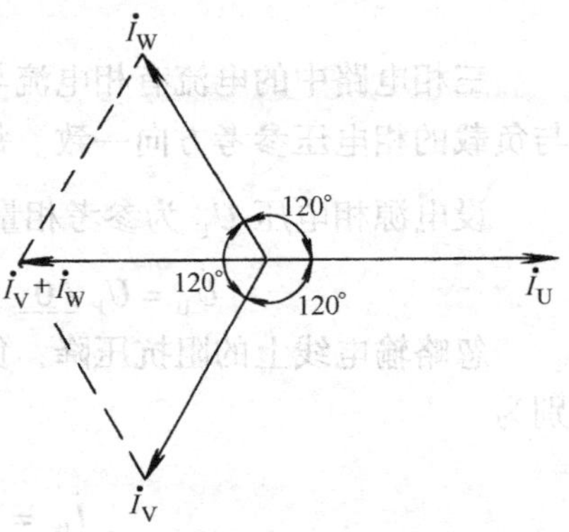

图6-8 三相对称负载电流相量图

在工程技术上，一般用 I_L 表示线电流，用 I_P 表示相电流，由上面分析可知，负载为星形联结时，相电流即为线电流，即 $I_P = I_L$。

[例6-2] 如图6-6所示，三相负载的三相四线制星形联结中，电源电压对称，相电压 $\dot{U}_U = 220\angle 0^\circ$V，负载为电灯组，分别为 $Z_U = 5\Omega$，$Z_V = 10\Omega$，$Z_W = 20\Omega$。试

求负载各相电压、负载各相电流及中性线电流。电灯的额定电压为220V。

解：三相四线制星形联结中，负载相电压等于电源相电压，也是对称的，其有效值为220V。

由题知 $\dot{U}_U = 220\angle 0°V$，$\dot{U}_V = 220\angle -120°V$，$\dot{U}_W = 220\angle 120°V$，则负载各相电流

$$\dot{I}_U = \frac{\dot{U}_U}{Z_U} = \frac{220\angle 0°V}{5\Omega} = 44\angle 0°A$$

$$\dot{I}_V = \frac{\dot{U}_V}{Z_V} = \frac{220\angle -120°V}{10\Omega} = 22\angle -120°A$$

$$\dot{I}_W = \frac{\dot{U}_W}{Z_W} = \frac{220\angle 120°V}{20\Omega} = 11\angle 120°A$$

中性线电流

$$\begin{aligned}\dot{I}_N &= \dot{I}_U + \dot{I}_V + \dot{I}_W = (44\angle 0° + 22\angle -120° + 11\angle 120°)A \\ &= [44 + (-11 - j18.9) + (-5.5 + j9.45)]A \\ &= (27.5 - j9.45)A = 29.1\angle -19°A\end{aligned}$$

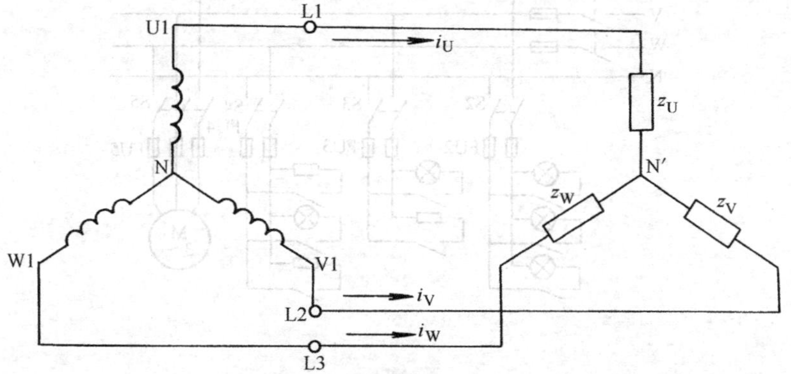

图6-9 对称负载星形联结的三相三线制电路

[例6-3] 如图6-9所示三相负载的三相三线制星形联结，每相负载 $R = 6\Omega$，感抗 $X_L = 8\Omega$，电源电压对称 $u_{UV} = \sqrt{2}\times 380\sin(\omega t + 30°)$ V，试求负载各相电流 $\dot{I}_U$、$\dot{I}_V$ 和 $\dot{I}_W$。

解：因为 $\dot{U}_{UV} = 380\angle 30°V$

根据电源线电压与相电压之间的关系，由式（6-5）可知

$$\dot{U}_U = 220\angle 0°V，\dot{U}_V = 220\angle -120°V，\dot{U}_W = 220\angle 120°V$$

由题知 $Z_U = Z_V = Z_W = R + jX_L = (6 + j8)\ \Omega$

则

$$\dot{I}_U = \frac{\dot{U}_U}{Z_U} = \frac{220\angle 0°}{10\angle 53.1°} = 22\angle -53°A$$

因为三相电流对称，其他两相电流则为

$$\dot{I}_V = 22\angle -173°A$$

$$\dot{I}_W = 22\angle 67°A$$

三、三相不对称负载星形联结时中性线的作用

负载的星形联结中，如果三相负载不对称，则三相负载电流亦不对称，三个相电流的相量和不为零，中性线上有电流通过，此时星形联结只能用三相四线制，中性线不能省去。因为如果此时断开中性线，各相负载的电压就不再对称，使负载无法正常工作，甚至会造成严重事故，所以在不对称负载的星形联结中，中性线非常重要，它可以使三相不对称负载相电压对称，各相用电设备正常运行。因此为确保中性线的可靠工作，中性线上（指干线）是不允许安装开关或熔断器的，并要有良好的接地。

另外，三相四线制供电实际上就是电源每一相单独对负载每一相供电，故可以保证在每相负载不对称时，各相负载端电压不变，从而使负载正常工作，甚至在某一相发生故障时，也不至于影响其他两相的正常工作。

在连接三相负载时，应尽量使负载平衡，以减小中性线电流，使中性线电流比相电流小，因此，输电干线上中性线截面积比相线截面积小，而支线上中性线与相线截面积相等。图 6-10 所示为三相四线制供电线路实例。

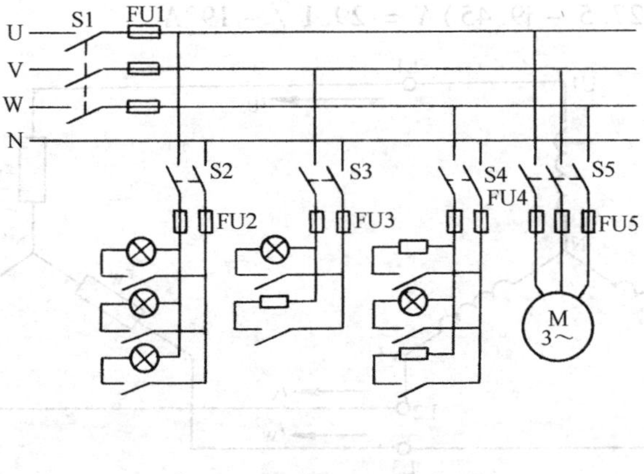

图 6-10　三相四线制供电线路实例

[例 6-4]　在例 6-2 中，（1）U 相断路时；（2）U 相断路而中性线也断开时（见图 6-11），试求各相负载上的电压。

解：（1）U 相断路时，由于有中性线的存在，V 相和 W 相负载电压仍为电源相电压，不受影响，即 V 相和 W 相仍然正常工作。

（2）U 相断路而中性线也断开时，如图 6-11 所示，此时电路已成为单相电路，即 V 相和 W 相串联接在线电压 U_{VW} = 380V 的电源上，两相电流相同，但两相电压不同。

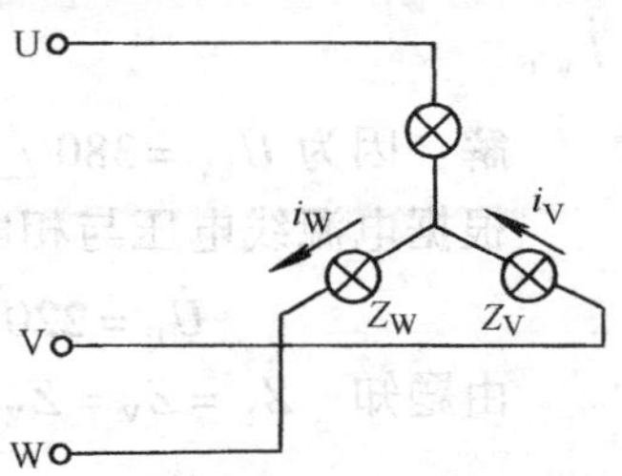

图 6-11　例 6-4 图

$$U_V' = \frac{|Z_V|}{|Z_V| + |Z_W|}U_{VW} = \frac{10}{10+20} \times 380\text{V} = 126.7\text{V}$$

$$U_W' = \frac{|Z_W|}{|Z_V| + |Z_W|}U_{VW} = \frac{20}{10+20} \times 380\text{V} = 253.3\text{V}$$

由于 V 相阻抗比 W 相阻抗小，则其相电压 U_V' = 126.7V 低于电灯的额定电压 220V，而 W 相的相电压 U_W' = 253.3V 高于电灯的额定电压 220V，负载不能正常工作，进一步说明了中性线的重要性。

第三节　三相负载的三角形联结

图 6-12 所示为负载的三角形联结。此图没有画出对称三相电源，这里只需要三根端线（相线），采用三相三线制供电，也只能获取三相电源的线电压。

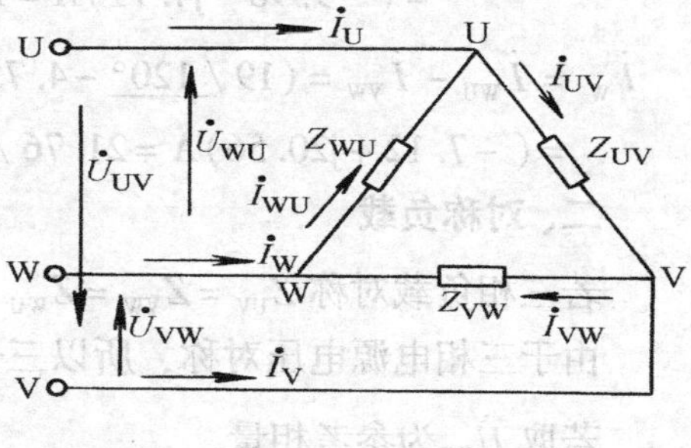

图 6-12　三相负载的三角形联结

一、一般情况

图 6-12 中已标出电路电压与电流的参考方向。

负载中的电流称为“相电流”，如 $\dot I_{UV}$，$\dot I_{VW}$，$\dot I_{WU}$。

由电源至负载线路中的电流称为“线电流”，如 $\dot I_U$、$\dot I_V$、$\dot I_W$。当电源电压（$\dot U_{UV}$、$\dot U_{VW}$、$\dot U_{WU}$）和三相阻抗（Z_{UV}、Z_{VW}、Z_{WU}）已知时，可用欧姆定律先算出相电流

$$\left.\begin{aligned}\dot I_{UV} &= \frac{\dot U_{UV}}{Z_{UV}}\\ \dot I_{VW} &= \frac{\dot U_{VW}}{Z_{VW}}\\ \dot I_{WU} &= \frac{\dot U_{WU}}{Z_{WU}}\end{aligned}\right\} \tag{6-10}$$

再根据基尔霍夫电流定律算出线电流

$$\left.\begin{aligned}\dot I_U &= \dot I_{UV} - \dot I_{WU}\\ \dot I_V &= \dot I_{VW} - \dot I_{UV}\\ \dot I_W &= \dot I_{WU} - \dot I_{VW}\end{aligned}\right\} \tag{6-11}$$

由式（6-11）可知，线电流等于相关联的两个相电流的相量差（请注意下脚字母的顺序）。

[例 6-5]　有三只单相电阻负载（如电阻炉），$Z_{UV}=50\Omega$，$Z_{VW}=80\Omega$，$Z_{WU}=20\Omega$，额定电压为 380V，现接成三角形，由线电压为 380V 的对称三相电源供电，如图 6-12 所示，求各相电流及线电流。

解：取 $\dot U_{UV}$ 为参考相量，$\dot U_{UV}=380\angle 0^\circ V$，$\dot U_{VW}=380\angle -120^\circ V$，$\dot U_{WU}=380\angle 120^\circ V$。由式（6-10）三个相电流分别为

$$\dot I_{UV} = \frac{\dot U_{UV}}{Z_{UV}} = \frac{380\angle 0^\circ V}{50\Omega} = 7.6\angle 0^\circ A$$

$$\dot I_{VW} = \frac{\dot U_{VW}}{Z_{VW}} = \frac{380\angle -120^\circ V}{80\Omega} = 4.75\angle -120^\circ A$$

$$\dot I_{WU} = \frac{\dot U_{WU}}{Z_{WU}} = \frac{380\angle 120^\circ V}{20\Omega} = 19\angle 120^\circ A$$

由式（6-11），三个线电流分别为

$$\dot{I}_U = \dot{I}_{UV} - \dot{I}_{WU} = (7.6\angle 0° - 19\angle 120°)\text{A} = [7.6 - (-9.5 + j16.45)]\text{A}$$
$$= (17.1 - j16.45)\text{A} = 23.73\angle -43.9°\text{A}$$

$$\dot{I}_V = \dot{I}_{VW} - \dot{I}_{UV} = (4.75\angle -120° - 7.6\angle 0°)\text{A} = (-2.38 - j4.11 - 7.6)\text{A}$$
$$= (-9.98 - j4.11)\text{A} = 10.79\angle -157.6°\text{A}$$

$$\dot{I}_W = \dot{I}_{WU} - \dot{I}_{VW} = (19\angle 120° - 4.75\angle -120°)\text{A} = [-9.5 + j16.45 - (-2.38 - j4.11)]\text{A}$$
$$= (-7.12 + j20.56)\text{A} = 21.76\angle 109.1°\text{A}$$

二、对称负载

若三相负载对称 $Z_{UV} = Z_{VW} = Z_{WU} = Z = |Z|\angle\varphi$

由于三相电源电压对称，所以三个相电流也对称。

若取 $\dot{U}_{UV}$为参考相量

$$\dot{U}_{UV} = U_L\angle 0°\text{V}$$
$$\dot{U}_{VW} = U_L\angle -120°\text{V}$$
$$\dot{U}_{WU} = U_L\angle 120°\text{V}$$

则各相电流分别为

$$\left.\begin{aligned}\dot{I}_{UV} &= \frac{\dot{U}_{UV}}{Z} = \frac{U_L}{|Z|}\angle -\varphi \\ \dot{I}_{VW} &= \frac{\dot{U}_{VW}}{Z} = \frac{U_L}{|Z|}\angle -120° - \varphi \\ \dot{I}_{WU} &= \frac{\dot{U}_{WU}}{Z} = \frac{U_L}{|Z|}\angle 120° - \varphi\end{aligned}\right\} \tag{6-12}$$

式（6-12）是一组对称相量。

三个线电流仍可按式（6-11）求得，并根据式（6-11）作出相量图，如图 6-13（设负载为感性负载）所示，可见，线电流也是对称的，且线电流是相电流的$\sqrt{3}$倍，在相位上线电流比相应的相电流滞后 30°，可由式（6-11）写出，即

$$\left.\begin{aligned}\dot{I}_U &= \dot{I}_{UV} - \dot{I}_{WU} = \sqrt{3}\dot{I}_{UV}\angle -30° \\ \dot{I}_V &= \dot{I}_{VW} - \dot{I}_{UV} = \sqrt{3}\dot{I}_{VW}\angle -30° \\ \dot{I}_W &= \dot{I}_{WU} - \dot{I}_{VW} = \sqrt{3}\dot{I}_{WU}\angle -30°\end{aligned}\right\} \tag{6-13}$$

由上述讨论可知，对称三角形负载中：

1）各相电流对称，各线电流亦对称。

2）线电流是相电流的$\sqrt{3}$倍，即 $I_L = \sqrt{3}I_P$。

3）线电流比相应的相电流滞后 30°。

[例 6-6]　某三相对称阻抗接成三角形，其各相电阻 $R = 8\Omega$，感抗 $X_L = 6\Omega$，接在线电压为 380V 的对称电源上，求各相电流及线电流。

解：取 $\dot{U}_{UV} = 380\angle 0°\text{V}$

每相阻抗 $Z = R + \mathrm{j}X_L =$ （$8 + \mathrm{j}6$）$\Omega = 10 \angle 37^\circ \Omega$

则相电流 $\dot{I}_{UV} = \dfrac{\dot{U}_{UV}}{Z} = \dfrac{380\angle 0^\circ \mathrm{V}}{10\angle 37^\circ \Omega} = 38\angle -37^\circ \mathrm{A}$

根据对称关系，可得 $\dot{I}_{VW} = 38\angle -157^\circ \mathrm{A}$

$\dot{I}_{WU} = 38\angle 83^\circ \mathrm{A}$

由式（6-13）可得 $\dot{I}_U = \sqrt{3} \times 38\angle -67^\circ \mathrm{A}$

$\dot{I}_V = \sqrt{3} \times 38\angle 173^\circ \mathrm{A}$

$\dot{I}_W = \sqrt{3} \times 38\angle 53^\circ \mathrm{A}$

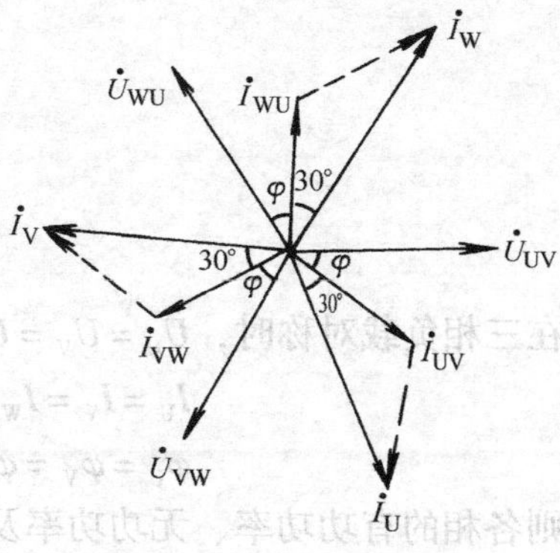

图 6-13　三相对称负载（感性）三角形联结电流、电压相量图

[例 6-7]　在电源线电压 $U_L = 380\mathrm{V}$ 的三相对称负载中，将三只 $R = 55\Omega$ 的电阻接成（1）星形；（2）三角形，试分别求两种接法时的线电流。

解：（1）星形联结时，负载相电压 $U_P = \dfrac{U_L}{\sqrt{3}} = \dfrac{380\mathrm{V}}{\sqrt{3}} \approx 220\mathrm{V}$

线电流 I_{YL} 等于负载相电流 I_{YP}

$$I_{YL} = I_{YP} = \frac{U_P}{R} = \frac{220\mathrm{V}}{55\Omega} = 4.0\mathrm{A}$$

（2）三角形联结时，负载相电压 U_P 等于电源线电压 U_L

$$U_P = U_L = 380\mathrm{V}$$

负载相电流 $I_{\Delta P} = \dfrac{U_P}{R} = \dfrac{380\mathrm{V}}{55\Omega} \approx 6.9\mathrm{A}$

线电流 $I_{\Delta L} = \sqrt{3} I_{\Delta P} = \sqrt{3} \times 6.9\mathrm{A} \approx 12\mathrm{A}$

在相同的电源电压作用下，对称负载作三角形联结时的线电流是星形联结时线电流的 3 倍。这是一个重要的结论。

第四节　三相电路的功率

一、三相功率

三相交流电路是三个单相交流电路的组合，因此，不论三相负载采用何种连接方式或三相负载对称与否，三相交流电路的有功功率为

$$P = P_U + P_V + P_W$$

三相交流电路的无功功率为

$$Q = Q_U + Q_V + Q_W$$

三相交流电路的视在功率为

$$S = \sqrt{P^2 + Q^2}$$

式中，P_U、P_V、P_W、Q_U、Q_V、Q_W 分别为每一相的有功功率和无功功率，即

$$P_U = U_U I_U \cos\varphi_U$$

$$P_V = U_V I_V \cos\varphi_V$$
$$P_W = U_W I_W \cos\varphi_W$$
$$Q_U = U_U I_U \sin\varphi_U$$
$$Q_V = U_V I_V \sin\varphi_V$$
$$Q_W = U_W I_W \sin\varphi_W$$

在三相负载对称时，$U_U = U_V = U_W = U_P$

$$I_U = I_V = I_W = I_P$$
$$\varphi_U = \varphi_V = \varphi_W = \varphi$$

则各相的有功功率、无功功率及视在功率均分别相等，因此

$$\left.\begin{aligned} P &= 3U_P I_P \cos\varphi \\ Q &= 3U_P I_P \sin\varphi \\ S &= 3U_P I_P \end{aligned}\right\} \tag{6-14}$$

当负载星形联结时，$U_P = \dfrac{U_L}{\sqrt{3}}$，$I_P = I_L$

代入式（6-14）中可得

$$P = 3U_P I_P \cos\varphi = 3 \times \frac{U_L}{\sqrt{3}} I_L \cos\varphi = \sqrt{3} U_L I_L \cos\varphi$$

当负载三角形联结时，$U_P = U_L$，$I_P = \dfrac{I_L}{\sqrt{3}}$

代入式（6-14）中可得

$$P = 3U_P I_P \cos\varphi = 3 \times U_L \times \frac{I_L}{\sqrt{3}} \cos\varphi = \sqrt{3} U_L I_L \cos\varphi$$

三相对称负载不论是星形联结或三角形联结，其总的有功功率统一写成

$$P = \sqrt{3} U_L I_L \cos\varphi \tag{6-15}$$

同理，可得到无功功率和视在功率分别为

$$Q = \sqrt{3} U_L I_L \sin\varphi \tag{6-16}$$
$$S = \sqrt{3} U_L I_L \tag{6-17}$$

式（6-15）、式（6-16）、式（6-17）中，U_L 为线电压；I_L 为线电流；φ 为功率因数角。

二、三相对称负载瞬时功率的研究

尽管在分析计算中很少用到瞬时功率，但三相对称负载的瞬时功率之和有一特点，现分析如下：

设 U 相电压、电流瞬时值表达式为

$$u_U = U_m \sin\omega t$$
$$i_U = I_m \sin（\omega t - \varphi）$$

由对称条件可知 V 相和 W 相电压、电流瞬时值表达式为

$$u_V = U_m \sin（\omega t - 120°）$$
$$i_V = I_m \sin（\omega t - 120° - \varphi）$$

$$u_W = U_m \sin(\omega t + 120°)$$

$$i_W = I_m \sin(\omega t + 120° - \varphi)$$

三相瞬时功率之和为：$p = p_U + p_V + p_W = u_U i_U + u_V i_V + u_W i_W$

将瞬时电压和电流代入上式进行演算（略）。演算过程中出现

$\cos(2\omega t - \varphi) + \cos(2\omega t - 120° - \varphi) + \cos(2\omega t + 120° - \varphi) = 0$

因此最后得到

$$p = \frac{3}{2} U_m I_m \cos\varphi = 3 U_P I_P \cos\varphi = P$$

三相对称负载中三相瞬时功率之和是一个不随时间变化的恒定值，且恰好等于三相负载的有功功率。这是三相电路的优点之一，给三相旋转机械（发电机、电动机）带来很大的好处。功率恒定，所产生的转矩也恒定，避免了旋转机械因转矩的变化而引起的机械振动。

[例 6-8] 有一对称三相负载，$Z = (3 + j4)\ \Omega$，分别将其接成星形和三角形，接在线电压 $U_L = 380V$ 的对称电源上，如图 6-14 所示，试求两种连接时的有功功率。

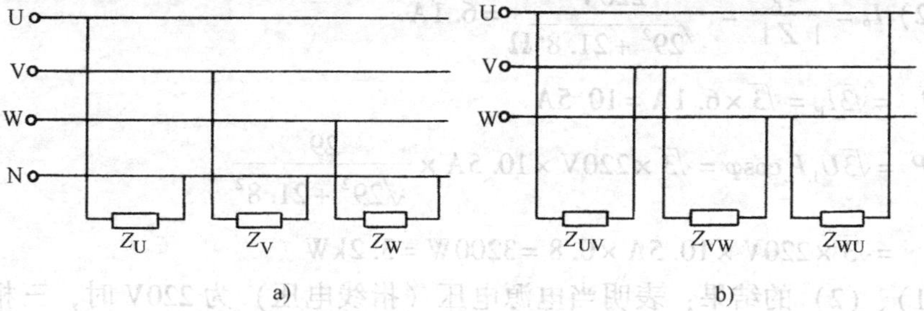

图 6-14 例 6-8 图

a）星形联结 b）三角形联结

解：(1) 负载作星形联结时，负载相电压为

$$U_{YP} = \frac{U_L}{\sqrt{3}} = \frac{380V}{\sqrt{3}} \approx 220V$$

各相负载阻抗为 $Z = (3 + j4)\ \Omega = 5\angle 53°\Omega$

负载各相电流 $I_{YP} = \frac{U_{YP}}{|Z|} = \frac{220V}{5\Omega} = 44A$

星形联结时 $I_{YL} = I_{YP} = 44A$

各相负载功率因数 $\lambda = \cos\varphi = \frac{R}{|Z|} = \frac{3}{5} = 0.6$

三相负载总有功功率为

$$P_Y = \sqrt{3} U_{YL} I_{YL} \cos\varphi = \sqrt{3} \times 380 \times 44 \times 0.6W = 17.36kW$$

(2) 负载作三角形联结时，负载相电压 $U_{\Delta P}$ 等于电源线电压 U_L，即 $U_{\Delta P} = U_L = 380V$

负载相电流 $I_{\Delta P} = \frac{U_{\Delta P}}{|Z|} = \frac{U_L}{|Z|} = \frac{380V}{5\Omega} = 76A$

三角形联结时 $I_{\Delta L} = \sqrt{3} I_{\Delta P} = \sqrt{3} \times 76A \approx 131.5A$

三相负载总功率为

$$P_\Delta = \sqrt{3} U_{\Delta L} I_{\Delta L} \cos\varphi = \sqrt{3} \times 380 \times 131.5 \times 0.6W = 51.87kW$$

同一电源电压作用下，负载作三角形联结时的有功功率 P_Δ 是星形联结时的有功功率 P_Y 的3倍，这是因为三角形联结时的线电流是星形联结时的线电流的3倍。对于无功功率和视在功率有相同的结论。

[例6-9] 有一三相对称负载，每相的电阻 $R=29\Omega$，感抗 $X_L=21.8\Omega$，试求在下列两种情况下负载的相电流、线电流以及从电源输入的功率，并比较所得结果。(1) 三相对称负载连成星形接于 $U_L=380V$ 的三相电源上；(2) 三相对称负载连成三角形接于 $U_L=220V$ 的三相电源上。

解：(1) $I_P=\dfrac{U_P}{|Z|}=\dfrac{220V}{\sqrt{29^2+21.8^2}\Omega}=6.1A$

$$P=\sqrt{3}U_LI_L\cos\varphi=\sqrt{3}\times380V\times6.1A\times\frac{29}{\sqrt{29^2+21.8^2}}$$

$$=\sqrt{3}\times380V\times6.1A\times0.8=3200W=3.2kW$$

(2) $I_P=\dfrac{U_P}{|Z|}=\dfrac{220V}{\sqrt{29^2+21.8^2}\Omega}=6.1A$

$$I_L=\sqrt{3}I_P=\sqrt{3}\times6.1A=10.5A$$

$$P=\sqrt{3}U_LI_L\cos\varphi=\sqrt{3}\times220V\times10.5A\times\frac{29}{\sqrt{29^2+21.8^2}}$$

$$=\sqrt{3}\times220V\times10.5A\times0.8=3200W=3.2kW$$

比较 (1)、(2) 的结果：表明当电源电压（指线电压）为220V时，三相负载连成三角形；当电源电压为380V时，三相负载连成星形。在两种联结法中，相电压、相电流及功率都未改变，仅线电流在 (2) 的情况下增大为在 (1) 的情况下的 $\sqrt{3}$ 倍。

阅读与应用五　电流对人体的伤害

一、人体的电阻

人体电阻不是一个固定数值，由于皮肤干燥和潮湿的程度不同，人体的电阻可在几百欧到几千欧之间变化。

二、电流对人体的伤害

人体是导体，能够传导电流，而且人体对电流是很敏感的，人体触电时，电流对人体的伤害程度与人体的电阻、通过人体电流的大小、电压的高低和电流的频率、触电时间等有关。

通过大量的实践得出下面的规律：人体上通过1mA、50Hz交流电流或5mA直流电流时，就有麻、痛的感觉。但通过10mA左右的电流自己尚能摆脱电源。若通过50Hz、20～25mA交流电流时，则感到麻木、巨痛，且不能自己摆脱电源。超过50mA，就很危险了。若有50Hz、100mA交流电流通过人体，则会造成呼吸窒息，心脏停止跳动，直到死亡。

人体触电之后，除通过人体电流的大小对人产生不同的危害作用之外，触电时间的长短，对人的危害程度也有很大的影响。触电电流越大，时间越长，对人的危害也越大。因此，人体触电后的危害程度取决于触电电流与触电时间的乘积，当电流和时间的乘积超过了

50mA·s后，就有可能造成生命危险。

三、安全电压

触电伤亡的直接原因，虽然不是由于电压而是由于电流，但在制定安全措施时，应规定出安全电压，在一般情况下，通过人体的电流在30mA以下时被认为是安全的。当电流在30mA，由人体的电阻情况安全电压应在50V以下。实践证明，电压为36V时，一般不会引起严重后果。因此，人们通常把36V及36V以下的电压视为安全电压。但由于人体触电时的接触状态不同，因此决不能认为36V的电压就是安全电压。例如，在游泳池中或人体大部分浸于水中状态下，其安全电压为2.5V以下；在湿度很大的地方，或人体显著淋湿以及电气装置外壳表面潮湿状态下，其安全电压为25V以下。

四、增强安全用电意识

随着科学技术的发展，无论是工农业生产，或是日常生活，对电能的应用越来越广泛，因此，安全用电十分重要。增强安全用电意识，懂得安全用电常识，才能从事电气操作，避免发生触电事故，以保护人身和设备的安全。

本章小结

本章主要讨论了三相交流电路中电压、电流及功率的计算，主要内容是：

一、三相交流电源

1. 三相交流发电机产生三相交流对称电动势（最大值相等、频率相同、相位互差120°），输出的三相端电压也是对称的，且相电压最大值或有效值保持恒定，与负载无关。

2. 三相电源有两种联结方法，一种是星形联结的三相四线制，它能提供相电压和线电压两种电源电压；当三相负载对称时，中性线无电流，这时中性线可省去。另一种是三角形联结的三相三线制。

二、三相负载

1. 三相负载有星形联结和三角形联结，采用的接法应使每相负载的电压等于其额定电压。在三相四线制供电系统中，中性线起着至关重要的作用，不能去掉，以稳定三相电压不变。

2. 当三相负载对称时，其相电压、相电流也对称，所以只需计算一相的电压、电流，其余两相的电压、电流可依对称关系得到。

3. 三相负载按星形或三角形联结，负载对称或不对称时，要清楚线电压（电流）、相电压（电流）之间的关系。

三、三相电路的功率

三相负载的总有功功率P、无功功率Q分别是三相负载有功功率、无功功率之和。视在功率$S=\sqrt{P^2+Q^2}$，负载为三相对称负载时，$P=\sqrt{3}U_L I_L\cos\varphi$（$\varphi$是每相功率因数角），$Q=\sqrt{3}U_L I_L\sin\varphi$以及$S=\sqrt{P^2+Q^2}$或$S=\sqrt{3}U_L I_L$（对负载星形或三角形联结均适用。）

思考题与习题六

1-1　三相对称电动势和三相对称电压的特点是什么？

1-2　三相四线制电源中，什么是相电压和线电压？它们之间有什么关系？

1-3　在电源采用三相四线制输电时，若已知线电压 $u_{UV}=\sqrt{2}\times 380\sin\omega t\mathrm{V}$，试写出该系统相电压 u_U、u_V、u_W 及 u_{VW}、u_{WU} 的表达式，并画出它们的相量图。

1-4　当三相电源按三角形方式连接时，三相绕组构成闭合回路，三相电动势能否在该闭合回路中产生环流？为什么？若其中一相绕组首尾接反，后果如何？

1-5　取 $\dot{U}_U$ 为参考相量，电源三相绕组按顺序接成星形，$\dot{U}_U=U\angle 0°\mathrm{V}$。

（1）正确接法时，写出 $\dot{U}_V$、$\dot{U}_W$、$\dot{U}_{UV}$、$\dot{U}_{VW}$、$\dot{U}_{WU}$ 的表达式。

（2）若 V 相绕组接反了，各相电压与线电压又将怎样？试绘两种情况下的相量图。

2-1　几个单相负载分别接入三相四线制供电系统的三个相上。已知：$Z_U=(3+\mathrm{j}4)\ \Omega$，$Z_V=10\angle -30°\Omega, Z_W=22\Omega$。对称电源的线电压中 $\dot{U}_{VW}=380\angle 0°\mathrm{V}$。求：各相负载中的电流、中线电流，并绘出电流、电压相量图。

2-2　三相对称负载 $Z_U=Z_V=Z_W=Z=(8-\mathrm{j}6)\ \Omega$，星形联结接入三相对称工频交流电源，已知 $\dot{U}_{VW}=380\angle 0°\mathrm{V}$。求 i_U、i_V、i_W，并绘出相量图。

2-3　一组星形联结的三相对称负载，接在星形联结的三相对称电源上，若已知 $\dot{U}_{UV}=380\angle 30°\mathrm{V}$，$\dot{I}_V=10\angle -75°\mathrm{A}$。求负载阻抗及其等效电阻和电抗（并指出电抗的性质）。

2-4　三相四线制照明负载，已知各相等效电阻值为 $Z_U=10\Omega$，$Z_V=20\Omega$，$Z_W=40\Omega$。

电源对称 $\dot{U}_U=220\angle 10°\mathrm{V}$。求下列两种情况下各相电流及中线电流。

（1）有中线，U 相断路。

（2）有中线，V 相短路。

3-1　有一组三角形联结的三相对称负载，如果已知 V 相的电流相量 $\dot{I}_{VW}=5\angle 10°\mathrm{A}$，求：$\dot{I}_{UV}$、$I_{WU}$ 及线电流 $\dot{I}_U$、$\dot{I}_V$、$\dot{I}_W$。

3-2　三相对称负载，$Z=9\angle 30°\Omega$，分别接成三角形、星形时，如果接到相电压 $\dot{U}_U=220\angle 10°\mathrm{V}$ 的三相对称电源上（电路图要求自己画出）。

求：（1）各相电流相量。

（2）各线电流相量。

（3）绘相量图。

3-3　如题图 6-1 所示，当开关 S 闭合时，各电流表读数相等，均为 $I_L=3.8\mathrm{A}$；若将 S 断开后，各电流表读数将变成多少？

3-4　如题图 6-2 所示，不对称三相负载接成三角形。已知：$R=X_L=X_C=10\Omega$，对称三相电源线电压 $\dot{U}_{UV}=220\angle 0°\mathrm{V}$，试在电路图上标出电流、电压的参考方向后，求各相及各线电流相量。

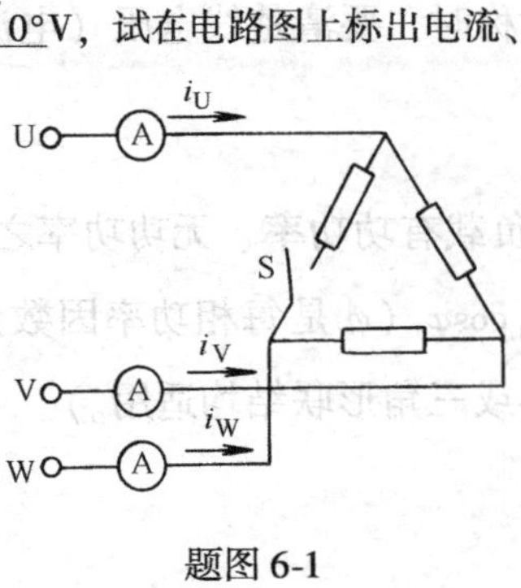

题图 6-1

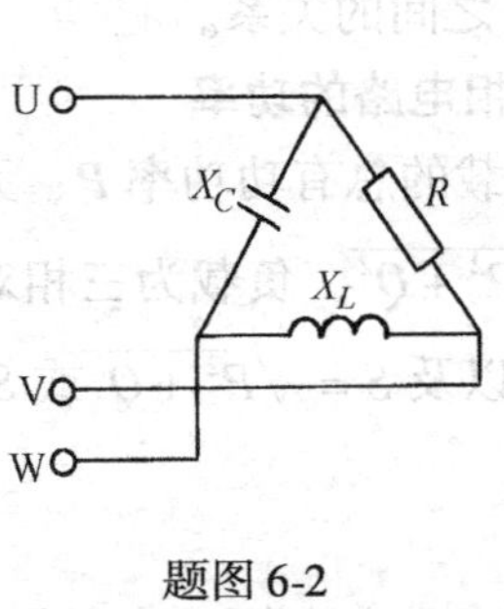

题图 6-2

4-1　三相对称负载为星形联结时，已知三相对称电源线电压 $\dot{U}_{UV}=380\angle 30°$V，线电流 $\dot{I}_U=10\angle -45°$ A。

求：(1) 每相负载阻抗及其性质。

(2) 每相负载的有功功率。

(3) 三相负载总功率（P、Q、S）。

4-2　如题图 6-3 所示，负载每相阻抗 $Z=(80+j60)\ \Omega$，电源电压对称 $U_L=380$V。图的右边为负载星形—三角形联结转换开关。试计算当开关 S 合向 Y 和△两种情况下，负载吸收的三相总有功功率 P_Y 和 $P_{\triangle}$。

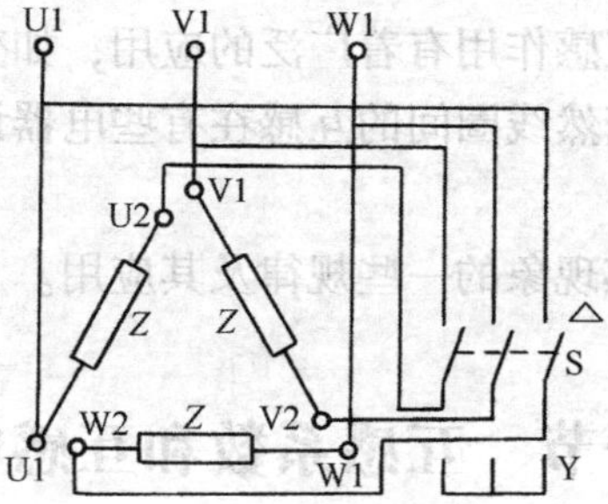

题图 6-3

第七章　互感耦合电路

当一个线圈中的电流发生变化时，不仅会在本线圈中产生自感电动势，而且也将使处于它所产生的变化磁场里的线圈产生感应电动势，这种电磁感应现象叫互感现象，并称这种感应电动势为互感电动势。

在电工技术中，线圈间的互感作用有着广泛的应用，如变压器，利用它可以实现电能从一个电路向另一个电路传递。当然线圈间的互感在有些电器设备中会带来不良影响，此时应设法避免。

本章我们主要讨论电磁互感现象的一些规律及其应用。

第一节　互感系数和互感电压

一、互感系数

两个相邻放置的线圈 1 和 2，如图 7-1 所示，它们的匝数分别为 N_1 和 N_2。若线圈 1 通有电流时，它所产生的磁通一部分会穿过线圈 2；同样，线圈 2 通有电流时，它所产生的磁通也会有一部分穿过线圈 1，这时我们就说这两个线圈之间有磁的耦合，或者说线圈 1 和线圈 2 之间有互感。

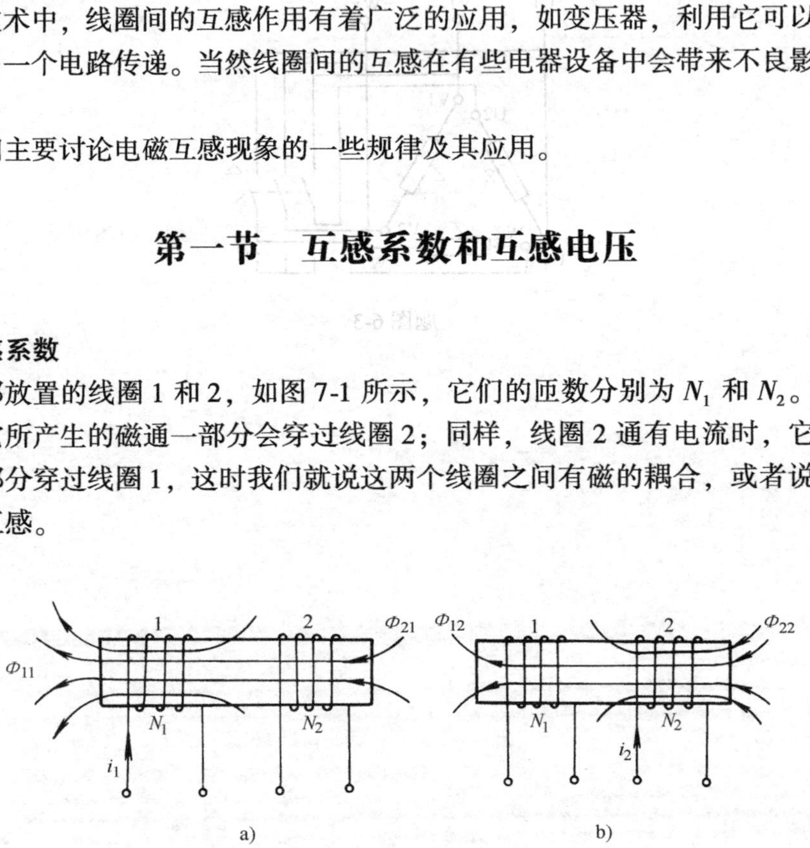

图 7-1　两个相邻线圈

首先以 7-1a 为例，设线圈 1 和线圈 2 绕制得很紧密，每匝线圈中所交链的磁通均相同。当线圈 1 中通有交变电流 i_1 时，产生的磁通为 $\boldsymbol{\Phi}_{11}$，并在本线圈中产生自感磁链 $\boldsymbol{\Psi}_{11}=N_1\boldsymbol{\Phi}_{11}$，而且 i_1 产生的磁通还有一部分 $\boldsymbol{\Phi}_{21}$ 穿过线圈 2，并与之相交链产生互感磁链 $\boldsymbol{\Psi}_{21}=N_2\boldsymbol{\Phi}_{21}$。我们把与线圈 2 相交链的磁链 $\boldsymbol{\Psi}_{21}$ 与产生它的电流 i_1 的比值定义为互感系数，用符号 M_{21} 表示，并称之为线圈 1 对线圈 2 的互感系数。

$$M_{21}=\frac{\boldsymbol{\Psi}_{21}}{i_1}=\frac{N_2\boldsymbol{\Phi}_{21}}{i_1} \tag{7-1}$$

需要强调的是，磁通的参考方向与电流的参考方向符合右手螺旋定则。再者，若线圈近旁没有铁磁材料，则 $\boldsymbol{\Phi}_{11}$、$\boldsymbol{\Phi}_{21}$ 与电流 i_1 成正比，这时互感系数 M_{21} 与我们所了解的自感系

数 L 一样，均为与电流 i_1 无关的常数，其值取决于线圈本身的匝数、尺寸、形状，当然互感系数 M_{21} 还与两线圈的相对位置有关。

如图 7-1b 所示，当线圈 2 通有交变电流 i_2 时，产生的磁通为 Φ_{22}，则产生的自感磁链为 $\Psi_{22}=N_2\Phi_{22}$，而且有一部分磁通 Φ_{12} 穿过线圈 1，在线圈 1 中所产生的互感磁链为 $\Psi_{12}=N_1\Phi_{12}$，线圈 2 对线圈 1 的互感系数 M_{12} 为

$$M_{12}=\frac{\Psi_{12}}{i_2}=\frac{N_1\Phi_{12}}{i_2} \tag{7-2}$$

对于线性电感来说，可以证明（略）M_{12} 和 M_{21} 相等。

$$M_{12}=M_{21}=M$$

用 M 表示，略去下标，称为两线圈间的互感。

并有

$$M=\frac{\Psi_{12}}{i_2}=\frac{\Psi_{21}}{i_1}$$

互感系数 M 的单位是亨（H），常用的单位还有毫亨（mH）、微亨（μH）。

通过上面的分析可以看出，互感系数反映的是一个线圈中的电流在另一个线圈中产生磁链的能力。

第一个线圈的自感系数为

$$L_1=\frac{\Psi_{11}}{i_1}=\frac{N_1\Phi_{11}}{i_1} \tag{7-3}$$

第二个线圈的自感系数为

$$L_2=\frac{\Psi_{22}}{i_2}=\frac{N_2\Phi_{22}}{i_2} \tag{7-4}$$

由于 Φ_{21} 只是 Φ_{11} 的一部分，Φ_{12} 也只是 Φ_{22} 的一部分，所以 $\Phi_{21}<\Phi_{11}$，$\Phi_{12}<\Phi_{22}$，

$$M^2=M_{12}M_{21}=\frac{N_1N_2\Phi_{12}\Phi_{21}}{i_1i_2}<\frac{N_1N_2\Phi_{11}\Phi_{22}}{i_1i_2}=L_1L_2 \tag{7-5}$$

上式说明两线圈间的互感系数 M 的二次方总是小于两线圈自感系数的乘积，这是由于两线圈中电流产生的磁通只有一部分与另一线圈相交链，我们把不与另一线圈相交链的磁通称为漏磁通。在两线圈匝数、尺寸及形状一定的情况下，线圈间的相对位置直接影响 M 的大小。

通常我们用耦合系数来表示两线圈间耦合的紧密程度，耦合系数定义为

$$k=\sqrt{\frac{\Phi_{21}}{\Phi_{11}}\frac{\Phi_{12}}{\Phi_{22}}}$$

根据式（7-5）可以导出

$$k=\frac{M}{\sqrt{L_1L_2}} \tag{7-6}$$

上式说明两线圈间的耦合系数总是小于 1。两线圈轴线平行且越靠近时，k 值就越大，接近于 1；如果垂直且远离 k 值就越小，接近于 0。在电力系统中，为了高效传递电功率，变压器需采用紧密耦合，而在通信方面，为避免干扰，则力求减小这种耦合作用，有时甚至采用屏蔽等手段。

二、互感电压

通过线圈的电流变化，在自身线圈中感应的电压称为自感电压，当 u_L 和 i 取关联参考方向

$$u_{L1}=\frac{d\Psi_{11}}{dt}=L_1\frac{di_1}{dt}$$

$$u_{L2}=\frac{d\Psi_{22}}{dt}=L_2\frac{di_2}{dt}$$

在有互感的情况下，第一个线圈电流 i_1 的变化通过互感 M 在第二个线圈中感应电压 u_{M2} 称为互感电压，即

$$u_{M2}=\left|\frac{d\Psi_{21}}{dt}\right|=\left|M\frac{di_1}{dt}\right|$$

同理，第二个线圈电流 i_2 的变化，将在第一个线圈中产生互感电压，为

$$u_{M1}=\left|\frac{d\Psi_{12}}{dt}\right|=\left|M\frac{di_2}{dt}\right|$$

式中，暂时采用了绝对值符号，是因为互感电压与相对应的电流，关系到两个线圈，其参考方向问题需要进一步研究。

三、关于同名端

当两个线圈分别从各自的一端通进电流，如果产生的磁通方向一致（即磁场相互加强），则这两个通进电流的端钮为同名端，用打点（·）作为记号。当然另两个端钮也是同名端，不再另作记号。

图 7-2 中给出了两种不同绕法的线圈及所标记的同名端。如图 7-2a 所示，把第一个线圈的 A 端与第二个线圈的 B 端定为同名端，是因为同时从这两个端钮通进电流所产生的磁场相互增强（磁场方向可根据电流方向及线圈绕向用右手螺旋定则判断）。同理，图 7-2b 两个线圈的同名端应是 A 与 Y，因为两个线圈中有一个与图 7-2a 绕向不同。

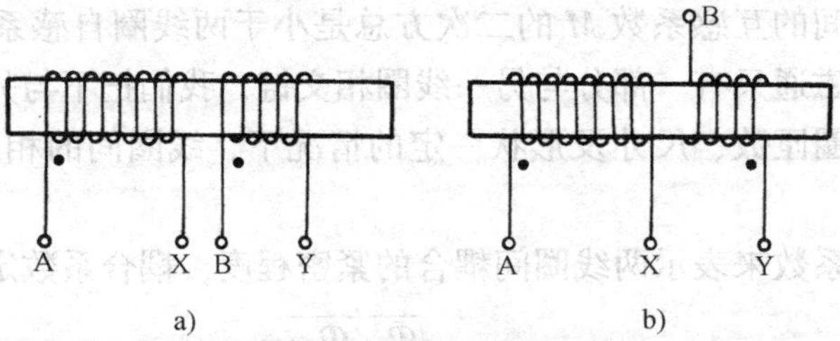

图 7-2　两种不同绕法线圈的同名端

同名端的标定实际上是反映互感线圈的绕向及相对位置的。因此，在电路图中为了方便，在标定了同名端后，线圈的具体绕向和相对位置就不再有必要画出了。如图 7-3a 就可画成图 7-3b，甚至三个线圈都画在水平位置也是可以的。

四、互感电压参考方向的标定

有了同名端，就可以根据电磁感应理论来标互感电压的参考方向。互感电压和自感电压一样也是感应电压，它也是由于线圈电流的变化引起磁通的变化而感生的电压。下面介绍具体标定方法。

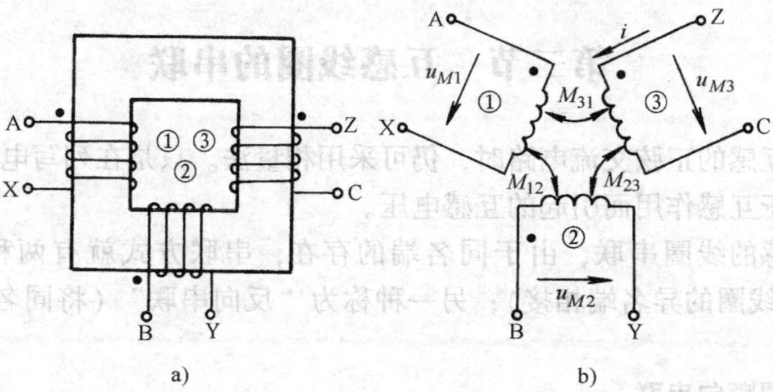

图 7-3　线圈的绕向

如图 7-4 所示，已知电流 i_1 的参考方向由带点（·）号的 A 端流向无点号的 X 端，那么在另一个线圈中的互感电压 u_{M2} 的参考方向就是从带点（·）的 Y 端指向无点号的 B 端。也只有在这样的规定下，互感电压的表达式

$$u_{M2} = M\frac{di_1}{dt}$$

才是正确的（去掉了前面公式中的绝对值符号）。这种选择互感电压与产生该电压的电流参考方向相对同名端一致的规律，称为同名端原则。

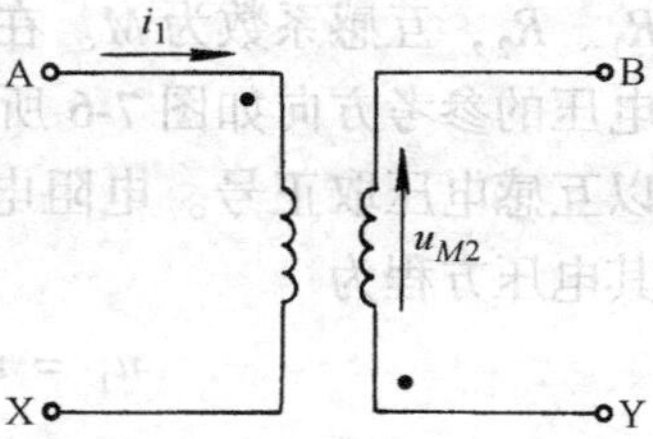

图 7-4　互感电压的参考方向

［**例 7-1**］　如图 7-5 所示，两线圈之间的互感 $M = 0.0125\text{H}$，$i_2 = 10\sin\ (800t + 30°)$（A）。求互感电压 u_{M1}，并标出其参考方向。

解：先根据线圈的绕向标定同名端（X、Y 为同名端，也可标注 A、B 是同名端）。标出 i_2 和 u_{M1} 的参考方向（都是从带点的一端指向无点的一端）。在这样"关联参考"方向下，可用下式计算互感电压

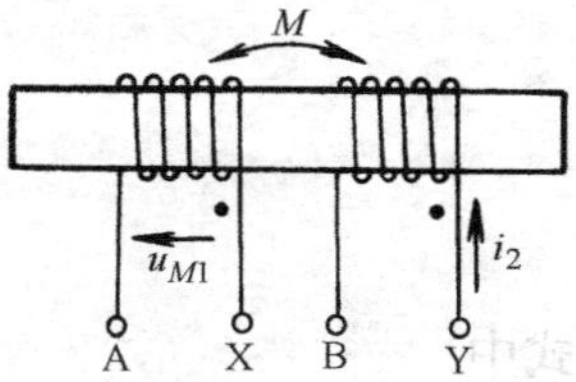

图 7-5　例 7-1 图

$$\begin{aligned} u_{M1} &= M\frac{di_2}{dt} = M\frac{d[10\sin(800t + 30°)]}{dt} \\ &= 0.0125 \times 10 \times 800\cos(800t + 30°) \\ &= 100\sin(800t + 30° + 90°) \\ &= 100\sin(800t + 120°) \end{aligned}$$

也可用相量计算

$$\dot{U}_{M1} = \dot{I}_2 j\omega M$$

式中

$$\dot{I}_2 = \frac{10}{\sqrt{2}}\angle 30°\text{A}$$

$$j\omega M = j800 \times 0.0125\Omega = j10\Omega = 10\angle 90°\Omega$$

则

$$\dot{U}_{M1} = \frac{10}{\sqrt{2}}\angle 30°\text{A} \times 10\angle 90°\Omega = \frac{100}{\sqrt{2}}\angle 120°\text{V}$$

$$u_{M1} = 100\sin(800t + 120°)\text{V}$$

第二节　互感线圈的串联

在计算具有互感的正弦交流电路时，仍可采用相量法。只是在列写电路的电压平衡方程式时，应考虑由于互感作用而引起的互感电压。

两个具有互感的线圈串联，由于同名端的存在，串联方式就有两种可能：一种称为“顺向串联”（将线圈的异名端相接）；另一种称为“反向串联”（将同名端相接）。下面分别讲述。

一、互感线圈顺向串联

如图 7-6 所示，两个线圈的自感系数为 L_1、L_2，电阻为 R_1、R_2，互感系数为 M。在接通正弦电压的情况下，电流及各电压的参考方向如图 7-6 所示。电流 i 从线圈同名端流入，所以互感电压取正号。电阻电压、自感电压与电流取关联方向。其电压方程为

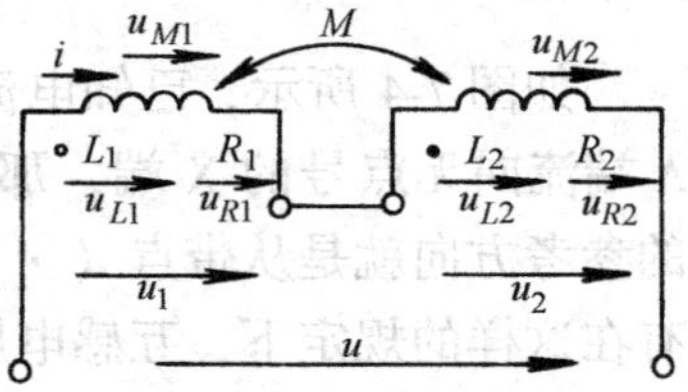

图 7-6　互感线圈顺串联

$$u_1 = u_{R1} + u_{L1} + u_{M1}$$
$$u_2 = u_{R2} + u_{L2} + u_{M2}$$
$$u = u_1 + u_2$$

写成相量形式

$$\dot{U}_1 = \dot{I}R_1 + \dot{I}\mathrm{j}\omega L_1 + \dot{I}\mathrm{j}\omega M$$
$$\dot{U}_2 = \dot{I}R_2 + \dot{I}\mathrm{j}\omega L_2 + \dot{I}\mathrm{j}\omega M$$
$$\begin{aligned}\dot{U} &= \dot{U}_1 + \dot{U}_2 \\ &= \dot{I}[(R_1 + R_2) + \mathrm{j}\omega(L_1 + L_2 + 2M)] \\ &= \dot{I}(R + \mathrm{j}\omega L_S)\end{aligned} \tag{7-7}$$

式中

$$R = R_1 + R_2$$
$$L_S = L_1 + L_2 + 2M \tag{7-8}$$

这里 L_S 为互感线圈顺向串联的等效电感。也就是说，可以用电感为 L_S 的线圈来等效代替原来顺串的两个具有互感的线圈。

式（7-7）还可写成

$$\dot{I} = \frac{\dot{U}}{R + \mathrm{j}\omega L_S} = \frac{\dot{U}}{Z_S} \tag{7-9}$$

$$Z_S = R + \mathrm{j}\omega L_S = |Z_S| \angle \varphi_S \tag{7-10}$$

[例 7-2]　如图 7-7 所示，已知：$\dot{U}_1 = 10\angle 0° \mathrm{V}$，$R_1 = R_2 = 3\Omega$，$X_{L1} = X_{L2} = 4\Omega$，$X_M = \omega M = 2\Omega$，求：BY 端口的开路电压 U_{20}。

解：由于 BY 间断路，线圈 2 中无电流，线圈 1 中的电流 $\dot{I}_1 = \dot{I}$。

$$\dot{I} = \frac{\dot{U}_1}{R_1 + \mathrm{j}X_{L1}} = \frac{10\angle 0°}{3 + 4\mathrm{j}}\mathrm{A} = \frac{10}{5\angle 53.1°}\mathrm{A} = 2\angle -53.1° \mathrm{A}$$

电流 $\dot{I}_1 = \dot{I}$ 在线圈 2 中的互感电压为

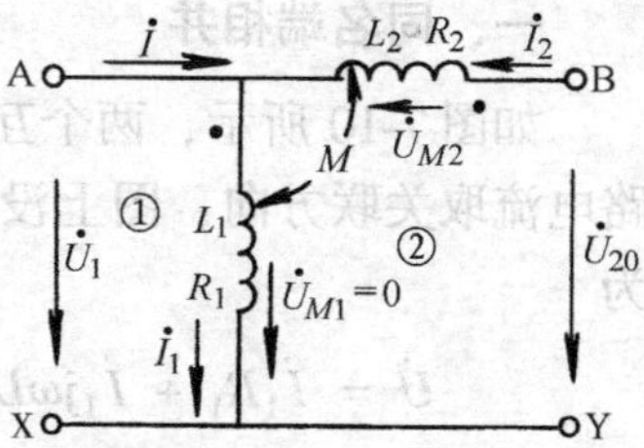

图 7-7　例 7-2 图

$$\dot{U}_{M2} = j\omega M\dot{I}_1 = 2\angle 90° \times 2\angle -53.1°\text{V} = 4\angle 36.9°\text{V}$$

可得 $\dot{U}_{20} = \dot{U}_1 + \dot{U}_{M2} = 10\angle 0° + 4\angle 36.9°$

$$= (10 + 3.2 + j2.4)\ \text{V} = (13.2 + j2.4)\ \text{V}$$

$$= 13.42\angle 10.30°\text{V}$$

二、互感线圈反向串联

如图 7-8 所示，当两个互感线圈反向串联（同名端接在一起）时，由电流的参考方向及同名端的位置，在图上分别标出了各个电压的参考方向。可见，与顺向串联时所不同的是两个互感电压的方向与电流的方向相反。其电压方程如下：

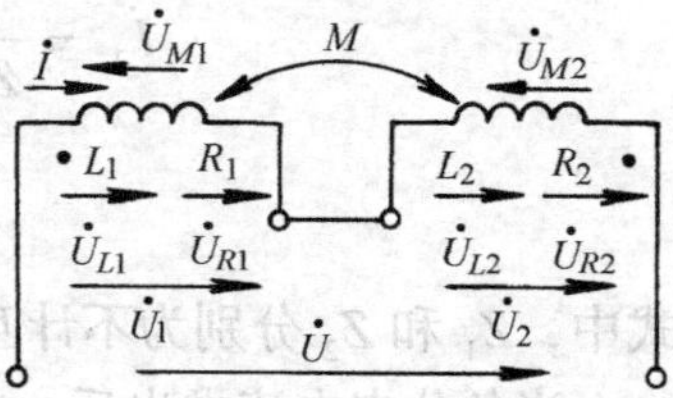

图 7-8　互感线圈反串联

$$\dot{U} = \dot{U}_1 + \dot{U}_2 = \dot{I}[(R_1 + R_2) + j\omega(L_1 + L_2 - 2M)]$$

$$= \dot{I}(R + j\omega L_r) \tag{7-11}$$

式中　$R = R_1 + R_2$

$$L_r = L_1 + L_2 - 2M \tag{7-12}$$

这里 L_r 为互感线圈反向串联的等效电感。

［例 7-3］　如图 7-9 所示，已知 $R_1 = R_2 = 6\Omega$，$\omega L_1 = \omega L_2 = \omega L_3 = 10\Omega$，$\omega M_{12} = \omega M_{13} = \omega M_{23} = 6\Omega$，$\dot{U}_1 = 10\angle 0°\text{V}$。

求：A、B 端开口电压 U_{20}。

解：由于 A、B 端断路，线圈 1 和线圈 3 为反向串联，则

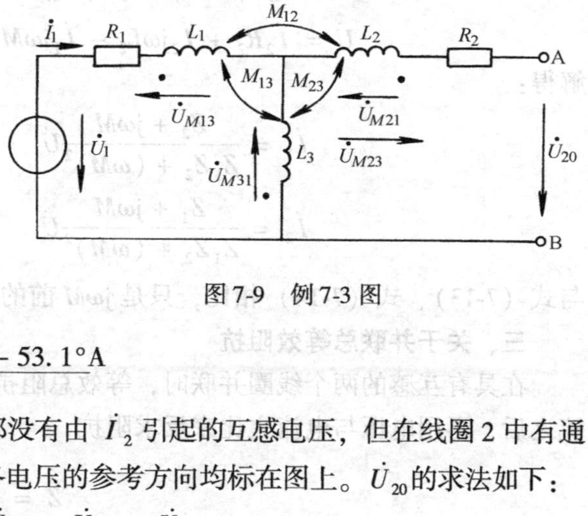

图 7-9　例 7-3 图

$$\dot{U}_1 = \dot{I}_1[R_1 + j(\omega L_1 + \omega L_3 - 2\omega M_{13})]$$

$$= \dot{I}_1[6 + j(10 + 10 - 2 \times 6)]$$

$$= \dot{I}_1(6 + j8) = \dot{I}_1 10\angle 53.1°\text{V}$$

$$\dot{I}_1 = \frac{\dot{U}_1}{10\angle 53.1°} = \frac{10\angle 0°}{10\angle 53.1°}\text{A} = 1\angle -53.1°\text{A}$$

因为 $\dot{I}_2 = 0$，所以在线圈 1 和线圈 3 中都没有由 $\dot{I}_2$ 引起的互感电压，但在线圈 2 中有通过 M_{21} 和 M_{23} 产生的互感电压 $\dot{U}_{M21}$ 和 $\dot{U}_{M23}$，各电压的参考方向均标在图上。$\dot{U}_{20}$ 的求法如下：

$$\dot{U}_{20} = \dot{U}_{L3} + \dot{U}_{M21} - \dot{U}_{M23} - \dot{U}_{M31}$$

$$= \dot{I}_1[j(\omega L_3) + j(\omega M_{21} - \omega M_{23} - \omega M_{31})]$$

$$= 1\angle -53.1° \times [j(10 + 6 - 6 - 6)]$$

$$= 1\angle -53.1° \times 4\angle 90°\text{V} = 4\angle 36.9°\text{V}$$

第三节　互感线圈的并联

由于有同名端，两个互感线圈在并联时，也有两种情况，现分述如下：

一、同名端相并

如图 7-10 所示，两个互感线圈的同名端并在一起。按图示参考方向（$\dot{U}_L$ 和 $\dot{U}_R$ 与各支路电流取关联方向，图上没有画出），两条支路的电压方程分别为

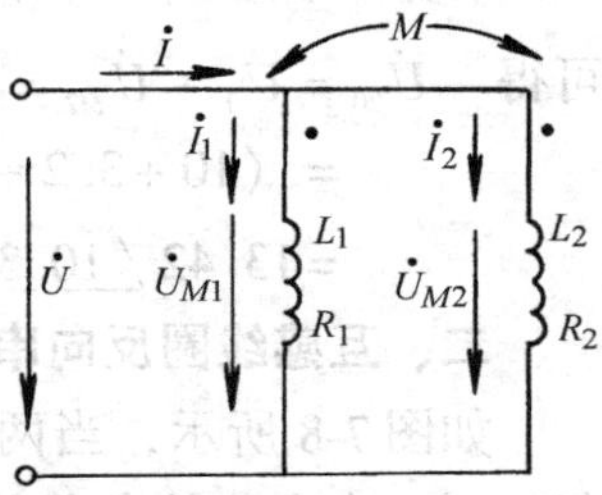

图 7-10　线圈同名端并联

$$\dot{U} = \dot{I}_1R_1 + \dot{I}_1\mathrm{j}\omega L_1 + \dot{I}_2\mathrm{j}\omega M = \dot{I}_1Z_1 + \dot{I}_2\mathrm{j}\omega M$$

$$\dot{U} = \dot{I}_2R_2 + \dot{I}_2\mathrm{j}\omega L_2 + \dot{I}_1\mathrm{j}\omega M = \dot{I}_2Z_2 + \dot{I}_1\mathrm{j}\omega M$$

解上面两个联立方程式可得

$$\dot{I}_1 = \frac{Z_2 - \mathrm{j}\omega M}{Z_1Z_2 + (\omega M)^2}\dot{U} \qquad (7\text{-}13)$$

$$\dot{I}_2 = \frac{Z_1 - \mathrm{j}\omega M}{Z_1Z_2 + (\omega M)^2}\dot{U} \qquad (7\text{-}14)$$

式中，Z_1 和 Z_2 分别为不计互感（$M=0$）时两个线圈自身的阻抗。

当各分支电流求出后，电路总电流可应用基尔霍夫电流定律计算，即

$$\dot{I} = \dot{I}_1 + \dot{I}_2$$

二、异名端相并

如图 7-11 所示，与图 7-10 同名端相并比较，只是互感电压的方向反了。根据图示参考方向

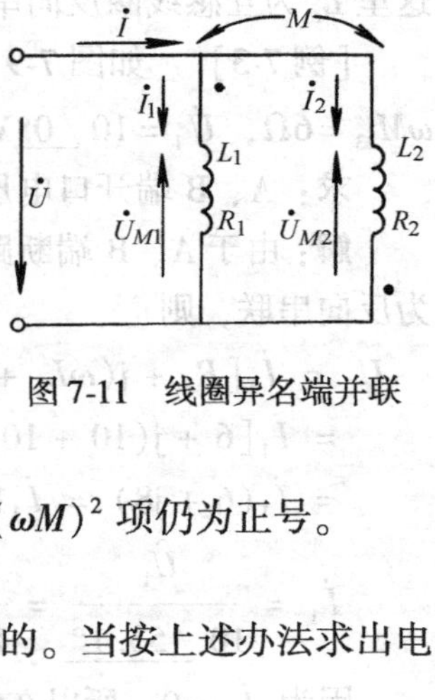

图 7-11　线圈异名端并联

$$\dot{U} = \dot{I}_1R_1 + \dot{I}_1\mathrm{j}\omega L_1 - \dot{I}_2\mathrm{j}\omega M$$

$$\dot{U} = \dot{I}_2R_2 + \dot{I}_2\mathrm{j}\omega L_2 - \dot{I}_1\mathrm{j}\omega M$$

解得：

$$\dot{I}_1 = \frac{Z_2 + \mathrm{j}\omega M}{Z_1Z_2 + (\omega M)^2}\dot{U} \qquad (7\text{-}15)$$

$$\dot{I}_2 = \frac{Z_1 + \mathrm{j}\omega M}{Z_1Z_2 + (\omega M)^2}\dot{U} \qquad (7\text{-}16)$$

与式（7-13）、式（7-14）相比，只是 $\mathrm{j}\omega M$ 前的负号变成了正号，$(\omega M)^2$ 项仍为正号。

三、关于并联总等效阻抗

在具有互感的两个线圈并联时，等效总阻抗的计算是比较复杂的。当按上述办法求出电流之后，再用电压与电流之比来反求阻抗

$$Z = \frac{\dot{U}}{\dot{I}}$$

下面将介绍一种“互感转移法”来求取互感线圈并联时的等效总阻抗。

如前所述，按图 7-10 列出的电压方程为

$$\dot{U} = \dot{I}_1R_1 + \dot{I}_1\mathrm{j}\omega L_1 + \dot{I}_2\mathrm{j}\omega M$$

$$\dot{U} = \dot{I}_2R_2 + \dot{I}_2\mathrm{j}\omega L_2 + \dot{I}_1\mathrm{j}\omega M$$

利用 $\dot{I}_1 = \dot{I} - \dot{I}_2$ 和 $\dot{I}_2 = \dot{I} - \dot{I}_1$ 分别代入上两式的互感电压项中，得

$$\dot{U} = \dot{I}_1R_1 + \dot{I}_1\mathrm{j}\omega L_1 + (\dot{I} - \dot{I}_1)\mathrm{j}\omega M$$

$$\dot{U} = \dot{I}_2 R_2 + \dot{I}_2 \mathrm{j}\omega L_2 + (\dot{I} - \dot{I}_2)\mathrm{j}\omega M$$

经整理得

$$\dot{U} = \dot{I}\mathrm{j}\omega M + \dot{I}_1(R_1 + \mathrm{j}\omega L_1 - \mathrm{j}\omega M) \tag{7-17}$$

$$\dot{U} = \dot{I}\mathrm{j}\omega M + \dot{I}_2(R_2 + \mathrm{j}\omega L_2 - \mathrm{j}\omega M) \tag{7-18}$$

根据式（7-17）和式（7-18）可以画出与之相应的电路图，如图7-12所示。可见，这就相当于把图7-10中的互感 M 分别“转移”到了总电路和两个分支电路中。接在同名端的总电路中转来的 M 取正号，而转移到两条支路中的 M 取负号。图7-12与图7-10是等效的，但不必再标同名端了，这是一个阻抗（电阻与电感）混联电路，可按串并联方法求分支阻抗和总阻抗

$$\left.\begin{aligned} Z_{1M} &= R_1 + \mathrm{j}\omega(L_1 - M) \\ Z_{2M} &= R_2 + \mathrm{j}\omega(L_2 - M) \end{aligned}\right\} \tag{7-19}$$

$$Z_M = \mathrm{j}\omega M + \frac{Z_{1M}Z_{2M}}{Z_{1M} + Z_{2M}} \tag{7-20}$$

用同样分析步骤，可将图7-11的异名端并联电路，改画出互感转移后的电路，如图7-13所示。即异名端相并，总电路转来的 M 为负值，而转移到分支路的 M 为正值。这时

$$\left.\begin{aligned} Z_{1M} &= R_1 + \mathrm{j}\omega(L_1 + M) \\ Z_{2M} &= R_2 + \mathrm{j}\omega(L_2 + M) \end{aligned}\right\} \tag{7-21}$$

$$Z_M = -\mathrm{j}\omega M + \frac{Z_{1M}Z_{2M}}{Z_{1M} + Z_{2M}} \tag{7-22}$$

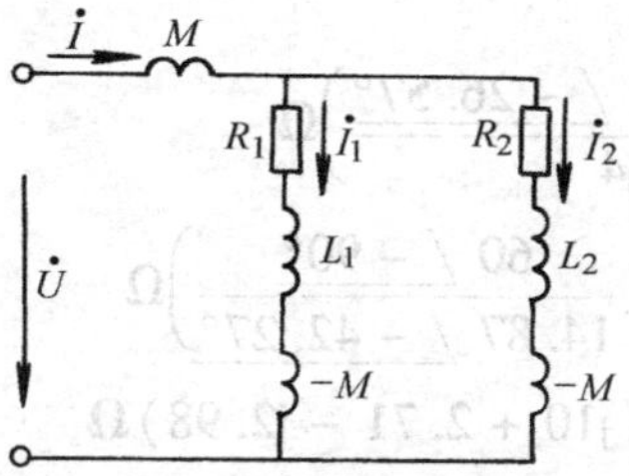

图7-12　线圈同名端并联的等效电路

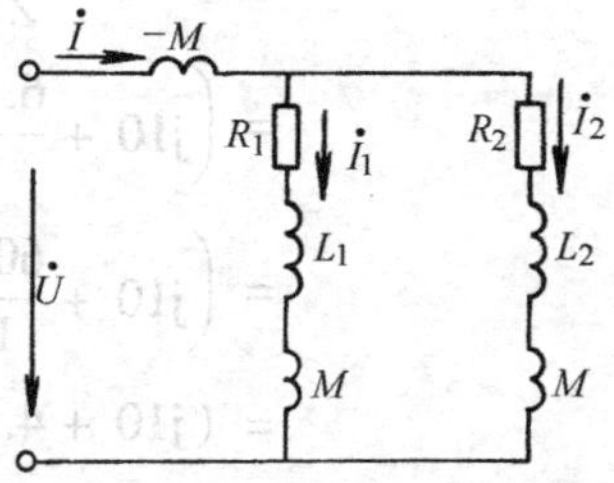

图7-13　线圈异名端并联的等效电路

［例7-4］　如图7-10所示，若已知：$\dot{U} = 100\angle 0°\mathrm{V}$，$R_1 = 3\Omega$，$X_{L1} = 4\Omega$，$R_2 = 8\Omega$，$X_{L2} = 6\Omega$；$\omega M = X_M = 10\Omega$。

求：（1）各支路电流。

（2）电路总等效阻抗。

解：（1）可直接应用式（7-13）和式（7-14）求支路电流。

此时

$$Z_1 = R_1 + \mathrm{j}\omega L_1 = (3 + \mathrm{j}4)\Omega = 5\angle 53.1°\Omega$$

$$Z_2 = R_2 + \mathrm{j}\omega L_2 = (8 + \mathrm{j}6)\Omega = 10\angle 36.9°\Omega$$

$$\begin{aligned} Z_1 Z_2 + (\omega M)^2 &= 5\angle 53.1° \times 10\angle 36.9° + (10)^2 \\ &= (50\angle 90° + 100)\Omega \\ &= (100 + \mathrm{j}50)\Omega = 111.80\angle 26.57°\Omega \end{aligned}$$

$$Z_2 - j\omega M = 8 + j6 - j10 = 8 - j4 = 8.94 \angle -26.57°\Omega$$

$$Z_1 - j\omega M = 3 + j4 - j10 = 3 - j6 = 6.71 \angle -63.43°\Omega$$

$$\dot{I}_1 = \frac{Z_2 - j\omega M}{Z_1 Z_2 + (\omega M)^2}\dot{U} = \frac{8.94 \angle -26.57°}{111.80 \angle 26.57°} \times 100 \angle 0°\text{A}$$

$$= 8 \angle -53.14°\text{A}$$

$$\dot{I}_2 = \frac{Z_1 - j\omega M}{Z_1 Z_2 + (\omega M)^2}\dot{U} = \frac{6.71 \angle -63.43°}{111.80 \angle 26.57°} \times 100 \angle 0°\text{A}$$

$$= 6 \angle -90°\text{A}$$

$$\dot{I} = \dot{I}_1 + \dot{I}_2 = (8 \angle -53.14° + 6 \angle -90°)\text{A} = (4.8 - j6.4 - j6)\text{A}$$

$$= (4.8 - j12.4)\text{A} = 13.3 \angle -68.84°\text{A}$$

（2）等效总阻抗　可用已求出的总电流去除总电压

$$Z = \frac{\dot{U}}{\dot{I}} = \frac{100 \angle 0°\text{V}}{13.3 \angle -68.84°\text{A}} = 7.52 \angle 68.84°\Omega$$

也可用 M 转移后的电路图 7-12 来计算混联总阻抗

$$Z_{1M} = R_1 + j(X_{L1} - X_M)$$

$$= [3 + j(4 - 10)]\Omega = (3 - j6)\Omega = 6.71 \angle -63.43°\Omega$$

$$Z_{2M} = R_2 + j(X_{L2} - X_M)$$

$$= [8 + j(6 - 10)]\Omega = (8 - j4)\Omega = 8.94 \angle -26.57°\Omega$$

$$Z = j\omega M + \frac{Z_{1M} Z_{2M}}{Z_{1M} + Z_{2M}}$$

$$= \left(j10 + \frac{6.71 \angle -63.43° \times 8.94 \angle -26.57°}{3 - j6 + 8 - j4}\right)\Omega$$

$$= \left(j10 + \frac{60 \angle -90°}{11 - j10}\right)\Omega = \left(j10 + \frac{60 \angle -90°}{14.87 \angle -42.27°}\right)\Omega$$

$$= (j10 + 4.03 \angle -47.73°)\Omega = (j10 + 2.71 - j2.98)\Omega$$

$$= (2.71 + j7.02)\Omega = 7.52 \angle 68.89°\Omega$$

第四节　理想变压器

在研究和分析问题时，为了突出主要矛盾，常忽略或规定了某些条件，使问题理想化，这样既不脱离实际，又使问题简化。所谓理想变压器就是：①忽略了漏磁通，即一次绕组产生的磁通全部穿过了二次绕组，达到全耦合；②忽略了绕组中的电阻；③忽略了两绕组间功率传递中的功率损耗，一次侧输入多少功率，二次侧就输出多少功率。下面主要来分析变压器一次侧与二次侧电压、电流和阻抗的关系。

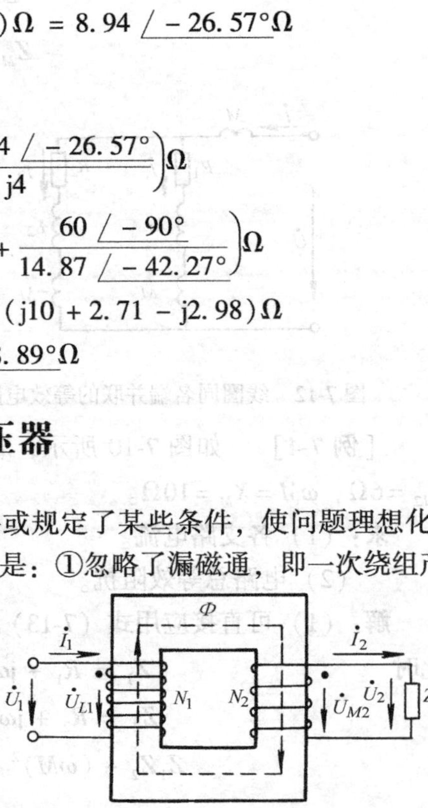

图 7-14　理想变压器

如图 7-14 所示为理想变压器的原理图。一次侧产生的磁通 Φ，同时全部穿过了二次侧绕组。两个绕组

由于同一个磁通变化都感应出电压，分别为

$$u_{L1}=N_1\frac{\mathrm{d}\Phi}{\mathrm{d}t},\qquad u_{M2}=N_2\frac{\mathrm{d}\Phi}{\mathrm{d}t}$$

若磁通按正弦规律变化，上两式可写成

$$\dot{U}_{L1}=N_1\mathrm{j}\omega\dot{\Phi},\dot{U}_{M2}=N_2\mathrm{j}\omega\dot{\Phi}$$

那么，一次侧感应电压与二次侧感应电压之比可以写成

$$\frac{u_{L1}}{u_{M2}}=\frac{N_1}{N_2},\frac{\dot{U}_{L1}}{\dot{U}_{M1}}=\frac{N_1}{N_2},\frac{U_{L1}}{U_{M2}}=\frac{N_1}{N_2}$$

因为绕阻中电阻忽略不计，电阻电压为零，所以在空载情况下，$U_1=U_{L1}$；$U_2=U_{20}=U_{M2}$，可得

$$\frac{U_1}{U_2}=\frac{N_1}{N_2}\tag{7-23}$$

再因为理想变压器不消耗功率，即输入的电功率与输出的电功率相等，可得

$$U_1I_1=U_2I_2$$

则

$$\frac{I_1}{I_2}=\frac{N_2}{N_1}\tag{7-24}$$

理想变压器除了将一、二次电流、电压按匝数之比进行变换外，还可将一、二次阻抗进行转换。

图 7-15 是将负载 Z_2 接在理想变压器的二次侧。从负载端看

$$\frac{\dot{U}_2}{\dot{I}_2}=Z_2$$

将式（7-23）及式（7-24）得出的 U_2 和 I_2 代入上式

$$\frac{\dot{U}_1\left(\dfrac{N_2}{N_1}\right)}{\dot{I}_1\left(\dfrac{N_1}{N_2}\right)}=Z_2$$

或

$$\frac{\dot{U}_1}{\dot{I}_1}=\left(\frac{N_1}{N_2}\right)^2Z_2$$

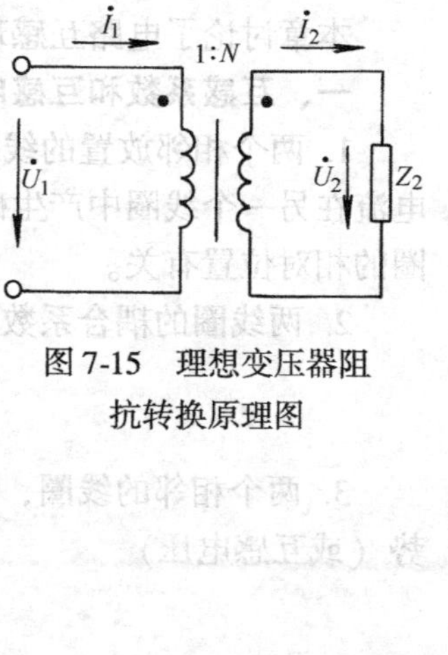

图 7-15　理想变压器阻抗转换原理图

式中，$\dot{U}_1/\dot{I}_1$ 正是一次侧端口的等效入端阻抗 Z_1，即

$$Z_1=\left(\frac{N_1}{N_2}\right)^2Z_2\tag{7-25}$$

可见，接在二次侧的阻抗（Z_2），乘以匝数比的二次方就转换为一次侧的入端阻抗 Z_1。

利用理想变压器转换阻抗的作用，可以把某一固定负载阻抗转换为所需要的数值。如需要负载获得最大功率，必须满足负载电阻与电源内电阻相等这一条件（称匹配）。但负载电阻与电源内电阻一般情况是不匹配的，这时可选择（或制做）相应匝数比的变压器进行匹配转换。

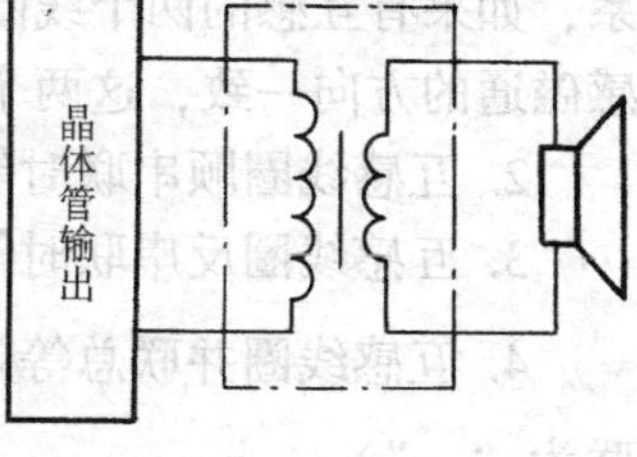

图 7-16　例 7-5 图

［例 7-5］　某晶体管收音机用输出变压器，一次绕组 $N_1=$

230 匝，二次绕组 $N_2=80$ 匝，原接有音圈阻抗为 8Ω 的电动式扬声器，现在要改接为 4Ω 的扬声器，问二次绕组匝数应如何变动？

解：输出变压器近似理想变压器，它的二次绕组匝数少，一次绕组匝数多。接线如图 7-16 所示。改接前是匹配的，可以求出一次阻抗，即

$$Z_1 = n^2 Z_L = \frac{N_1^2}{N_2^2} Z_L$$

改接后，一次阻抗 Z_1 不应变，现在 Z_L 变成 Z_L'，N_2 变成 N_2'，即

$$Z_1 = n'^2 Z_L' = \frac{N_1^2}{N_2'^2} Z'_L$$

上面两式的右边应相等，即

$$\frac{N_1^2}{N_2^2} Z_L = \frac{N_1^2}{N_2'^2} Z_L'$$

得
$$N_2' = \sqrt{\frac{Z_L'}{Z_L}} N_2 = \sqrt{\frac{4}{8}} \times 80 \text{ 匝} = \frac{80}{\sqrt{2}} \text{匝} = 57 \text{ 匝}$$

将原来二次绕组 80 匝改为 57 匝，便可将 8Ω 扬声器换成 4Ω 扬声器。

本 章 小 结

本章讨论了电路互感现象，互感线圈的串、并联等，主要内容如下。

一、互感系数和互感电压

1. 两个相邻放置的线圈之间有磁耦合，即有互感，互感系数 M 就是反映一个线圈中的电流在另一个线圈中产生磁链的能力。M 的大小与线圈匝数、尺寸及形状有关，更与两线圈的相对位置有关。

2. 两线圈的耦合系数总是小于 1 的，即

$$k = \frac{M}{\sqrt{L_1 L_2}} < 1$$

3. 两个相邻的线圈，当其中一个通有变化的电流时，会在另一个线圈中产生互感电动势（或互感电压）

$$u_{12} = M\frac{\mathrm{d}i_2}{\mathrm{d}t}$$

二、互感线圈的串联和并联

1. 同名端：线圈的绕向和相对位置可用约定的符号来标记它们的电流与绕向之间的关系，如果有互感的两个线圈同时有 i_1、i_2 各自从带标记的端流入时，线圈中的自感磁通和互感磁通的方向一致，这两个带有标记的端点称为同名端。

2. 互感线圈顺串联时等效电感　$L_s = L_1 + L_2 + 2M$。

3. 互感线圈反串联时等效电感　$L_r = L_1 + L_2 - 2M$。

4. 互感线圈并联总等效阻抗　$Z_M = \pm \mathrm{j}\omega M + \dfrac{Z_{1M} Z_{2M}}{Z_{1M} + Z_{2M}}$（同名端并联为“+”，异名端并联为“－”）

三、理想变压器

理想变压器无损耗、无漏磁，可用来变换电压、电流或阻抗。

思考题与习题七

1-1　什么是互感？哪些因素影响互感电压的大小？

1-2　什么是耦合系数？怎样可以改变耦合系数？

1-3　在题图 7-1 中，已知两互感线圈的互感系数 $M=0.3\text{H}$，电流源 i_s 的变化规律为 $i_s=15t+6$（A），求线圈 2 中的互感电压 u_{21}。

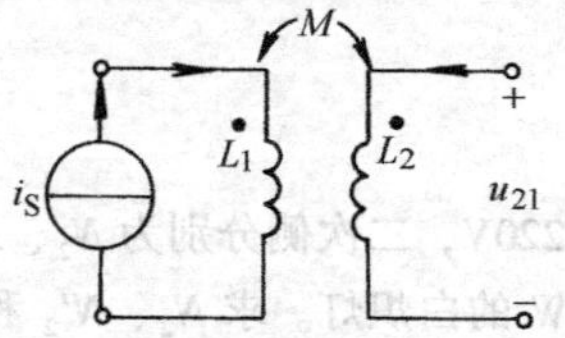

题图 7-1

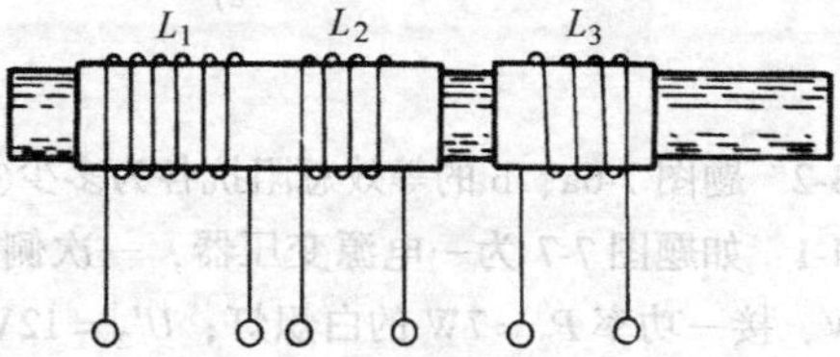

题图 7-2

2-1　如题图 7-2 所示，L_1、L_2 为半导体收音机的磁性天线线圈，L_3 为再生线圈，试根据图示的绕法，标出同名端。

2-2　如题图 7-3 所示，两线圈反向串联，已知 $L_1=0.4\text{H}$，$L_2=0.9\text{H}$，$k=0.8$，求其等效电感。

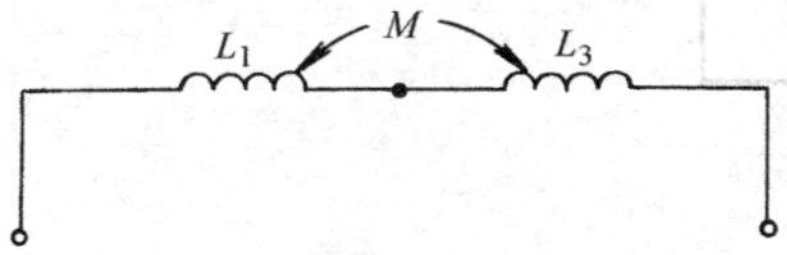

题图 7-3

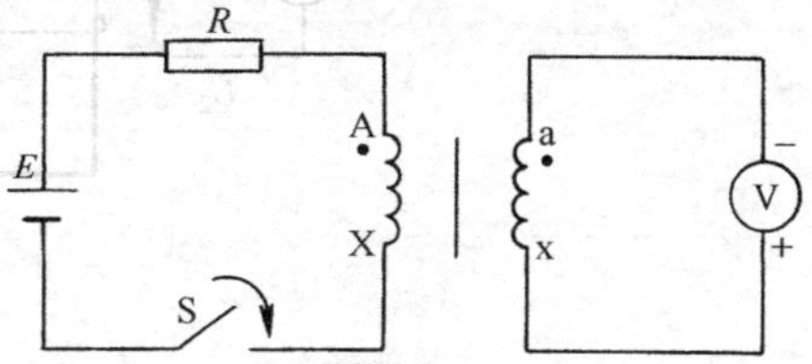

题图 7-4

2-3　如题图 7-4 所示，是一种判别变压器一次绕组和二次绕组同名端的试验电路。图中已标定 A、a 为同名端。经过题图 7-4 的测试结果是：开关闭合瞬时，电压表有正向偏转。试在图上标出一次绕组中电流和二次绕组电压的参考方向，并指出原标定的同名端是否有误。

2-4　通过测量流入具有互感的两个串联线圈的电流和功率，就能测量两个线圈的互感。现在用 $U=220\text{V}$，$f=50\text{Hz}$ 的正弦交流电源进行测量：当顺接时测得 $I_a=2.5\text{A}$，$P_a=6.25\text{W}$；当反接时测得 $I_b=5\text{A}$，$P_b=250\text{W}$，求互感 M。

2-5　如题图 7-5a、b 为两个互感线圈，图中已给出电压和电流的参考方向。试在图上标出电阻电压、自感电压及互感电压的参考方向，并写出两端的电压平衡方程式。

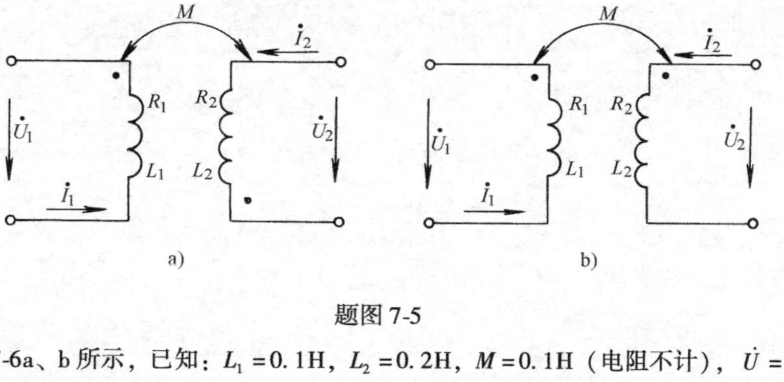

题图 7-5

3-1　如题图 7-6a、b 所示，已知：$L_1=0.1\text{H}$，$L_2=0.2\text{H}$，$M=0.1\text{H}$（电阻不计），$\dot{U}=31.4\angle 0°\text{V}$。求电路中的电流。

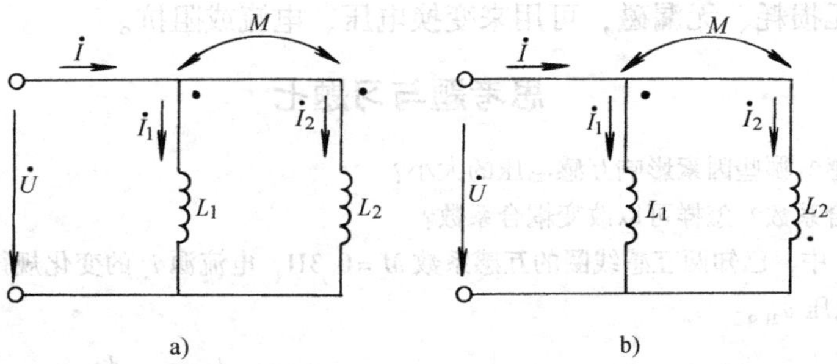

题图 7-6

3-2 题图 7-6a、b 的等效总阻抗各为多少？

4-1 如题图 7-7 为一电源变压器，一次侧 $N_1=1000$ 匝，$U_1=220\text{V}$，二次侧分别为 N_2、N'_2，已知 $U_2=36\text{V}$，接一功率 $P_2=7\text{W}$ 的白炽灯；$U'_2=12\text{V}$，接一功率 $P'_2=5\text{W}$ 的白炽灯。求 N_2、N'_2 和一次侧电流 I_1。

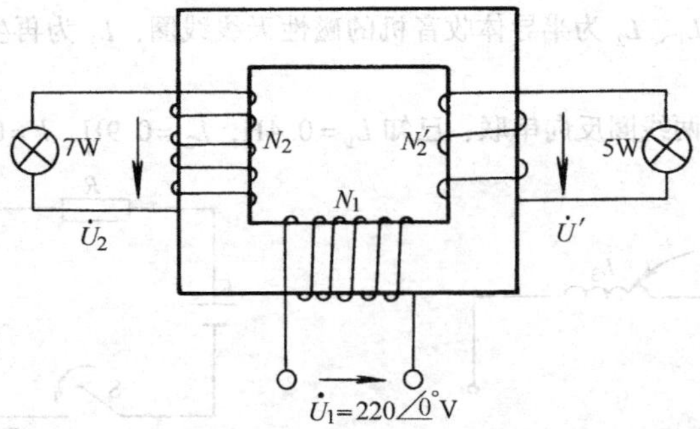

题图 7-7

4-2 有一台理想变压器，其一次绕组的匝数为 N_1，二次绕组有两个独立的线圈，匝数分别为 N_2 和 N'_2，且 $N_1=2N_2=3N'_2$，N_2 线圈的负载电阻 $R_2=200\Omega$，N'_2 线圈的负载电阻 $R'_2=400\Omega$，求从一次绕组看进去的等效输入电阻为多少？

4-3 有一台变压器，额定容量为 $S_N=500\text{VA}$，其额定电压为 220V/36V，求：（1）一、二次侧的额定电流；（2）二次侧最多能接 36V、100W 的白炽灯多少盏？

第八章　磁路与铁心线圈电路

在物理课的学习中，我们对磁场已有初步的了解。随着社会的进步与发展，电磁学已成为我们探知物质世界必不可少的基础理论，而且在生产技术和科学研究等方面有着极其重要而广泛的应用。

本章我们首先介绍与磁路有关的基础知识，然后讲述磁路与铁心线圈电路。

第一节　铁磁材料的磁化

一、磁场的几个基本物理量

1. 磁感应强度（B）

磁感应强度是用来表示磁场中某点磁场的强弱和方向的物理量，它是一个矢量，用 B 表示。若在磁场中的一点垂直于磁场方向放置一段长为 Δl、通有电流 I 的导体，其受到的电磁力为 ΔF，则该点磁感应强度的大小为

$$B=\frac{\Delta F}{I\Delta l}$$

该点磁感应强度的方向就是放置在这点的小磁针 N 极所指的方向，即该点磁场的方向。

在国际单位制中，磁感应强度的单位是特斯拉（T）。

用磁感应线可以形象地描述磁场情况。磁感应强度大的地方，磁感应线密，反之则疏；磁感应线上各点的切线方向就是该点磁场的方向。因为磁场中的每一点只有一个磁感应强度，所以磁感应线是互不相交的。

电流 I 及电流在磁场中受力 ΔF、磁感应强度 B 三者的方向可由“左手定则”来确定，如图 8-1 所示。

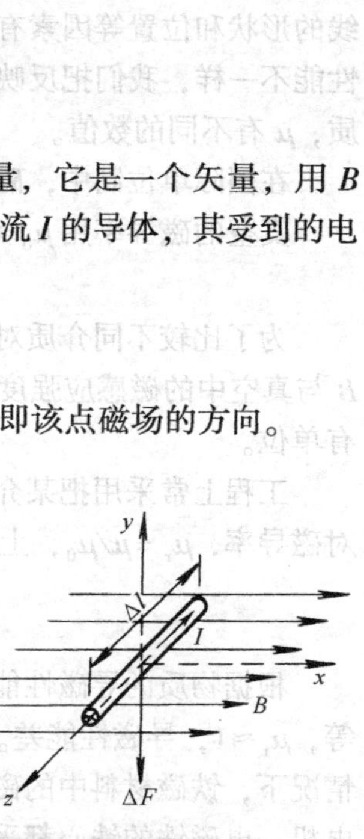

图 8-1　左手定则示意图

如果磁场内各点的磁感应强度大小相等、方向相同，就称为均匀磁场。

2. 磁通（Φ）

磁场的情况可以用磁感应线来描述，为了描述磁场中某一面积上的磁场情况，便引入了“磁通”这个物理量。以均匀磁场为例，我们把磁感应强度 B 和与它所垂直穿过的平面面积 ΔS 的乘积，称为穿过该面积的磁感应强度矢量的通量，简称磁通，用 Φ 表示。

设在磁感应强度为 B 的匀强磁场中，有一个与 B 的方向垂直的面积为 ΔS 的平面，则穿过该面积的磁通为

$$\Phi=B\Delta S \tag{8-1}$$

式中，Φ 称为 B（矢量）在面积 ΔS 上的通量。若面积 ΔS 与磁感应强度 B 不垂直，如图 8-2 所示，则穿过 ΔS 的磁通为

$$\Phi=B\Delta S\cos\beta \tag{8-2}$$

式中，β 为 B 与 ΔS 的法线方向的夹角。

在国际单位制中，磁通的单位是韦伯（Wb）。

用磁感应线来描述磁场时，穿过单位面积的磁感应线数目就是磁感应强度 B，而穿过某一面积 S 的磁感应线总数就是磁通 Φ。磁感应线都是没有起止的闭合曲线，穿入任一封闭曲面的磁感应线总数必定等于穿出该曲面的磁感应线总数，即磁场中任何封闭曲面的磁通恒等于零。

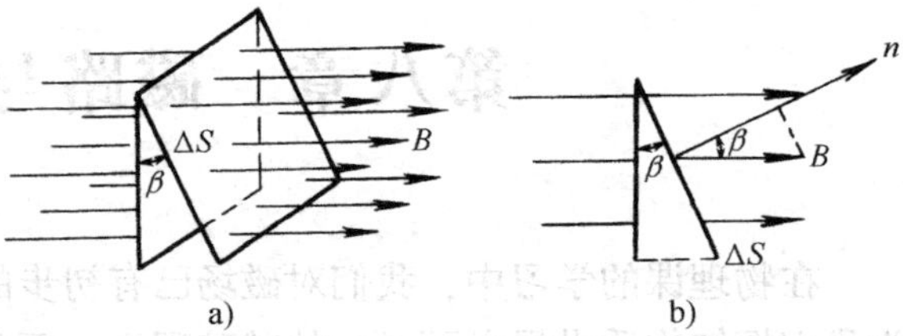

图 8-2　面积 ΔS 的磁通

3. 磁导率（μ）

实验证明，磁场中某处的磁感应强度 B 的大小，除与产生这个磁场的电流的大小、导线的形状和位置等因素有关外，还和磁场所在空间介质的种类有关。这说明不同介质的导磁性能不一样，我们把反映物质导磁性能强弱的这个参数称为磁导率，用 μ 来表示，不同的物质，μ 有不同的数值。

在国际单位制中，磁导率的单位是亨/米（H/m）。

真空的磁导率用 μ_0 来表示，其值为

$$\mu_0 = 4\pi \times 10^{-7}\text{H/m}$$

为了比较不同介质对磁场的影响，在其他条件相同的情况下，把该物质中的磁感应强度 B 与真空中的磁感应强度 B_0 相比较，令 $\mu_r = B/B_0$，μ_r 称为相对磁导率，它是一个比值，没有单位。

工程上常采用把某介质的磁导率 μ 与真空磁导率 μ_0 进行比较，这表示的也是介质的相对磁导率，$\mu_r = \mu/\mu_0$，上述两种比较方法结果是一样的，即

$$\mu_r = \frac{B}{B_0} = \frac{\mu}{\mu_0} \tag{8-3}$$

根据物质的导磁性能，把物质分成两类：第一类为“非铁磁物质”，如空气、铝、铜等，$\mu_r \approx 1$，导磁性能差。第二类为“铁磁物质”，如铁、钴等，$\mu_r \gg 1$，在同样大小电流的情况下，铁磁材料中的磁感应强度，要比空气中大得多。因此，在电工技术中，如变压器、电机、电磁铁的铁心都采用铁磁材料。

4. 磁场强度及安培环路定律

介质中的磁感应强度除与产生该磁场的电流有关外，还与处于该磁场中的介质磁导率有关，而在此处我们引入一个新的物理量磁场强度 H 来表征磁场的特性，即它只与产生它的电流有关，而与处于其中的介质的磁导率无关。此时磁场强度

$$H = \frac{B}{\mu} \tag{8-4}$$

磁场强度是矢量，方向与 B 相同。

在国际单位制中，磁场强度的单位是安/米（A/m）。

引用了磁场强度这一物理量，可以较方便地分析计算不同介质的磁场。磁场强度的大小与产生该磁场的电流之间的关系可由安培环路定律确定。

安培环路定律：磁场强度矢量沿任一闭合路径的线积分等于该闭合路径所包围的全部电

流的代数和，数学表达式为

$$\oint_l \boldsymbol{H} \mathrm{d} \boldsymbol{l} = \Sigma I \tag{8-5}$$

式中，当电流 I 的方向与闭合路径的方向符合右手螺旋定则时取正，反之则取负。

安培环路定律也称全电流定律，它反映了磁场又一基本性质。

［例 8-1］ 有一条长直导线通过的电流为 I，求距离导线轴心为 r 处 P 点的磁场强度 H。

解：如图 8-3 所示，通过 P 点以 r 为半径作一个圆形闭合路径，此路径便于进行线积分，P 点的磁场强度 H 为切线方向，且 H 在这路径上处处相等，而闭合路径所包围的电流只有导线电流 I，所以根据式（8-5）有

$$H\oint_l \mathrm{d}l = I$$

$\oint_l \mathrm{d}l$ 就是圆周的长度

所以有

$$H2\pi r = I$$

得

$$H = \frac{I}{2\pi r} \tag{8-6}$$

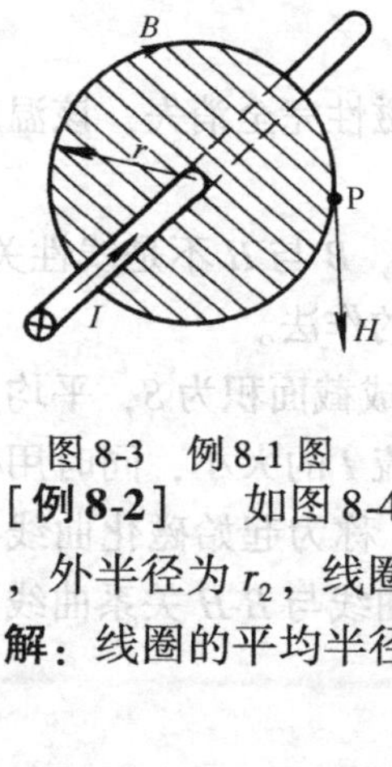

图 8-3　例 8-1 图

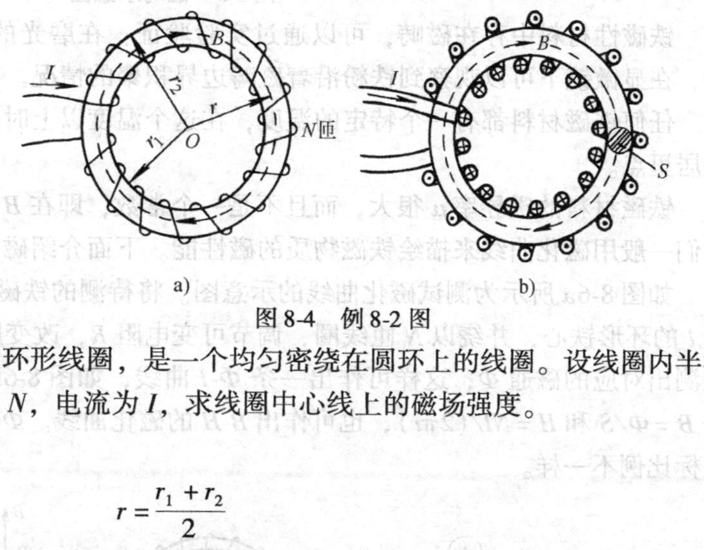

图 8-4　例 8-2 图

［例 8-2］ 如图 8-4 所示的环形线圈，是一个均匀密绕在圆环上的线圈。设线圈内半径为 r_1，外半径为 r_2，线圈匝数为 N，电流为 I，求线圈中心线上的磁场强度。

解：线圈的平均半径为

$$r = \frac{r_1 + r_2}{2}$$

取 r 为半径、O 为圆心的这样一个圆形闭合路径，此路径就是线圈的中心线，并且与该路径磁感应线重合。同样应用安培环路定律有

$$\oint_l \boldsymbol{H} \mathrm{d} \boldsymbol{l} = H2\pi r$$

而

$$\Sigma I = NI$$

于是有

$$H2\pi r = NI$$

$$H = \frac{NI}{2\pi r} \tag{8-7}$$

只要我们知道环形线圈内介质的磁导率 μ，就能求出其中的 B。

二、铁磁材料的磁化

物质由于在外磁场的作用下而显示出磁性，我们称该物质（材料）被磁化了。铁磁物质在外磁场的作用下显示很强的磁性，是由它的内部结构决定的，内部天然地分成许多小的磁性区域，叫做磁畴。如图 8-5 所示，一般磁畴体积约为 $10^{-6}cm^3$。在没有外磁场或外力（如摩擦）的作用下，各磁畴块的磁场方向不同，磁性相互抵消，所以铁磁材料一般情况下不显示磁性，如图 8-5a 所示。

当把铁磁材料置于磁场强度为 H 的磁场中时，铁磁材料的磁化通过磁畴的变动来进行。在外磁场力的作用下，磁畴向外加磁场的方向转动，因此，在铁磁材料内部，磁畴的磁性不能相互抵消，从而形成了很强的与外加磁场方向相同的附加磁场，合成后的磁场大大增强了，如图 8-5b 所示。当大多数磁畴的方向与外加磁场方向基本相同时，如图 8-5c 所示这时再增强外加磁场，附加磁场不再增加了，这种现象叫做磁饱和。

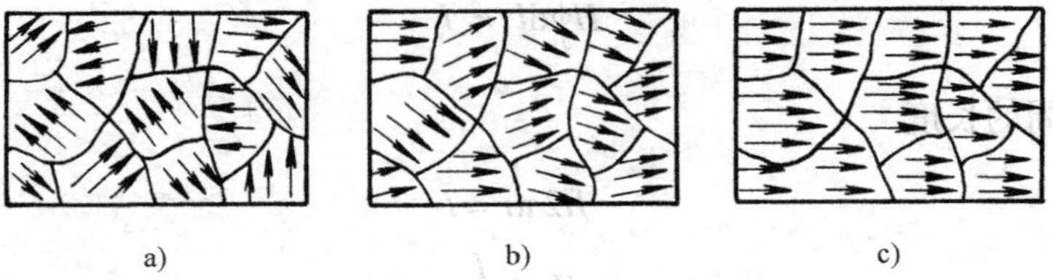

图 8-5 磁畴示意图

铁磁性材料中存在磁畴，可以通过实验验证：在磨光的铁磁物质表面撒一层极细的铁粉，在显微镜下可以观察到铁粉沿着磁畴边界积聚的情况。

任何铁磁材料都有一个特定的温度，在这个温度以上时，它的磁性完全消失，该温度称为居里点。

铁磁材料的磁导率 μ 很大，而且不是一个常数，即在 $B=\mu H$ 中，B 与 H 不是线性关系，我们一般用磁化曲线来描绘铁磁物质的磁性能。下面介绍磁化曲线的作法。

如图 8-6a 所示为测试磁化曲线的示意图。将待测的铁磁材料制成截面积为 S，平均周长为 l 的环形铁心，并绕以 N 匝线圈，调节可变电阻 R，改变励磁电流 I 的大小，同时用磁通表测出对应的磁通 Φ，这样可作出一条 Φ-I 曲线，如图 8-6b 所示，称为起始磁化曲线。根据 $B=\Phi/S$ 和 $H=NI/(2\pi r)$，也可作出 B-H 的磁化曲线。Φ-I 关系曲线与 B-H 关系曲线只是坐标比例不一样。

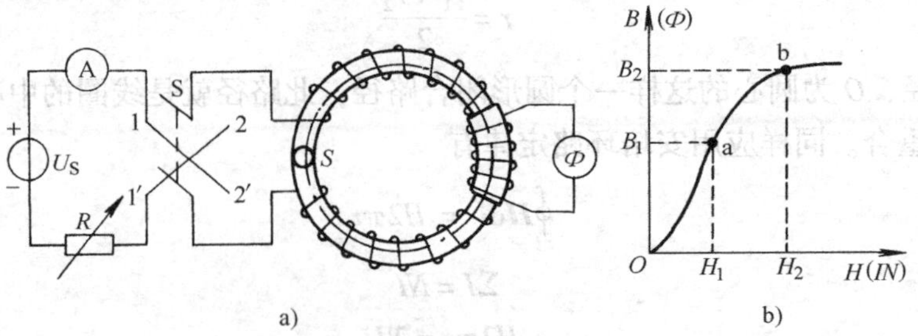

图 8-6 测试磁化曲线示意图

从起始磁化曲线可以看出，随着磁场强度 H 从 0 开始增加，（原先并无磁化现象），磁感应强度 B 开始缓慢增加，随后迅速增加（Oa 段），而后在相同的 ΔH 变化量的情况下，B 又缓慢增加（ab 段），b 点之后，即使 H 再增加，B 的增加又趋缓，这段称为饱和磁化阶段，这种现象称为磁饱和。由曲线可以看出，B/H 不是常数，也就是 μ 不是常数，根据公式 $B=\mu H$，对照起始磁化曲线，可以判断 μ 的整个变化情况。

通过实验我们还发现，铁磁材料在磁化过程中（和作起始磁化曲线一样），当外加磁场增加到某一最大值 H_m 后，B 达到最大值 B_m，再把 H 逐渐减小，B 值也随之减小，但却不沿着起始磁化曲线减小，而是沿 ab 曲线下降，如图 8-7 所示。这种 B 值落后于 H 的现象称为磁滞。H 虽然减小到零，但 B 却不为零，说明铁磁材料仍保持一定的磁性，这是由于，尽管外加磁场为零，但被改变方向和边界的磁畴仍没有完全恢复到原来状态，所以还显磁性，如图 8-7 中的 B_r 称为剩磁。如果要将剩磁去掉，这里可改变电流方向，使得外加磁场反向增加，铁磁材料反向磁化，当 H 达到 $-H_c$ 时，B 才回到零。这里 H_c 称为矫顽磁力。然后逐步增加反向磁场至最大值 $-H_m$，记下对应的 $-B_m$，再使反向磁场减小到零，又从零开始加正向磁场到 H_m，完成一个循环，作出了一个闭合的与原点对称的曲线，称为磁滞回线。

不同的材料有不同的剩磁 B_r 和矫顽磁力 H_c，于是根据磁滞回线的形状，常把铁磁材料分成两类：第一类称为软磁材料，它的磁滞回线狭长，B_r 和 H_c 都很小，基本特征磁导率高，易于磁化和退磁，多用作电机、变压器的铁心。第二类称为硬磁材料，它的剩磁 B_r 和矫顽磁力 H_c 都很大，特点能保持很强的剩磁，不易退磁，所以多用于制造永久磁铁。图 8-8 为不同材料的磁滞回线。

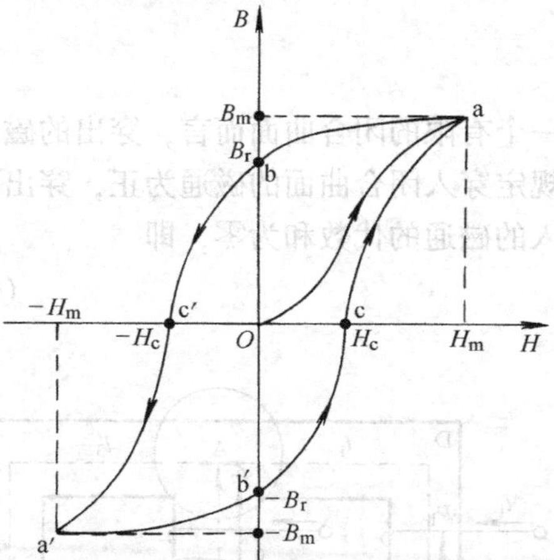

图 8-7　磁滞回线

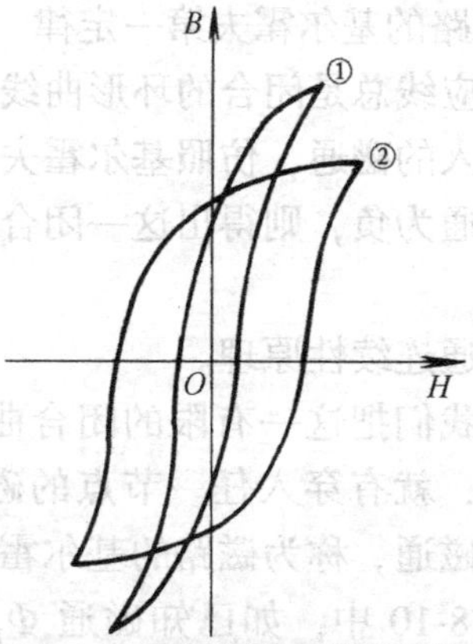

图 8-8　不同材料磁滞回线
①软磁材料　②硬磁材料

第二节　磁 路 定 律

一、磁路

从前面的分析，我们已知知道，铁磁材料具有高导磁性，即磁导率很大。这样在电工技术中，就用磁导率很大的铁磁材料做成各种形状的铁心，并绕上线圈，通以较小的励磁电流，在铁心中会产生很强的磁通（或磁感应强度）。与此相对比，周围非铁磁材料（一般为空气）中的磁通就非常小，实际上，磁通的绝大部分被约束在人为制成的闭合铁心之中，这种人为制作的磁通经过的路径叫做磁路。图 8-9a、b、c 所示分别为变压器、电机和电磁铁的铁心磁路。

从图 8-9 可看出，变压器的磁路全是由铁磁材料组成的，而电机和电磁铁的磁路还包括空气隙，由于空气的导磁性能很差，所以造成整个磁路的导磁性能大大下降。

空气的导磁性能尽管很差，但总还有一小部分磁通穿出铁心经过周围的非铁磁材料（空气）而闭合，称为漏磁通，如图 8-9a 中的 Φ_σ。而把绝大部分在铁心内闭合的磁通称为主磁通。漏磁通与主磁通相比要小很多，在计算时，一般可以忽略不计，分析问题时也可不考虑。

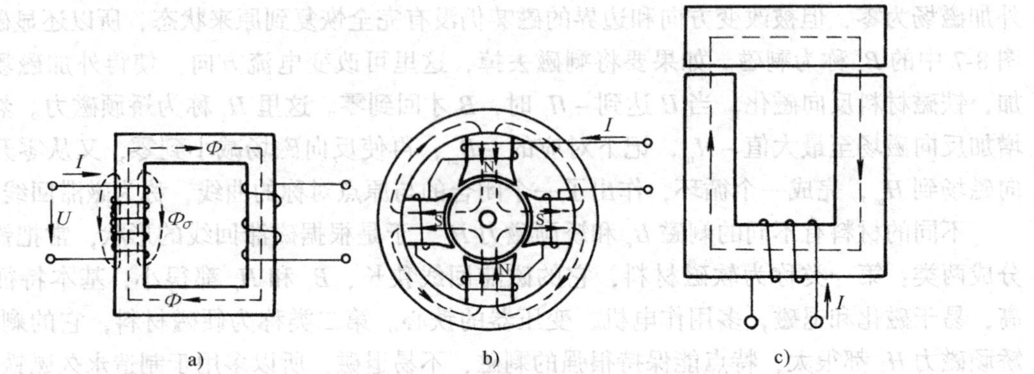

图 8-9　铁磁材料中的磁路

二、磁路定律

1. 磁路的基尔霍夫第一定律

磁感应线总是闭合的环形曲线，因此，对任何一个有限的闭合曲面而言，穿出的磁通必然等于穿入的磁通，仿照基尔霍夫节点电流定律，规定穿入闭合曲面的磁通为正，穿出闭合曲面的磁通为负，则得出这一闭合曲面上穿出与穿入的磁通的代数和为零，即

$$\sum \Phi = 0 \tag{8-8}$$

这就是磁通连续性原理。

如果我们把这一有限的闭合曲面看成一个广义的点，就有穿入任一节点的磁通等于穿出该节点的磁通，称为磁路的基尔霍夫第一定律。

在图 8-10 中，如已知磁通 Φ_1、Φ_2，把闭合曲面 S 看成一个广义的点 A，可以求出磁通 Φ_3。

$$\Phi_1 + \Phi_2 - \Phi_3 = 0$$

所以
$$\Phi_3 = \Phi_1 + \Phi_2$$

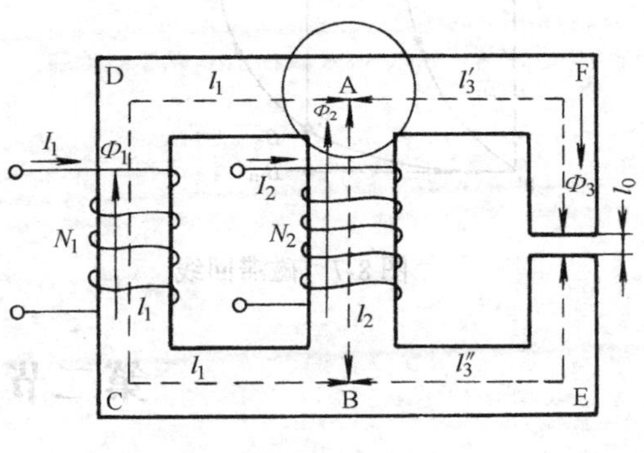

图 8-10　磁路第一定律

2. 磁路的基尔霍夫第二定律

用安培环路定律，对磁路进行计算时，我们把磁路中的每一支路按各处材料或截面不同划分成若干段，每一段中因其材料和截面相同，所以 B 及 H 处处相同。这样可以方便地求出各段磁场强度 H 与平均长度 l 的乘积，而对于任一回路就有

$$\sum (Hl) = \sum (IN) \tag{8-9}$$

对于图 8-10 所示磁路的回路 ABCDA，有

$$H_1l_1 - H_2l_2 = I_1N_1 - I_2N_2$$

对于图 8-10 所示磁路的回路 AFEBA（$l_3 = l_3' + l_3''$），有

$$H_2l_2 + H_3l_3 + H_0l_0 = I_2N_2$$

上述两式各项前正、负号的规则如下：当某段 H 的参考方向与回路的绕行方向相同时，该段的 Hl 前取正号，反之取负号；当励磁电流的参考方向与回路的绕行方向符合右手螺旋定则时，则相对应的 IN 在式中取正号，反之取负号。

式（8-9）中右边的每一项 IN 都是产生磁通的原因，称为磁动势，用 F_m 表示。磁动势的单位为安培（A），但为了与电流单位相区别，并根据它是由电流与匝数相乘而得，可把它的单位叫做“安匝”。式中左边的每一项 Hl 又可称为每一段磁路上的磁位差，并用 U_m 表示。因此，磁路的基尔霍夫第二定律可以叙述为：磁路中沿任意闭合回路磁位差 U_m 的代数和等于磁动势 F_m 的代数和，数学表达式为

$$\sum U_m = \sum F_m \tag{8-10}$$

3. 磁路欧姆定律

设一段磁路的长度为 l，截面积为 S，磁路介质的磁导率为 μ，则磁路中有

$$B = \mu H$$

即

$$\frac{\Phi}{S} = \mu H$$

所以

$$\Phi = \mu HS = \frac{Hl}{\frac{l}{\mu S}} = \frac{U_m}{R_m} \tag{8-11}$$

式中

$$R_m = \frac{l}{\mu S} \tag{8-12}$$

称为该段长度为 l，截面积为 S，磁导率为 μ 的磁路的“磁阻”。

磁阻的单位为1/亨（1/H）。

在形式上看式（8-11）与电路中的欧姆定律相似，故称其为磁路的欧姆定律。

由于铁磁材料的磁导率不是一个常数，所以其构成的磁路的磁阻也是变化的。因此，在一般情况下不能用磁路欧姆定律来进行磁路的计算，但对磁路的定性分析时，则常用到磁路欧姆定律。例如，在磁路中有一小段气隙，由于空气的磁导率 μ_0 远小于铁磁材料，所以这时整个磁路里的磁阻会显著增大。

电路中的一些物理量及其基本定律，我们比较了解，而磁路中的相关物理量和基本定律与电路中的有许多相似之处，现把它们列在表 8-1 中，进行对比，有利于我们对磁路中物理量和基本定律的理解。

表 8-1　磁路与电路比较

	电　路	磁　路
势	电动势 E	磁动势 $F_m = IN$
流	电流 I	磁通 Φ
阻	电阻 $R = \frac{l}{\gamma S}$	磁阻 $R_m = \frac{l}{\mu S}$
压	电压 $U = IR$	磁位差 $U_m = Hl$

（续）

	电　路	磁　路
基尔霍夫定律	$\sum I=0$	$\sum \Phi=0$
	$\sum(IR)=\sum E$	$\sum(Hl)=\sum(IN)$
欧姆定律	$I=\dfrac{U}{R}$	$\Phi=\dfrac{U_m}{R_m}$

当然磁路和电路有着本质的区别：如电路中有电动势，但电流可为零，而磁路中有磁动势就必有磁通。电流代表某质点的运动。电路中只要有电流，实际上总有能量损耗，磁通并不代表某种质点的运动。在维持恒定磁通的磁路中，磁阻不消耗能量等。

第三节　交流铁心线圈

具有铁心的线圈通以直流电，线圈产生的磁通是不随时间变化的，这样在铁心和线圈中不会产生感应电压，功率损耗主要是线圈内阻上的功率损耗。而如通以交流电，由交变电流产生的磁通随时间变化着，这时会在铁心和线圈中产生感应电压，除了线圈内阻上有功率损耗外，铁心中也会有损耗，所以交流铁心线圈电路中电磁关系比较复杂，这里主要研究交流铁心线圈。

一、正弦电压下的铁心线圈

如图8-11所示，为一个具有闭合铁心的线圈，各量的参考方向如图。

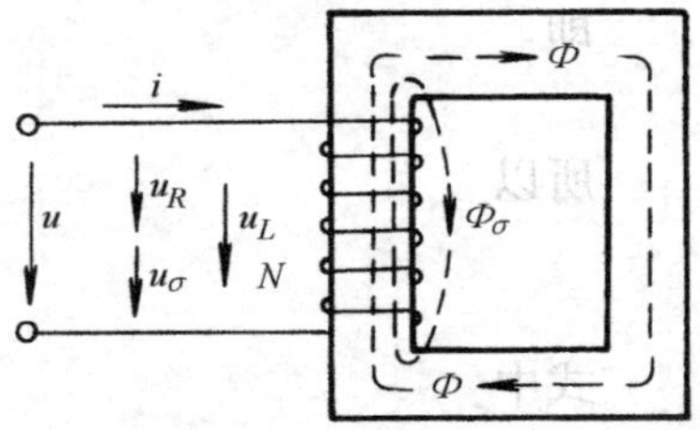

图8-11　交流铁心线圈

当在线圈两端加正弦电压后，在铁心线圈中产生交变磁通。这磁通分成两部分，主磁通 Φ 和漏磁通 Φ_σ，它们都会在线圈中产生感应电压 u_L 和 u_σ。另外，线圈本身还有电阻，电流通过时也会有电压降 u_R，这时线圈两端电压平衡方程式

$$u=u_L+u_\sigma+u_R$$

由于铁心的磁导率远大于空气的磁导率，所以感应电压 $u_L \gg u_\sigma$，线圈本身的电阻也很小，因此，u_R 也很小，那么在漏磁通和电阻忽略不计的情况下（也即忽略 u_σ 和 u_R），外加电压就与主磁通的感应电压相平衡，有

$$u=u_L$$

铁心中的磁通和励磁电流不是线性关系，所以电感是变化的，不能用电感线圈上的 $u_L=L\times\dfrac{di}{dt}$，而用 $u_L=\dfrac{d\psi}{dt}$ 来进行分析。

$$u_L=\frac{d\psi}{dt}=N\frac{d\Phi}{dt}$$

若磁通按正弦规律变化，即

$$\Phi=\Phi_m\sin\omega t$$

那么电压

$$u=u_L=N\frac{d\Phi}{dt}=\omega N\Phi_m\cos\omega t=U_m\sin(\omega t+90°)$$

上式说明，加于线圈两端电压的相位超前磁通 90°，上式中

$$U_m = \omega N\Phi_m = 2\pi fN\Phi_m$$

电压有效值

$$U = \frac{U_m}{\sqrt{2}} = \frac{2\pi}{\sqrt{2}} fN\Phi_m$$

或

$$U = 4.44 fN\Phi_m \tag{8-13}$$

从上式可以看出：如不计线圈的电阻和漏磁通，当电源的频率 f 和线圈的匝数 N 一定时，线圈磁通的最大值 Φ_m 和线圈两端电压的有效值 U 成正比，而与铁心材料和尺寸无关。换句话说，在一定正弦电压的作用下，无论线圈的磁路如何变化，其磁通的最大值基本上不变。这是交流铁心线圈的特点。根据这一特点，在交流铁心线圈两端外加某一正弦电压时，如果磁路的磁阻改变，为迫使正弦磁通 Φ_m 一定，只能是磁动势（励磁电流）作相应的变化，这一点从磁路欧姆定律 $\Phi = \frac{IN}{R_m}$ 可得到解释，就是说交流下的铁心线圈磁路反过来对电路有影响。

二、铁心损耗

交流铁心线圈与直流铁心线圈在功率损耗方面有很大的不同。直流铁心线圈通直流电，铁心中的磁通是恒定的，所以直流铁心线圈的功率损耗主要是线圈内阻上的功率损耗。而交流铁心线圈，除了线圈本身电阻上的损耗（I^2R）之外，铁心内部还有损耗，称为铁心损耗。

1. 磁滞损耗

铁心线圈中的铁心在交变磁通的作用下被反复磁化，磁畴的边界和方向反复改变而造成的能量损耗称为磁滞损耗。磁滞损耗这部分能量是从电路中通过磁耦合吸收过来的，最后转变成热能使铁心的温度升高。

磁滞损耗与外加电源的频率 f、铁心体积及磁滞回线的面积成正比，另外，外加电压越大，产生的磁感应强度 B_m 也越大，磁滞损耗也越大，还有磁滞损耗与铁心材料的种类有关。

为了减小磁滞损耗，可选用磁滞回线狭窄的铁磁材料制作铁心，但根据铁磁材料的特点，磁滞损耗总是有的。

2. 涡流损耗

铁心线圈两端加一个交流电源，就会产生一个交变磁通穿过铁心，而铁心本身是导体，可以把铁心看成无数多个闭合回路，如图 8-12a 所示，交变磁通在这些闭合回路中产生感应电动势，从而形成许多围绕以铁心中心线呈漩涡状流动的电流，称为涡流。

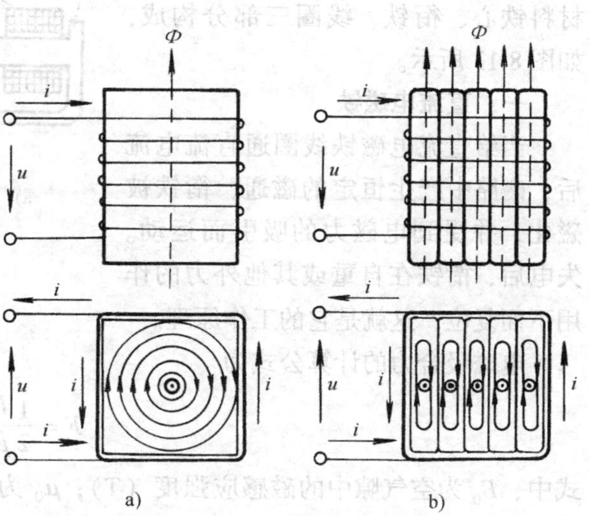

图 8-12　铁心中的涡流

由于铁心内同样有电阻，当涡流在铁心内流动时，就会引起有功功率损耗，使得铁心发

热，称为涡流损耗。

涡流损耗消耗了电能，使铁心温度升高，甚至使电气设备无法正常工作。为了减小涡流，在交流电工设备中的铁心都不用整块材料制做，而是在顺着磁场方向用彼此绝缘的薄钢片叠制而成，如图 8-12b 所示。这样只能在狭小的路径内有涡流，从而使涡流减小。另外，在薄钢片中也可掺入少量的其他元素如硅，使钢片的电阻率增加，即加大涡流回路的总电阻，使涡流减小。

涡流也有可利用的一面，利用涡电流的电磁阻尼作用，可制成各种电磁阻尼器，以防止仪表中各种可动部分的振动；利用涡电流的热效应，可制成高频感应加热设备。

3. 铁心损耗

涡流损耗与磁滞损耗一样，也与交流电源的频率 f、磁感应强度的最大值 B_m 有关，计算起来都比较麻烦。我们常把磁滞损耗和涡流损耗统一起来考虑，它们都是铁心中的损耗，称为铁心损耗，简称铁损，用下式计算

$$P_{Fe} = P_{Fe0}M$$

式中 P_{Fe}——总铁损（W）；

P_{Fe0}——比损耗，是某一 B_m 值时每千克铁心的损耗（W/kg）；

M——铁心总质量（kg）。

第四节　电　磁　铁

电磁铁是给有铁心的线圈通电，产生电磁力，来实现机械运动的多功能器件，它在电器元件、设备上有着广泛的应用。尽管电磁铁的结构形式多样，功能各异，但它们的基本组成都是相同的，由磁导率很高的软磁性材料铁心、衔铁、线圈三部分构成，如图 8-13 所示。

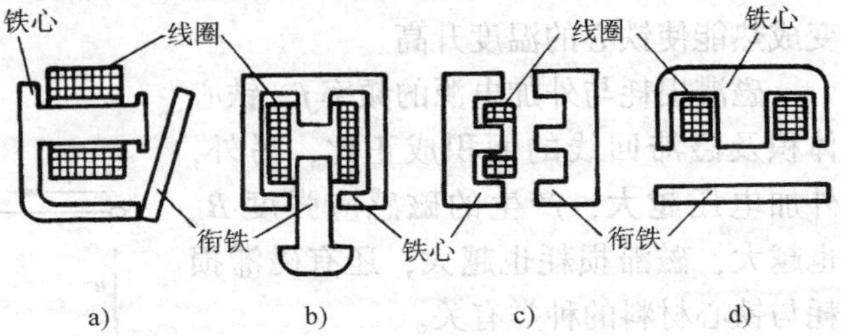

图 8-13　电磁铁

一、直流电磁铁

当给直流电磁铁线圈通直流电流后，磁路中产生恒定的磁通，衔铁被磁化，并受到电磁力的吸引而运动。失电后，衔铁在自重或其他外力的作用下而复位，这就是它的工作原理。

电磁吸合力的计算公式为

$$F = \frac{1}{2}\frac{B_0^2}{\mu_0}S \tag{8-14}$$

式中，B_0 为空气隙中的磁感应强度（T）；μ_0 为空气的磁导率；S 为全部吸合面的面积；F 为吸合力。

直流电磁铁吸合过程中，线圈中的电流不变，仅取决于电源的电压和线圈的内阻，即磁动势 IN 不变。但吸合过程中空气隙变小，磁阻 R_m 也变小，根据磁路欧姆定律 $\Phi = IN/R_m$ 分析，则磁通增大，随之磁感应强度 B_0 也增大，因此，吸合力 F 也在增加，完全吸合后达

到最大值，这是直流电磁铁的一个特点。直流电磁铁有可能因为开始气隙过大，电磁吸力小而吸合不上。完全吸合上后，如果吸合力 F 过大，这时可在线圈电路中串一个电阻，使励磁电流减小，维持吸合就可以了。

二、交流电磁铁

在交流电磁铁中，如接入正弦交流电压，铁心中的磁通也按正弦规律变化，气隙中的磁感应强度 B_0 和磁通一样为正弦时间函数。

$$B_0 = B_m \sin\omega t$$

吸合力也随时间变化，瞬时值表达式为

$$f = \frac{1}{2}\frac{B_0^2}{\mu_0}S = \frac{1}{2}\frac{B_m^2 \sin^2\omega t}{\mu_0}S = \frac{B_m^2}{2\mu_0}S\left(\frac{1-\cos 2\omega t}{2}\right)$$
$$= F_m\left(\frac{1-\cos 2\omega t}{2}\right)$$

式中，$F_m = \frac{B_m^2 S}{2\mu_0}$是吸合力的最大值。一个周期吸合力的平均值为

$$F_{av} = \frac{1}{T}\int_0^T f\mathrm{d}t = \frac{1}{4}\frac{B_m^2}{\mu_0}S$$

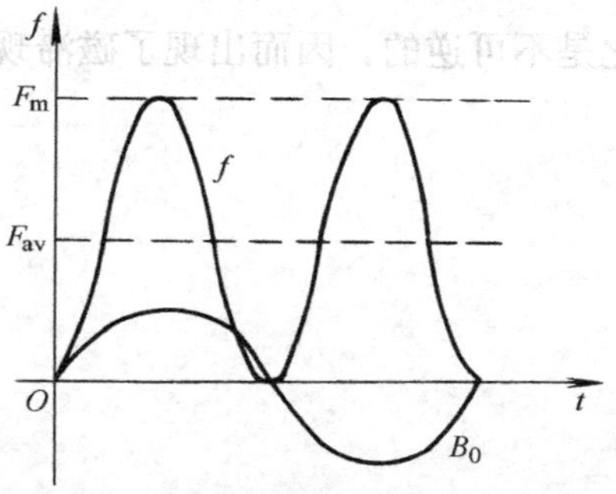

图 8-14　交流电磁铁的吸合力波形

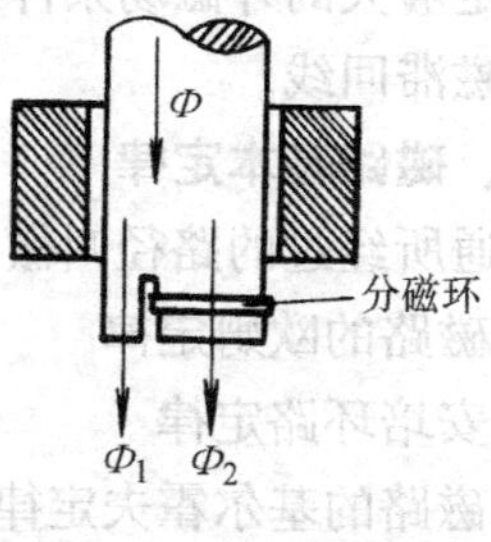

图 8-15　电磁铁短路环

交流电磁铁的吸合力 f 随时间而变化的波形如图 8-14 所示。从波形可以看出，吸合力是脉动的，而且一个周期有两次为零，这将引起衔铁的振动。为了消除这种现象，通常在铁心的端面上嵌装一个闭合的短路环，称为分磁环，如图 8-15 所示。它将原来铁心中的磁通 Φ 分成 Φ_1 和 Φ_2 两部分，穿过短路环的磁通在短路环内产生感应电压而有了感应电流，感应电流又产生磁通阻滞穿过这短路环内磁通的变化，这样使短路环内的合成磁通 Φ_2'滞后于短路环外的合成磁通 Φ_1'，使 Φ_1'和 Φ_2'有了相位差，磁通 Φ_1'和 Φ_2'不会同时为零。另外，两者的幅值也不一样，所以此时总磁通会保持在一定值以上，使吸引力不至于过小而导致衔铁分开，从而起到消噪的作用。

交流电磁铁与前面介绍的直流电磁铁相比有它的特点。介绍式（8-13）时已经说明过，只要外加电压一定，某一交流电磁铁磁路中磁通的最大值 Φ_m 就基本不变，因而磁感应强度的最大值 B_m 也基本不变，所以衔铁在吸合过程中，平均吸合力基本保持不变。但是由于吸合前后空气隙长、短不同，说明吸合前磁阻大，完全吸合后磁阻最小，同样根据磁路欧姆定律分析：$\Phi = IN/R_m$，式中 Φ 一定，磁阻 R_m 增加，那么只有励磁电流 I 也跟着增加。所以衔铁在吸合过程中，线圈中的电流是逐渐减小的。如果衔铁被卡住，线圈中将流过 5 ~ 6 倍

的额定电流，甚至更大，将使线圈因为过热而烧坏。

本 章 小 结

本章讨论了磁路基础知识和基本定律、铁心线圈电路，主要内容是：

一、描述磁场的主要物理量

1. 磁感应强度是描述磁场中某点磁场强弱和方向的物理量，是矢量。磁感应强度的方向就是磁场的方向，即磁场中某点磁感应强度的方向就是在该点放置小磁针N极所指方向。

2. 某一面积 S 的磁感应强度的通量称为磁通。

3. 磁导率是表示物质导磁性能的一个物理量。物质按其导磁性能大体上分为非铁磁性物质和磁性物质两大类。

4. 为了便于确定磁场与产生该磁场的电流之间的关系，引入磁场强度这个物理量，磁场强度与磁导率无关，它也是个矢量，方向为该点的磁感应强度的方向。

二、铁磁材料的磁化

铁磁材料在外磁场中呈现磁性的现象叫做铁磁材料的磁化。铁磁材料 $\mu_r \gg 1$，是外磁场强度 H 的函数，B-H 曲线是非线性的。

在足够大的外磁场条件下，铁磁材料的磁化是不可逆的，因而出现了磁滞现象，交变磁化时有磁滞回线。

三、磁路基本定律

磁通所经过的路径叫做磁路。

1. 磁路的欧姆定律

2. 安培环路定律

3. 磁路的基尔霍夫定律

四、交流铁心线圈电路

1. 电压与磁通的关系 $U = 4.44fN\Phi_m$，这是一个常用的重要公式，它表明：当电源频率 f 和线圈匝数 N 一定时，铁心线圈磁路中的磁通最大值 Φ_m 和线圈端电压的有效值成正比。

2. 铁心损耗包括两部分，即磁滞损耗和涡流损耗。

思考题与习题八

1-1 分析铁磁物质有剩磁的原因，并阐述去掉剩磁的方法。

1-2 自然界中有没有单一的磁极？为什么？

1-3 某一铁磁材料，今已作出其起始磁化曲线如图8-6b所示，试说明随着磁场强度 H 的增强，磁导率 μ 的变化规律。

1-4 有一均匀磁场，磁感应强度 $B = 0.13\text{T}$，磁场垂直穿过 $S = 10\text{cm}^2$ 的平面，介质的相对磁导率 $\mu_r = 3000$，求：磁场强度 H 和所穿过面积上的磁通 Φ。

1-5 如题图8-1所示，为一条长直导线，电流 $I = 10\text{A}$，垂直流进纸面。A、B、C三点在以 $R_1 = 3.19\text{m}$ 为半径的圆周上，D、E两点在以 $R_2 = 4\text{m}$ 为半径的圆周上。

求：(1) 图中各点的磁场强度；(2) AB、BC、CD、DE、EA两点间的磁位差；(3) 各段磁位差（沿闭合回线一周）之和等于多少？

1-6　一环形铁磁材料外绕了 314 匝导线，然后通过 2A 的电流，设环的平均半径为 0.2m，并已测算出环中磁感应强度为 1T。计算：(1) 磁场强度；(2) 相对磁导率。

2-1　有两个相同材料的铁心，绕的线圈匝数相同，磁路的平均长度 $l_1 = l_2$，但截面积 $S_2 > S_1$，当通以相同的直流电流时，试比较两铁心中 Φ_1 与 Φ_2 的大小，B_1 和 B_2 的大小，如通以相同的正弦交流电流时，试比较两铁心中 Φ_{1m} 和 Φ_{2m} 的大小。

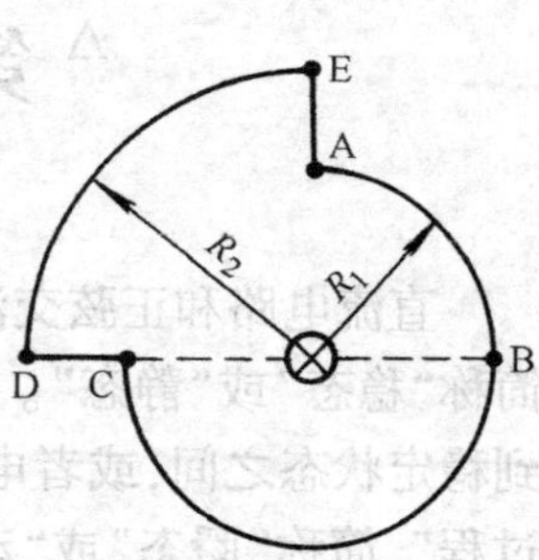

题图 8-1

2-2　在磁路中空气隙的长度与铁心的长度相比总是很小，问可否忽略不计？

3-1　什么叫铁心损耗？其大小主要与哪些因素有关？

3-2　如图 8-11 所示，已知交流铁心线圈铁心的材料为热扎高硅钢片，其截面积 $S = 27.5\text{cm}^2$，平均长度 $L = 60\text{cm}$，线圈匝数 $N = 300$ 匝，当接入正弦电压有效值 $U = 220\text{V}$，频率 $f = 50\text{Hz}$，求：(1) 磁感强度 B_m；(2) 线圈中的励磁电流（已知 $H_m = 7\text{A/cm}$）。

4-1　简述电磁铁的工作原理。

4-2　磨床通过电磁吸盘把工件牢牢吸住，其工作原理如同电磁铁一样，假如设计一电磁吸盘，你认为宜采用直流电源还是交流电源，为什么？

△第九章　线性动态电路的分析

直流电路和正弦交流电路的分析与计算，都是在电路处在稳定状态下进行的。稳定状态简称“稳态”或“静态”。在含有储能元件(电感、电容元件)的电路中，电路由接通的最初瞬间到稳定状态之间，或者电路由一种稳定状态到另一种稳定状态之间的“过渡过程”称为“瞬态过程”，简称“瞬态”或“动态”。

出现过渡过程的主要原因是：储能元件(L、C)的电流、电压关系是微分或积分关系。电感、电容称为“动态元件”，含有动态元件的电路在电路转换过程中称为“动态电路”。本章将讨论一阶电路的动态过程及其基本计算。

第一节　基本概念

一、电路的瞬态过程现象

含有储能元件(电感、电容)的电路，在一定的条件下处于某一种稳定状态。这时若电路出现开关通断，电源或元件参数发生变化，将引起电路从原来的稳态变到新的稳态。稳定状态的改变，必然伴随着电感、电容内所储能量的变化，根据功率的定义：$p=\mathrm{d}w/\mathrm{d}t$，可以看出，若在某一瞬间储能发生突变，这就意味着电路的功率 p 趋于无穷大，这在实际电路中是不可能的。从而说明电路从一种稳态到另一种新的稳态应是渐变的过程，是一个动态的过渡过程。对于实际的电路，动态的过渡过程通常是短暂的，所以称之为瞬态过程。

在图9-1中，开关S原来与①点相闭合，电源 U_S 给电容器充电，稳态时 $u_C=U_C=U_S$。若开关S合向②点，电容经电阻 R 放电，达到新的稳态时 $u_C=U_C=0$。电容器两端的电压 u_C 从 U_C 到0是通过电容放电来完成的，它需要一定的时间。

在图9-2中，开关S打开时，电流 $i_L=0$，这是电路的一种稳定状态。如果将开关S合上，达到稳态后电流 $i_L=U_S/R$。电流 i_L 从0(一种稳态)增长到 U_S/R(另一种稳态)是充磁的过程，也需要一定的时间。

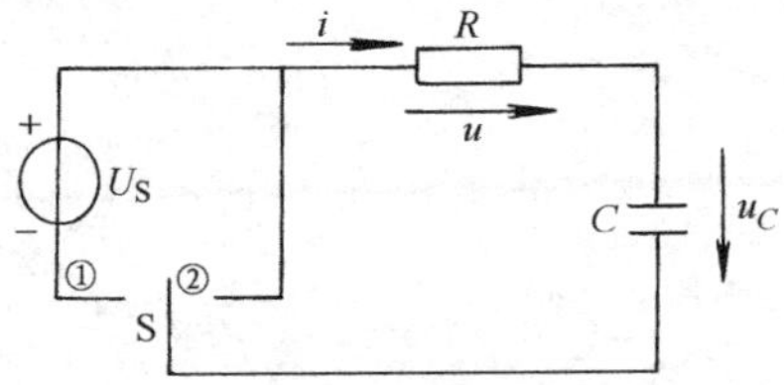

图9-1　电容元件充放电电路

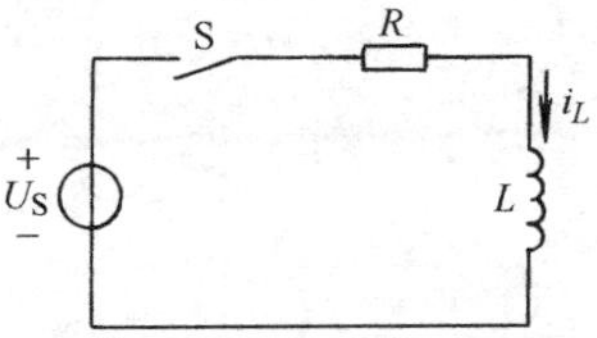

图9-2　电感元件接通电源

二、换路定律及初始条件的确定

电路的瞬态过程是在电路发生变化时才出现的，我们把电路的改变(如接通、切断、短路等)，电信号的突然变动，电路参数的突然变化等统称为电路的换接，简称为换路。

电容两端的电压不能发生突变，可以通过电容上的电压、电流关系 $i_C=C\dfrac{\mathrm{d}u_C}{\mathrm{d}t}$来理解，如果电压突变(即时间趋于零),则 i_C 趋于无穷大,这对实际电路是不可能的。

对于电感元件,根据电感电压 $u_L = L\mathrm{d}i_L/\mathrm{d}t$,也能理解 i_L 不能发生突变,否则 u_L 将趋于无穷大。

通过上述分析可知,电容的电压 u_C 和电感的电流 i_L 不可能发生突变,即 u_C 和 i_L 在换路后一瞬间仍然维持换路前一瞬间的值,不仅大小不变,而且方向也不变,然后才开始逐渐变化,这就是换路定律。

一般把换路发生的时间作为计算时间的起点,记为 $t=0$,则换路前一瞬间记为 $t=0_-$,换路后一瞬间记为 $t=0_+$。换路是在瞬间完成的,于是可写出换路定律的数学表达式

$$u_C(0_+) = u_C(0_-) \tag{9-1}$$

$$i_L(0_+) = i_L(0_-) \tag{9-2}$$

式中,$u_C(0_-)$,$i_L(0_-)$是换路前的稳态值或终了值;$u_C(0_+)$,$i_L(0_+)$则是换路后瞬态过程开始的初始值,两者相等,它是换路后进行计算的初始条件。

应当注意,换路定律说 u_C 和 i_L 不能发生突变,是因为它们与储能元件的储能直接有关,而与储能无关的量,如 i_C、u_L 则可以突变,即换路前后,i_C 和 u_L 都有可能发生突变。

本章我们分析电路的瞬态过程是以时间为变量,所以这种方法又称为时域分析法。

[例 9-1] 如图 9-3 所示电路,设已知 $U_S = 12\mathrm{V}$,$R_1 = 4\mathrm{k\Omega}$,$R_2 = 8\mathrm{k\Omega}$,$C = 1\mathrm{\mu F}$。求:当开关 S 闭合后 $t=0_+$ 时,各支路电流及电容电压的初始值。

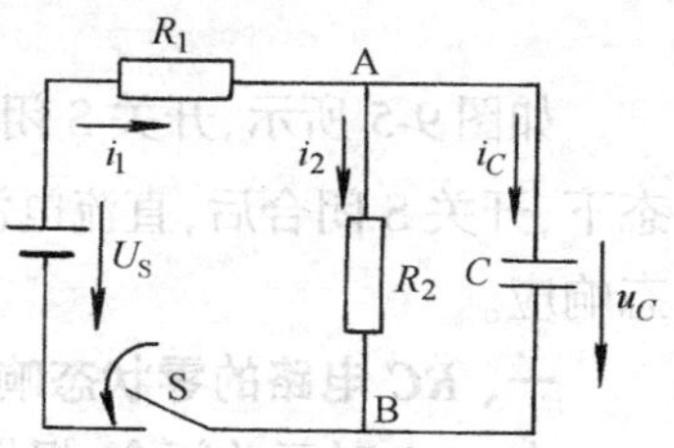

图 9-3 例 9-1 图

解:已知在 S 闭合前 $u_C(0_-)=0$(换路前电容上无电压)。根据换路定律

$$u_C(0_+) = u_C(0_-) = 0$$

由于 R_2 与 C 并联,故有

$$i_2(0_+) = \frac{u_C(0_+)}{R_2} = 0$$

为求 $i_1(0_+)$,可根据基尔霍夫电压定律列出回路电压方程,即

$$U_S = i_1(0_+)R_1 + i_2(0_+)R_2 = i_1(0_+)R_1 + 0$$

可得

$$i_1(0_+) = \frac{U_S}{R_1} = \frac{12\mathrm{V}}{4\times10^3\Omega} = 3\times10^{-3}\mathrm{A} = 3\mathrm{mA}$$

再用基尔霍夫电流定律

$$i_C(0_+) = i_1(0_+) - i_2(0_+) = (3-0)\mathrm{mA} = 3\mathrm{mA}$$

顺便指出:开关在闭合后(换路后),电路各量的数值(稳定值)称 $t=\infty$(无限大)值。如图 9-3 所示,当开关闭合电路稳定后的直流电路,各无限大值分别为

$$i_1(\infty) = i_2(\infty) = \frac{U_S}{R_1+R_2} = \frac{12\mathrm{V}}{(4+8)\times10^3\Omega} = 1\times10^{-3}\mathrm{A} = 1\mathrm{mA}$$

$$u_C(\infty) = i_2(\infty)R_2 = 1\times10^{-3}\mathrm{A}\times8\times10^3\Omega = 8\mathrm{V}$$

[例 9-2] 如图 9-4 所示电路,已知 $R_1 = 1\mathrm{k\Omega}$,$R_2 = 500\Omega$,$C = 10\mathrm{\mu F}$,$L = 0.1\mathrm{H}$,电流源电流 $I_S = 10\mathrm{mA}$,在 $t=0$ 时将开关(S)拉开。求:$u_C(0_+)$;$u_L(0_+)$,$i_1(0_+)$,$i_2(0_+)$,$i_1(\infty)$,$i_2(\infty)$。

解:由换路定律,得

$$u_C(0_+)=u_C(0_-)=0$$

$$i_2(0_+)=i_2(0_-)=0$$

由 KCL 得 $i_1(0_+)=I_S-i_2(0_+)=I_S-0=10\text{mA}$

为了求 $u_L(0_+)$,可先求 $u_{AB}(0_+)$

$$u_{AB}(0_+)=i_1(0_+)R_1+u_C(0_+)$$

$$=(10\times10^{-3}\times1\times10^3+0)\text{V}=10\text{V}$$

又因为

$$u_{AB}(0_+)=i_2(0_+)R_2+u_L(0_+)$$

得 $\quad u_L(0_+)=u_{AB}(0_+)-i_2(0_+)R_2=10\text{V}$

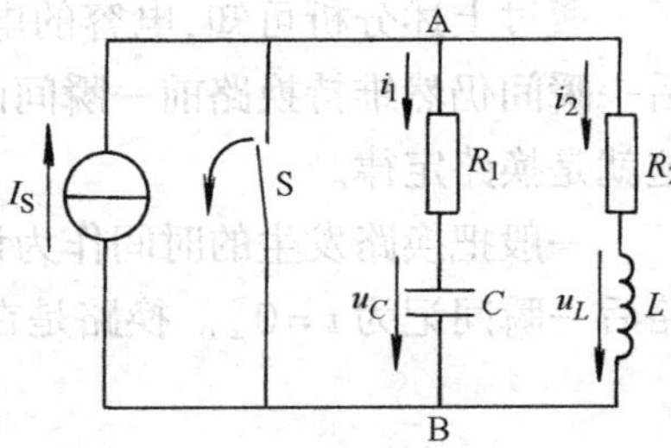

图 9-4 例 9-2 图

i_1、i_2 的稳态值为

$$i_2(\infty)=I_S=10\text{mA}$$

$$i_1(\infty)=0$$

第二节 *RC* 串联电路的瞬态过程

如图 9-5 所示,开关 S 闭合前,电容器没有充电,称电路处于零状态,$u_C(0_-)=0$。在零状态下,开关 S 闭合后,直流电源 U_S 经电阻 R 对电容 C 充电,电路中产生的 u_R、i 及 u_C 称为零状态响应。

一、*RC* 电路的零状态响应

在 $t=0$ 时开关闭合,根据基尔霍夫定律有

$$u_R+u_C=U_S$$

或

$$Ri+u_C=U_S$$

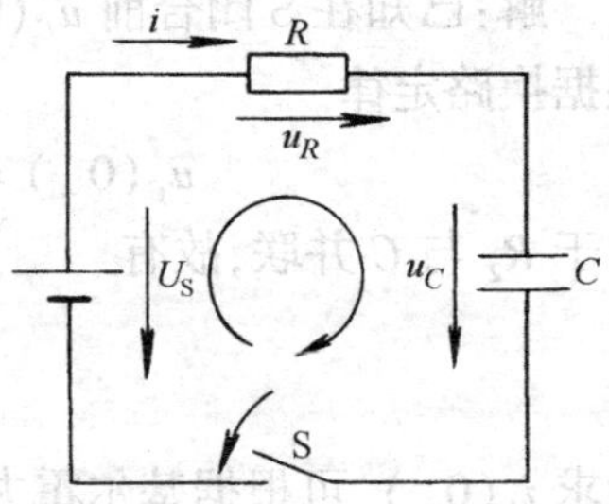

图 9-5 电容充电电路

因为 $i=C\dfrac{du_C}{dt}$,代入上式得

$$RC\frac{du_C}{dt}+u_C=U_S$$

这是一阶常系数线性非齐次微分方程,该微分方程的解为 $u_C=u_P+u_h$,其中 u_P 是特解,u_h 为通解。因为瞬态过程结束,达到稳态,$u_C=U_S$,故有特解

$$u_P=U_S$$

而其通解 u_h 取决于齐次方程

$$RC\frac{du_C}{dt}+u_C=0$$

可得通解 $\quad u_h=Ae^{-\frac{t}{RC}}$

因此 $$u_C=U_S+Ae^{-\frac{t}{RC}} \tag{9-3}$$

式中,常数 A 由初始条件确定

因为 $\quad u_C(0_+)=u_C(0_-)=0$

代入式(9-3)
$$0=U_S+Ae^{-\frac{0}{RC}}$$
得
$$A=-U_S$$
所以最后得
$$u_C=U_S-U_Se^{-\frac{t}{RC}}=U_S(1-e^{-\frac{t}{RC}}) \tag{9-4}$$
此时电路中的电流
$$i=C\frac{du_C}{dt}=C\frac{d}{dt}(U_S-U_Se^{-\frac{t}{RC}})=\frac{U_S}{R}e^{-\frac{t}{RC}}$$
u_C 和 i 随时间变化的曲线如图 9-6 所示。

二、*RC* 电路的零输入响应

如图 9-7 所示,当开关 S 闭合前,电容器已充电至 $u_C(0_-)=U_0$;在 $t=0$ 时开关 S 闭合后,电路并没有接入其他激励,电容 C 经电阻 R 放电,这时电路中 u_C 和 i 称为零输入响应。

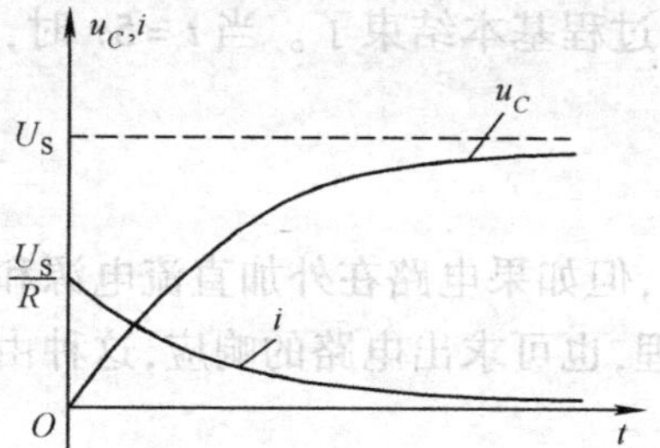

图 9-6 电容充电时 u_C 和 i 随时间变化曲线

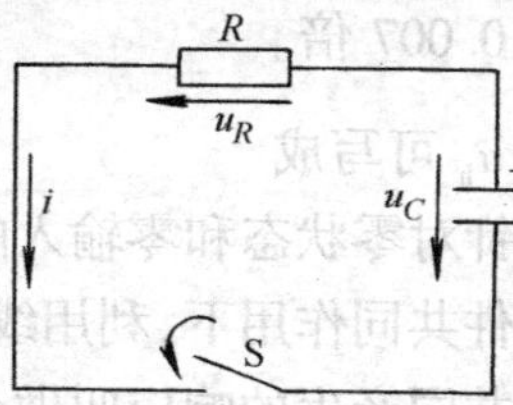

图 9-7 电容放电电路

根据基尔霍夫定律有
$$u_C-u_R=0$$
或
$$u_C-Ri=0$$
因为 u_C 与 i 的参考方向相反,把 $i=-C\frac{du_C}{dt}$代入上式
$$RC\frac{du_C}{dt}+u_C=0$$
这是一阶常系数线性齐次微分方程,此方程的通解为
$$u_C=Ae^{-\frac{t}{RC}} \tag{9-5}$$
式中,常数 A 同样由初始条件确定,在 $t=0$ 时 S 闭合有
$$u_C(0_+)=u_C(0_-)=U_0$$
代入式(9-5)有
$$U_0=Ae^{-\frac{0}{RC}}$$
所以
$$A=U_0$$
得
$$u_C=U_0e^{-\frac{t}{RC}} \tag{9-6}$$
而电流 i 的变化规律
$$i=-C\frac{du_C}{dt}=-C\frac{d}{dt}(U_0e^{-\frac{t}{RC}})=\frac{U_0}{R}e^{-\frac{t}{RC}}$$
u_C 和 i 随时间变化的曲线如图 9-8 所示。

从上述零状态响应和零输入响应分析可以看出，它们具有相同的齐次微分方程，即它们都有相似的通解形式

$$u_h = Ae^{-\frac{t}{RC}}$$

现令

$$\tau = RC \quad (9\text{-}7)$$

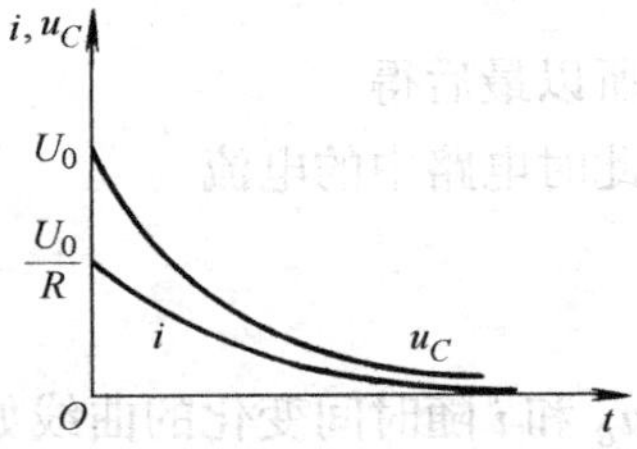

图 9-8　电容放电电压电流曲线

式中，τ 称为 RC 动态电路的时间常数，它由电路参数 R、C 的大小确定，单位为秒；$u_h = Ae^{-\frac{t}{RC}}$说明电压 u_h 是随着时间按指数方式衰减的，$\tau = RC$ 越大，衰减就越慢，瞬态过程就长一些；τ 越小，衰减就越快，瞬态过程就短一些。这一点不难理解，如以放电为例，在一定的初始电压(U_0)之下，电阻越大，放电电流就越小，使电容器上的电荷全部中和，时间就会长一些；从理论上讲，只有经过时间 $t=\infty$，瞬态过程才能结束，但实际上时间过了$(4\sim5)\tau$后，就可以认为瞬态过程基本结束了。当 $t=5\tau$ 时，u_h 已衰减到初始值的 0.007 倍。

此时通解 u_h 可写成 $\qquad u_h = Ae^{-\frac{t}{\tau}}$

尽管我们针对零状态和零输入的电路进行了分析，但如果电路在外加直流电源和初始状态不为零的条件共同作用下，利用线性电路的叠加定理，也可求出电路的响应，这种由初始状态和输入激励共同产生的响应叫做全响应。

[例 9-3]　如图 9-5 所示电路，已知电阻 $R=2\text{k}\Omega$，电容 $C=5\mu\text{F}$，电源电压 $U_S=100\text{V}$，如开关 S 闭合前电容已充电到 $u_0(0_-)=50\text{V}$，求开关 S 闭合后电容器电压 u_C 和电路中的电流 i。

解：列写出电路的微分方程为

$$RC\frac{du_C}{dt} + u_C = U_S$$

稳态时电容两端电压 $u_C = U_S$，即特解

$$u_P = U_S = 100\text{V}$$

而通解 $\qquad u_h = Ae^{-\frac{t}{\tau}}$

式中 $\qquad \tau = RC = 2\times10^3\Omega\times5\times10^{-6}\text{F} = 10^{-2}\text{s}$

所以 $\qquad u_C = u_P + u_h = 100 + Ae^{-10^2 t}$

然后根据初始条件，求出常数 A

$$u_C(0_+) = u_C(0_-) = 50\text{V}$$

即 $\qquad 50 = 100 + Ae^{-10^2\times0} = 100 + A$

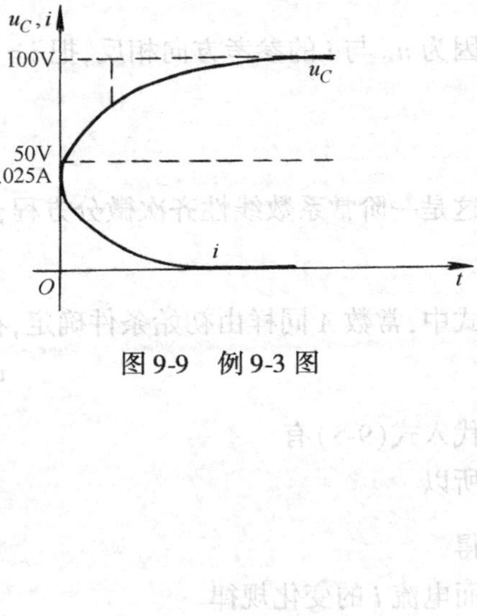

图 9-9　例 9-3 图

$$A = -50$$

电容电压 $\qquad u_C = 100 - 50e^{-10^2 t}$

而 $\qquad i = C\frac{du_C}{dt} = 0.025e^{-10^2 t}$

利用叠加原理也可解此题，首先求出零状态响应为

$$u_{C1} = U_S(1 - e^{-\frac{t}{\tau}}) = 100(1 - e^{-10^2 t})$$

而后零输入响应为

$$u_{C2}=U_0\mathrm{e}^{-\frac{t}{\tau}}=50\mathrm{e}^{-10^2t}$$

所以全响应

$$u_C=u_{C1}+u_{C2}=100-50\mathrm{e}^{-10^2t}$$

两种方法计算结果相同,电压 u_C 和电流 i 的曲线如图 9-9 所示。

第三节　*RL* 串联电路的瞬态过程

一、*RL* 电路的零状态响应

如图 9-10 所示,直流电源接通前,电路电流 $i(0_-)=0$,设开关 S 在 $t=0$ 时闭合,根据基尔霍夫定律有

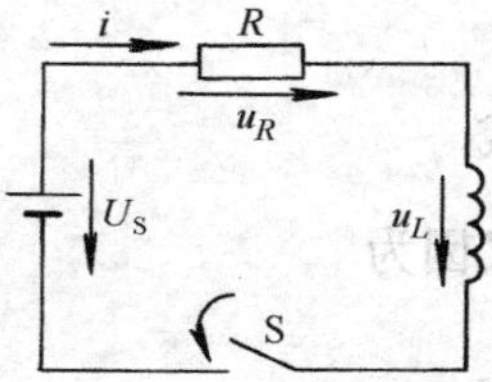

图 9-10　*RL* 电路接通直流电压源

$$u_R+u_L=U_S$$

或

$$Ri+u_L=U_S$$

而

$$u_L=L\frac{\mathrm{d}i}{\mathrm{d}t}$$

则有

$$\frac{L}{R}\frac{\mathrm{d}i}{\mathrm{d}t}+i=\frac{U_S}{R}$$

上式也是一阶常系数线性非齐次微分方程,它的解同样由其特解 i_P 和相应的齐次方程的通解 i_h 组成,即

$$i=i_P+i_h$$

电路达到稳态时,电流 $i(\infty)=\frac{U_S}{R}$

所以有特解

$$i_P=i(\infty)=\frac{U_S}{R}$$

相应齐次方程的通解为

$$i_h=A\mathrm{e}^{-\frac{R}{L}t}=A\mathrm{e}^{-\frac{t}{L/R}}$$

同样令 $\tau=\frac{L}{R}$,可写出电流 i

$$i=\frac{U_S}{R}+A\mathrm{e}^{-\frac{t}{\tau}} \tag{9-8}$$

式中,常数 A 可以利用电感中电流的初始条件确定

$$i(0_+)=i(0_-)=0$$

代入式(9-8)中,$0=\frac{U_S}{R}+A\mathrm{e}^0$

得

$$A=-\frac{U_S}{R}$$

最后求出

$$i=i_P+i_h=\frac{U_S}{R}-\frac{U_S}{R}\mathrm{e}^{-\frac{t}{\tau}}=\frac{U_S}{R}(1-\mathrm{e}^{-\frac{t}{\tau}}) \tag{9-9}$$

电感上的电压响应为

$$u_L = L\frac{di}{dt} = L\frac{d}{dt}\left[\frac{U_S}{R}(1-e^{-\frac{t}{\tau}})\right] = U_S e^{-\frac{t}{\tau}} \tag{9-10}$$

i 与 u_L 的曲线如图 9-11 所示,也是按指数规律变化的。

在这里 $\tau = L/R$,它同样也是时间常数,是电路固有的一个常数,单位是秒。不难理解它的物理意义,和 RC 串联电路中的时间常数一样,$\tau(=L/R)$是一个影响瞬态过程快慢的物理量。

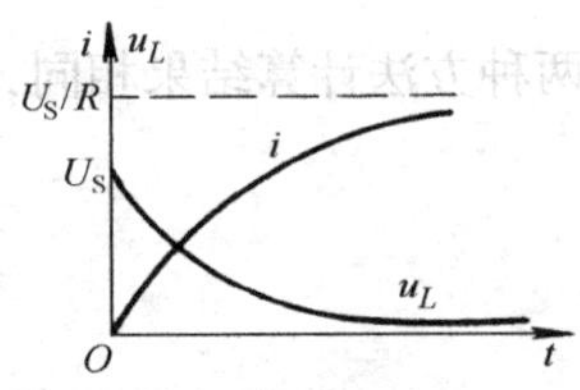

图 9-11 RL 电路接通电压源时 i、u_L 曲线

二、RL 电路的零输入响应

如图 9-12 所示电路,开关 S 是打开的,电感元件中的电流 $i(0_-) = I_0$,在 $t=0$ 时开关 S 闭合,根据基尔霍夫定律有

$$u_R + u_L = 0$$

或

$$Ri + u_L = 0$$

又因为

$$u_L = L\frac{di}{dt}$$

则

$$\frac{L}{R}\frac{di}{dt} + i = 0$$

也是一阶线性常系数齐次微分方程,此方程的通解为

$$i = Ae^{-\frac{t}{\tau}} \tag{9-11}$$

同样式中常数 A,可以利用电感中电流的初始条件确定

$$i(0_+) = i(0_-) = I_0$$

代入式(9-11)

$$I_0 = Ae^0$$

得

$$A = I_0$$

最后解得

$$i = I_0 e^{-\frac{t}{\tau}} \tag{9-12}$$

电感电压

$$u_L = L\frac{di}{dt} = L\frac{d}{dt}(I_0 e^{-\frac{t}{\tau}}) = -I_0 R e^{-\frac{t}{\tau}} \tag{9-13}$$

式中,负号表示在瞬态过程中电感两端感应电压的方向与图示所设的参考方向相反。i 与 u_L 的曲线如图 9-13 所示,也是按指数规律变化。

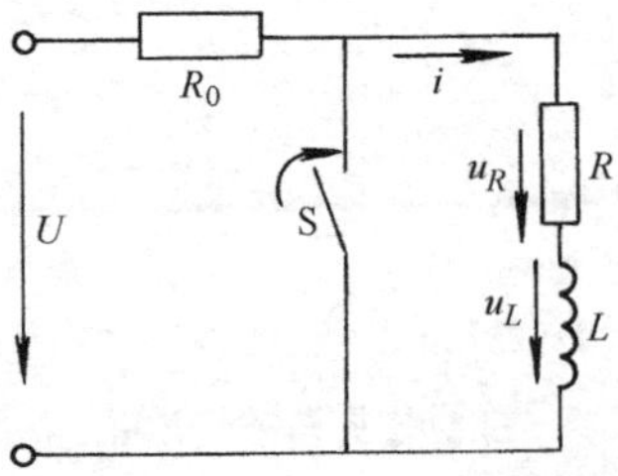

图 9-12 RL 放电电路

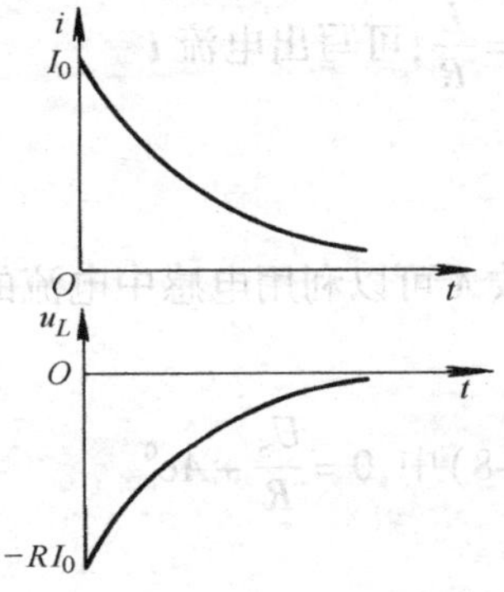

图 9-13 RL 电路放电时 i 与 u_L 曲线图

[例 9-4] 如图 9-14 所示,已知 $U=100\text{V}$,$R_0=30\Omega$,$R=20\Omega$,$L=5\text{H}$,求:$t=0$ 时断开开关后的 i 和 u_L。

解:开关断开之前电感中的电流

$$I_0 = i(0_-) = \frac{U}{R} = \frac{100\text{V}}{20\Omega} = 5\text{A}$$

换路后电路的时间常数

$$\tau = \frac{L}{R'} = \frac{L}{R_0 + R} = \frac{5\text{H}}{(30+20)\Omega} = 0.1\text{s}$$

将 τ 和 I_0 代入式(9-12),得

$$i = 5\text{e}^{-\frac{t}{0.1}} = 5\text{e}^{-10t}$$

电感电压

$$u_L = L\frac{\text{d}i}{\text{d}t} = 5\times(-10\times 5\text{e}^{-10t}) = -250\text{e}^{-10t}$$

而该例中电感电压也可以这样求出

$$u_L = -i(R_0+R) = -I_0(R_0+R)\text{e}^{-\frac{t}{\tau}}$$

在开关 S 断开的瞬间,$i(0_+)$ 不能发生突变,如果回路电阻 (R_0+R) 过大,则电感要产生很高的电压,$u_L(0_+) = I_0(R_0+R)$,严重时会使电感线圈绝缘击穿,使电器元件、设备受损,因此,从这方面来说,回路电阻越小越好。但从另一方面可以看到,$\tau = L/(R_0+R)$,如果回路电阻小,则 τ 就大,瞬态过程就长,u_L 衰减的就慢。综合考虑应适当选择回路电阻的大小。

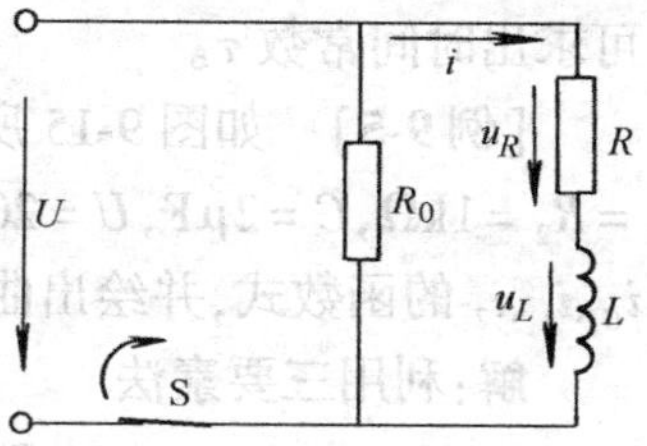

图 9-14 例 9-4 图

对于 RL 串联电路,如初始条件不为零,那么求外接电源作用下的响应,也可先分别求出零输入响应和零状态响应,采用叠加定理求出全响应。

第四节 一阶线性电路动态过程分析

前面我们对 RC 串联电路和 RL 串联电路进行了分析:对零状态(外接的是直流电源)或零输入的电路首先列出一阶微分方程,把解电路转换成求解该微分方程。实际上通过研究发现,对于只含有一种储能元件的一阶电路,可以不列写和求解微分方程,而可以直接写出响应随时间的变化情况,相比之下要显得便捷。

一、一阶电路的三要素法

通过对一阶电路的动态过程分析我们知道,微分方程的解包括特解和通解两个部分。若电路只接有直流电源,则特解就是一个常数,所以又称之为稳态分量;若为零输入,则其稳态分量是零。而其通解则都具有指数函数形式 $A\text{e}^{-\frac{t}{\tau}}$,它是衰减的,故称其为暂态分量,由于衰减的快慢与外加信号无关,仅与电路中的 R、L、C 参数有关,所以也称为自由分量。这样我们也可以说,方程的解由稳态分量和暂态分量两部分组成。如果将待求的电压或电流用 $f(t)$ 来表示,稳态值用 $f(\infty)$ 来表示,则方程的解可以写成

$$f(t) = f(\infty) + A\text{e}^{-\frac{t}{\tau}} \tag{9-14}$$

根据初始条件可以确定常数 A

$$f(0_+) = f(\infty) + A\text{e}^0$$

所以 $$A=f(0_+)-f(\infty)$$

把 A 值代入式(9-14)得一般表达式

$$f(t)=f(\infty)+[f(0_+)-f(\infty)]e^{-\frac{t}{\tau}} \tag{9-15}$$

由此可见,对于一阶电路,可以根据电压或电流的初始值 $f(0_+)$、稳态值 $f(\infty)$ 和电路的时间常数 τ,直接按式(9-15)写出动态过程电路中电压或电流的时域表达式。$f(0_+)$、$f(\infty)$ 及 τ 称为一阶电路的三要素。这种不列电路方程求解,而直接求出三要素再写出瞬态过程中电流或电压函数的方法,称为三要素法。

三要素法中的初始值 $f(0_+)$、稳态值 $f(\infty)$ 容易求出,下面介绍时间常数的求取。

时间常数 τ 决定着暂态分量衰减的快慢,持续时间的长短,从其表达式可以看出它仅与电路结构参数有关,而与外加电源及初始条件无关。

如果分析的一阶电路包含分支电路或多个电源,而不是简单的 RC 或 RL 串联电路,同样只要把换路后的电源去掉,采用戴维南定理,计算出由储能元件断开的二端向电路看去的等效电阻 R,然后再对多个储能元件,找出它们的连接关系进行化简,算出化简后的 C 或 L,这时就可求出时间常数 τ。

[例 9-5] 如图 9-15 所示,开关 S 原为闭路状态,电容元件上的电压已达稳定。已知:$R_1=R_2=1\text{k}\Omega$, $C=2\mu\text{F}$, $U=20\text{V}$,求:开关于 $t=0$ 时断开后 u_C、i_C、i_1、i_2 的函数式,并绘出曲线。

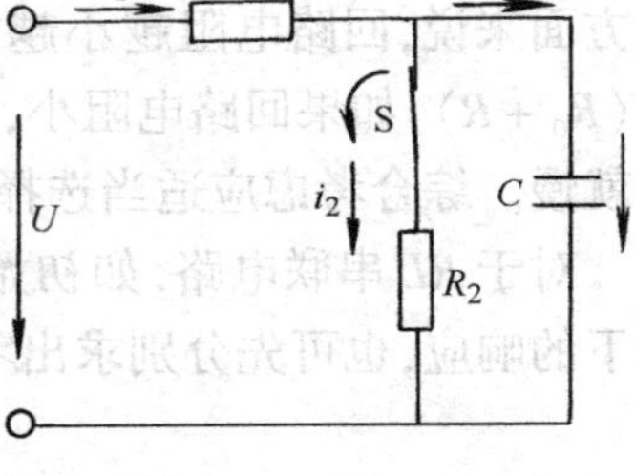

图 9-15 例 9-5 图

解:利用三要素法

$$u_C(0_+)=u_C(0_-)=U\frac{R_2}{R_1+R_2}=20\times\frac{1}{1+1}\text{V}=20\times\frac{1}{2}\text{V}=10\text{V}$$

$$u_C(\infty)=U=20\text{V}$$

$$\tau=RC=R_1C=1\times10^3\Omega\times2\times10^{-6}\text{F}=2\times10^{-3}\text{s}$$

将计算所得数据代入式(9-15)

$$u_C=(20+(10-20)e^{-\frac{t}{2\times10^{-3}}})\text{A}=20-10e^{-500t}\text{V}$$

$$i_C=C\frac{du_C}{dt}=2\times10^{-6}\times\frac{d}{dt}(20-10e^{-500t})\text{A}=0.01e^{-500t}\text{A}$$

$$i_2=0$$

$$i_1=i_C=0.01e^{-500t}\text{A}$$

u_C 和 i_C 的变化曲线如图 9-16 所示。

[例 9-6] 如图 9-17 所示,已知 $R_L=20\Omega$, $L=100\text{H}$, $R_1=30\Omega$, $R_L'=50\Omega$, $U=100\text{V}$,求开关 S 于 $t=0$ 闭合后的 i 和 u_L。

解:利用三要素法

$$i(0_+)=i(0_-)=\frac{U}{R_L+R_1+R_L'}=\frac{100\text{V}}{(20+30+50)\Omega}=1\text{A}$$

$$i(\infty)=\frac{U}{R_L+R_1}=\frac{100\text{V}}{(20+30)\Omega}=2\text{A}$$

$$\tau=\frac{L}{R}=\frac{L}{R_L+R_1}=\frac{100\text{H}}{(20+30)\Omega}=2\text{s}$$

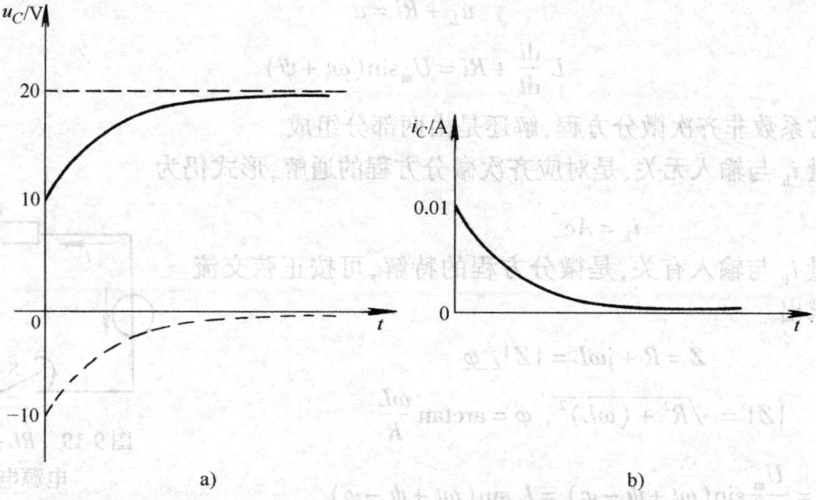

图 9-16　例 9-5 u_C、i_C 变化曲线

代入三要素法公式(9-15)

$$i = 2 + (1-2)\mathrm{e}^{-\frac{t}{2}} = 2 - 1\mathrm{e}^{-0.5t}\ \mathrm{A}$$

$$u_L = L\frac{\mathrm{d}i}{\mathrm{d}t} = 100 \times [-0.5 \times (-1\mathrm{e}^{-0.5t})] = 50\mathrm{e}^{-0.5t}$$

u_L 和 i 的变化曲线如图 9-18 所示。

以上我们仅是对一阶电路外加直流激励或零输入情况进行了分析。下面以 RL 串联电路为例，分析一下其在正弦交流电激励下的零状态响应。

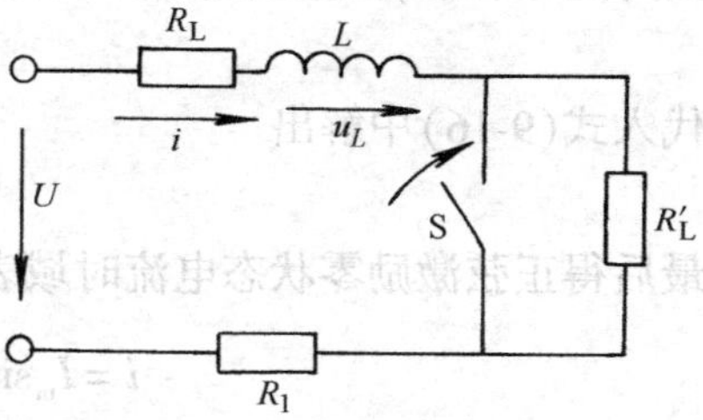

图 9-17　例 9-6 图

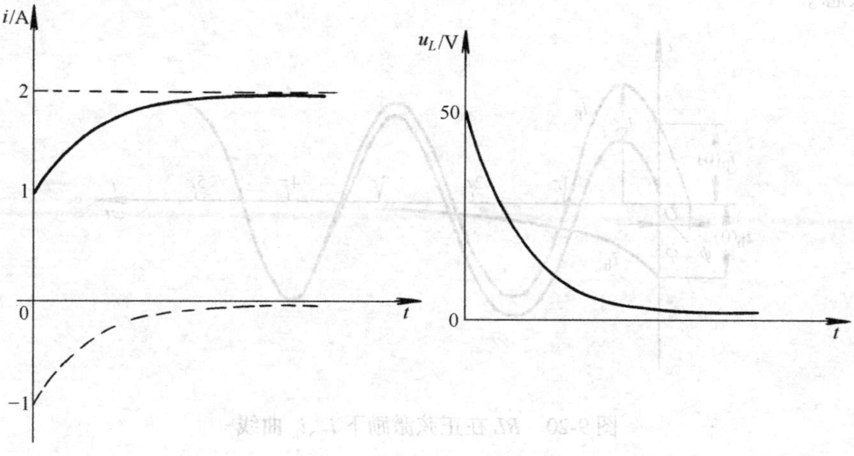

图 9-18　例 9-6 u_L、i 的变化曲线

二、正弦激励下一阶电路分析

如图 9-19 所示电路中，在时间 $t=0$ 时接入电源电压 $u = U_{\mathrm{m}}\sin(\omega t + \psi)$。电路电压方程式为

$$u_L + Ri = u$$

则
$$L\frac{\mathrm{d}i}{\mathrm{d}t} + Ri = U_{\mathrm{m}}\sin(\omega t + \psi)$$

是一阶线性常系数非齐次微分方程，解还是由两部分组成。

暂态分量 i_{h} 与输入无关，是对应齐次微分方程的通解，形式仍为

$$i_{\mathrm{h}} = A\mathrm{e}^{-\frac{t}{\tau}}$$

稳态分量 i_{P} 与输入有关，是微分方程的特解，可按正弦交流电路的解法求出

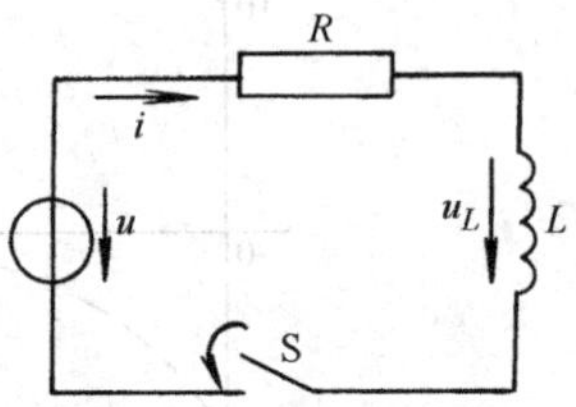

图 9-19　*RL* 接通正弦电源电路

$$Z = R + \mathrm{j}\omega L = |Z|\angle\varphi$$

式中
$$|Z| = \sqrt{R^2 + (\omega L)^2},\ \varphi = \arctan\frac{\omega L}{R}$$

所以
$$i_{\mathrm{P}} = \frac{U_{\mathrm{m}}}{|Z|}\sin(\omega t + \psi - \varphi) = I_{\mathrm{m}}\sin(\omega t + \psi - \varphi)$$

因此
$$i = i_{\mathrm{P}} + i_{\mathrm{h}} = I_{\mathrm{m}}\sin(\omega t + \psi - \varphi) + A\mathrm{e}^{-\frac{t}{\tau}} \tag{9-16}$$

因为是零状态，根据换路定律，有初始条件

$$i(0_+) = i(0_-) = 0$$

代入式(9-16)中解出

$$A = -I_{\mathrm{m}}\sin(\psi - \varphi)$$

最后得正弦激励零状态电流时域表达式为

$$i = I_{\mathrm{m}}\sin(\omega t + \psi - \varphi) - I_{\mathrm{m}}\sin(\psi - \varphi)\mathrm{e}^{-\frac{t}{\tau}} \tag{9-17}$$

i 的变化曲线如图 9-20 所示，图中也给出了 i_{P}、i_{h} 的波形。电路经过 $(4\sim5)\tau$ 的时间进入正弦稳定状态。

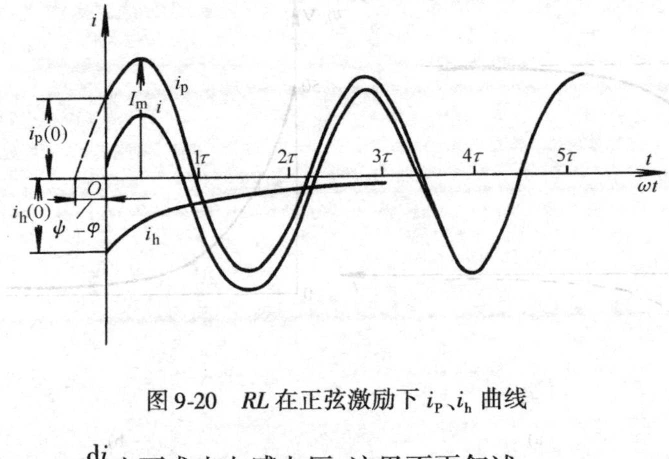

图 9-20　*RL* 在正弦激励下 i_{P}、i_{h} 曲线

当然利用公式 $u_L = L\frac{\mathrm{d}i}{\mathrm{d}t}$ 也可求出电感电压，这里不再叙述。

暂态分量 A 值的大小与 $(\psi - \varphi)$ 角的大小有关，ψ 取决于电源接通的时间，φ 取决于电路中的参数，从式(9-17)我们分析两种特殊情形：

1）当 $\psi - \varphi = 0$、π 时，$\sin(\psi - \varphi) = 0$，可见电路的暂态分量为 0，电源接通后，立即进入正弦稳态而无瞬态过程。

2）当 $\psi-\varphi=\pm\dfrac{\pi}{2}$，$\sin(\psi-\varphi)=\pm1$，暂态分量的初始值最大，$i_h(0_+)=I_m$。如果电路的 $\tau=\dfrac{L}{R}$ 较大，则由于 i_h 衰减较慢，在接近 $T/2$ 处电流 i 可达到最大值，其值接近正弦稳态分量幅值 I_m 的 2 倍，即

$$i_{max}\approx 2I_m$$

这一点从图 9-21 可以看出。

以上我们分析的是正弦激励下 RL 串联电路的零状态响应，如果在换路之前，初始条件不为零，则可根据叠加定理求出电路的全响应，对于正弦激励下的 RC 串联电路的解法与其相似。

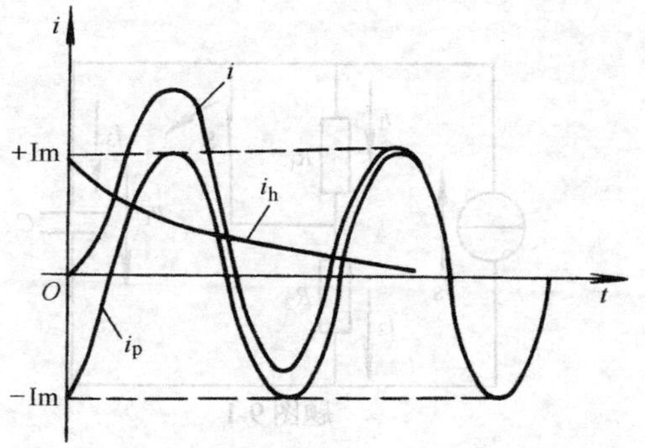

图 9-21　RL 在正弦激励下 i_P 与 i_h 关系曲线图

本 章 小 结

本章对线性动态电路进行了分析和简单计算，主要内容是：

一、瞬态过程基本概念

含有 C、L 储能元件的电路，换路后只要其储能发生改变，电路就必定有瞬态过程，因为储能不能发生突变。电路参数 τ 决定着瞬态过程的长短，相对来说，电路一般经过 $(4\sim5)\tau$ 之后，便可认为进入了稳态。

因为电容端电压和电感中电流不能跃变，通常用 $u_C(0_+)=u_C(0_-)$、$i_L(0_+)=i_L(0_-)$ 表述，并称之为换路定律。

二、一阶电路的分析计算

对只含有储能元件 C 或 L 的电路，根据基尔霍夫定律可列出对应的微分方程。由于该微分方程是一阶的，所以此电路也称为一阶电路。然后求解微分方程，其解包括通解和特解两部分。也可以说，其解由稳态分量和暂态分量两部分组成。既然如此，我们就可以求出电路的稳态分量 $f(\infty)$，时间常数 τ，再根据初始条件 $f(0_+)$，直接写出电路中待求的电压或电流一般表达式 $f(t)=f(\infty)+[f(0_+)-f(\infty)]e^{-\frac{t}{\tau}}$，此方法称为三要素法。

三要素法对求解一阶电路比较适用，二阶电路用此方法则不太方便。

思考题与习题九

1-1　如题图 9-1 所示，已知 $I_S=10mA$，$R_1=R_2=2k\Omega$，$C=3\mu F$，在 $t=0$ 时开关 S 拉开，求 $u_C(0_+)$、$i_1(0_+)$、$i_2(0_+)$ 及 $i_3(0_+)$。

1-2　如题图 9-2 所示，已知 $R_1=R_2=10\Omega$，$U_S=2V$，当 $t=0$ 时开关 S 闭合，求：$i_1(0_+)$、$i_2(0_+)$、$i(0_+)$ 及 $u_L(0_+)$。

2-1　如题图 9-3 所示，电源电压 $U_S=10V$，$R_0=0.5k\Omega$，$R=4.5k\Omega$，$u_C(0_-)=0V$，在 $t=0$ 时合上开关 S，且知在 $t=80.5ms$ 时，$u_C=8V$，求电容 $C=?$，$i=?$

2-2　如题图 9-4 所示，已知：$U_S=12V$，$R_1=1k\Omega$，$R_2=2k\Omega$，$R_3=3k\Omega$，$C=10\mu F$，电路处于稳态，求：$t=0$ 时打开开关 S 后的 u_C 和 i_3。

2-3 如题图 9-5 所示电路，已知当 S 闭合之前电容电压 u_C 已充电至 $U_0=10\text{V}$，$C=10\mu\text{F}$，$R_1=R_2=R_4=5\text{k}\Omega$，$R_3=10\text{k}\Omega$，试求：S 闭合后的时间常数 τ 和经过多长时间放电电流 i 下降到 0.1mA？

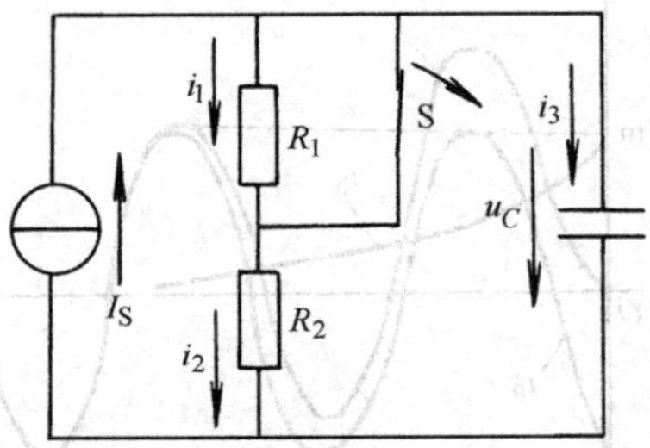

题图 9-1

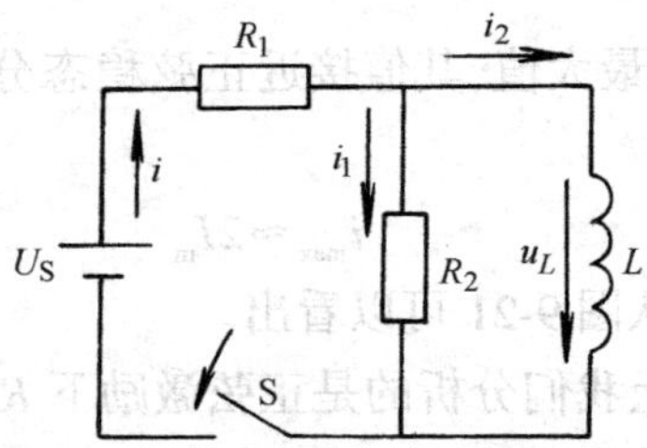

题图 9-2

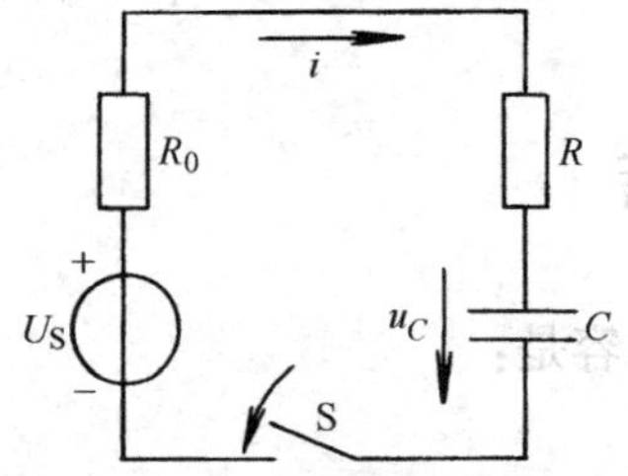

题图 9-3

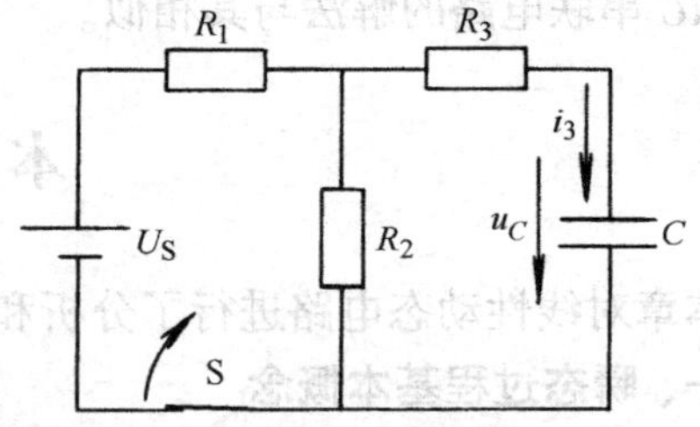

题图 9-4

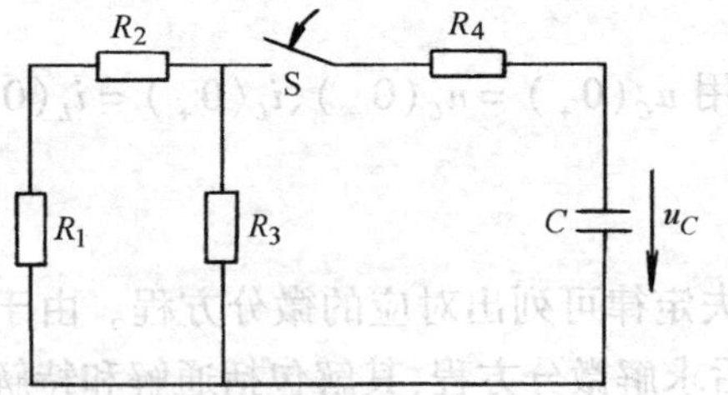

题图 9-5

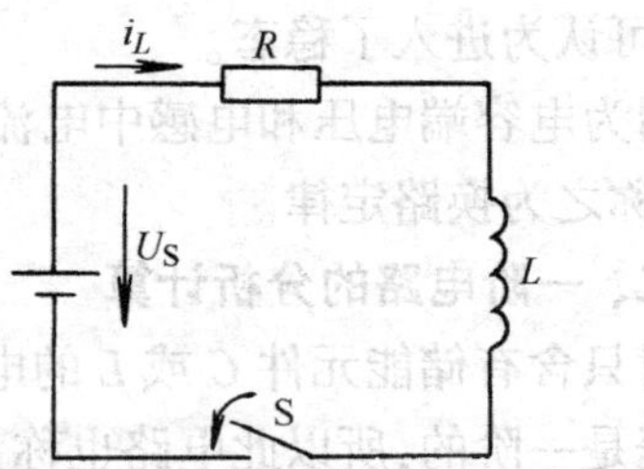

题图 9-6

3-1 如题图 9-6 所示，已知：$R=10\Omega$，$L=0.5\text{H}$，$U_S=100\text{V}$。

求：(1) 时间常数 τ；(2) 开关 S 接通后 0.1s 时的电流 i_L。

3-2 如题图 9-7，已知：$U_S=10\text{V}$，$R_1=2\text{k}\Omega$，$R_2=R_3=4\text{k}\Omega$，$L=200\text{mH}$，开关断开前电路已处于稳态，求：开关断开后 (1) i_1、i_2、i_3；(2) u_L。

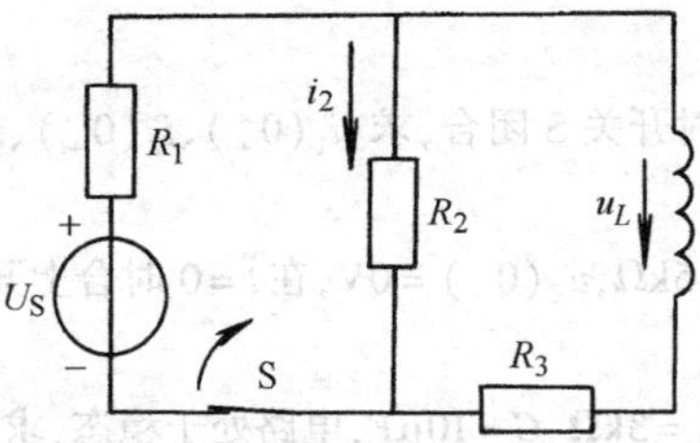

题图 9-7

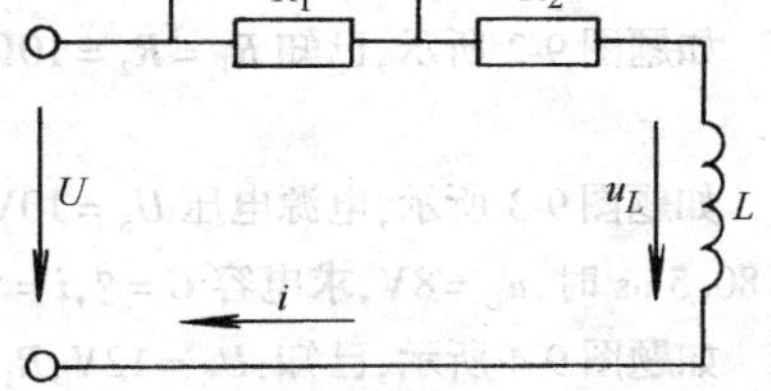

题图 9-8

4-1　如题图 9-8 所示，开关闭合前电路已处于稳态，求 $t=0$ 时，开关闭合后的 i 和 u_L。已知：$R_1=6\Omega$，$R_2=4\Omega$，$L=20\text{mH}$，$U=100\text{V}$。

4-2　如题图 9-9 所示，已知 $u(t)=\sqrt{2}\times 220\sin(314t+60°)\text{V}$，$R=100\Omega$，$L=0.32\text{H}$，原来开关 S 是闭合的，电路处于稳态，求：$t=0$ 时开关 S 断开后的电流 i。

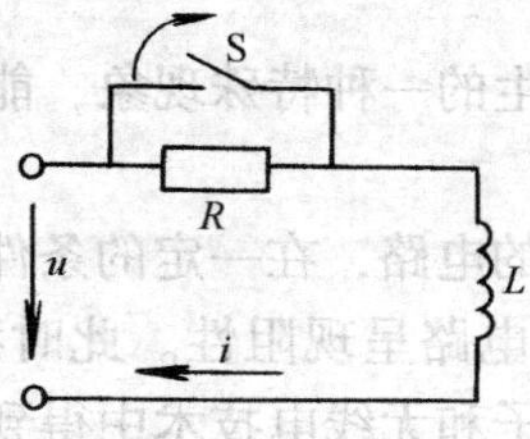

题图 9-9

△第十章　正弦谐振电路

谐振是正弦交流电路中可能产生的一种特殊现象，能够产生谐振现象的电路都可以称为谐振电路。

具有电阻 R、电感 L 和电容 C 的电路，在一定的条件下，电路的端口电压与电流出现了相位相同（同相）的情况，即整个电路呈现阻性。此时我们称该电路工作在谐振状况，也称为电路的谐振。电路的谐振在电子和无线电技术中得到广泛的应用，例如电视机和收音机的信号接收电路、振荡电路、中频放大电路等。但是有些系统中，电路处于谐振状况时会影响其正常工作，例如电力系统中电路发生谐振，有可能产生高电压或强电流，使系统的正常工作受到破坏。所以研究电路的谐振有着十分重要的意义。

本章将以串联电路和并联电路两种情况来分析产生谐振的条件、现象及相关问题。

第一节　串联谐振的条件与特征

如图 10-1 所示为 R、L、C 串联电路。在电源电角频率为 ω 的正弦电路中，它的复数阻抗为

$$Z = R + \mathrm{j}\left(\omega L - \frac{1}{\omega C}\right) = |Z| \angle \varphi$$

在第五章的正弦交流电路中，曾经分析过，当 $\omega L > 1/(\omega C)$ 时，电路为感性，电压超前电流 φ 角；当 $\omega L < 1/(\omega C)$ 时，电路为容性，电压滞后电流 φ 角；而当 $\omega L = 1/(\omega C)$ 时，电路为阻性，电压与电流同相。

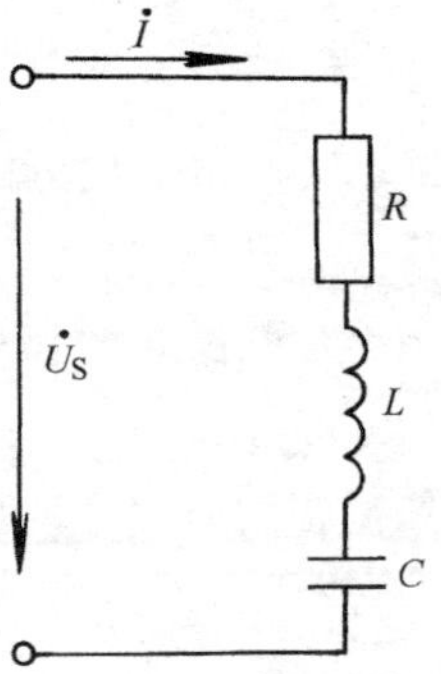

图 10-1　串联谐振电路

一、串联谐振的条件与谐振频率

在图 10-1 所示电路中，根据谐振的定义，当电路发生谐振时，电路的端电压和电流同相，电路呈阻性，电抗为 0，即

$$\omega L - \frac{1}{\omega C} = 0 \quad 或 \quad X_L - X_C = 0$$

故产生串联谐振的条件为

$$\omega L = \frac{1}{\omega C} \quad 或 \quad X_L = X_C \tag{10-1}$$

为了满足谐振条件，使电路产生谐振，由式（10-1）可知，通过调节 L、C、ω 三个参数中任何一个即可。

1. 改变电源频率使电路谐振

令使电路产生谐振的电源角频率为 ω_0，频率为 f_0，根据谐振条件可知

$$\omega_0 L = \frac{1}{\omega_0 C}$$

从而得

$$\omega_0 = \frac{1}{\sqrt{LC}} \tag{10-2}$$

$$f_0 = \frac{1}{2\pi \sqrt{LC}} \tag{10-3}$$

对于一个电路，若电感 L 和电容 C 的参数固定，只有一个与之对应的谐振角频率 ω_0 或频率 f_0，它反映了电路本身的一种性质，所以 ω_0 和 f_0 又称固有角频率和固有频率。当外加电源的频率，与电路的固有频率相等时，电路才能产生谐振。通常可利用调频装置来得到所需的谐振频率。

2. 改变电容 C 使电路谐振

电路的电源频率与电感为一定值时，适当地改变电容 C 的大小即可满足谐振条件，使电路产生谐振。

$$C = \frac{1}{\omega^2 L} \tag{10-4}$$

3. 改变电感 L 使电路谐振

当电路的电源频率与电容为一定值时，适当地改变电感 L 的大小，也可使电路产生谐振。

$$L = \frac{1}{\omega^2 C} \tag{10-5}$$

[例 10-1] 当电路由 $C = 150\text{pF}$，$L = 250\mu\text{H}$ 串联时，试求对该电路发生谐振的电源频率。

解：将数据直接代入式（10-3）可得

$$f = f_0 = \frac{1}{2\pi \sqrt{LC}} = \frac{1}{2\pi \sqrt{150 \times 10^{-12} \times 250 \times 10^{-6}}}\text{Hz}$$

$$= \frac{1}{2\pi \sqrt{3.75 \times 10^{-14}}}\text{Hz} = \frac{5.16 \times 10^6}{2\pi}\text{Hz}$$

$$= 8.2 \times 10^5\text{Hz}$$

[例 10-2] 有一台收音机的调谐（谐振）电路中，电感 $L = 200\mu\text{H}$，欲收听某广播电台的信号（节目），该台播发的频率为 940kHz，求电容应调到何值时发生谐振。

解：应用式（10-4）可得

$$C = \frac{1}{\omega^2 L} = \frac{1}{(2\pi \times 940 \times 10^3)^2 \times 200 \times 10^{-6}}\text{F}$$

$$= \frac{1}{3.49 \times 10^{13} \times 200 \times 10^{-6}}\text{F} = \frac{1}{6.86 \times 10^9}\text{F}$$

$$= 146 \times 10^{-12}\text{F} = 146\text{pF}$$

也就是将电容 C 调至 146pF 可收到该台的节目。

上面介绍了欲获取谐振的条件，这是研究谐振问题的一个方面。如果在电路设计中不希望或要防止发生谐振，往往也要调整参数，使 L、C、ω 之间的关系不满足谐振条件即可。

二、串联谐振电路的主要特征

由谐振条件

$$\omega L = \frac{1}{\omega C} \quad 或 \quad X_L - X_C = 0$$

可知谐振时电路的主要特征有

（1）电路阻抗最小，相当于只有电阻

$$Z = R + \mathrm{j}(X_L - X_C) = R$$

（2）电路中电流最大，且与电源电压同相

$$I = I_0 = \frac{U_S}{Z} = \frac{U_S}{R}$$

（3）特性阻抗

由于谐振时 $\omega_0 = 1/\sqrt{LC}$，此时电路的感抗与容抗分别为

$$\omega_0 L = \frac{1}{\sqrt{LC}} L = \sqrt{\frac{L}{C}}$$

$$\frac{1}{\omega_0 C} = \frac{\sqrt{LC}}{C} = \sqrt{\frac{L}{C}}$$

即

$$\omega_0 L = \frac{1}{\omega_0 C} = \sqrt{\frac{L}{C}} = \rho$$

式中

$$\rho = \sqrt{\frac{L}{C}} \tag{10-6}$$

这里 ρ 称为电路的特性阻抗，显然单位与感抗或容抗一样也是欧（Ω）。它的大小也只与电路中的 L、C 有关，为电路所固有，而与谐振频率无关。ρ 是分析电路特性的又一个重要参数。

（4）串联谐振也称为电压谐振　谐振时

$$U_{L0} = I_0 \omega_0 L = \frac{U_S}{R} \rho$$

$$U_{C0} = I_0 \frac{1}{\omega_0 C} = \frac{U_S}{R} \rho$$

电容电压与电感电压相等，且相位相反。电源电压与电阻电压相等，如图 10-2 所示。

（5）品质因数　谐振时电感电压 U_{L0} 或电容电压 U_{C0} 与电源电压之比定义为电路的品质因数，用 Q 表示，即

$$Q = \frac{U_{L0}}{U_S} = \frac{U_{C0}}{U_S}$$

或

$$Q = \frac{\omega_0 L}{R} = \frac{1}{\omega_0 CR} = \frac{\rho}{R} \tag{10-7}$$

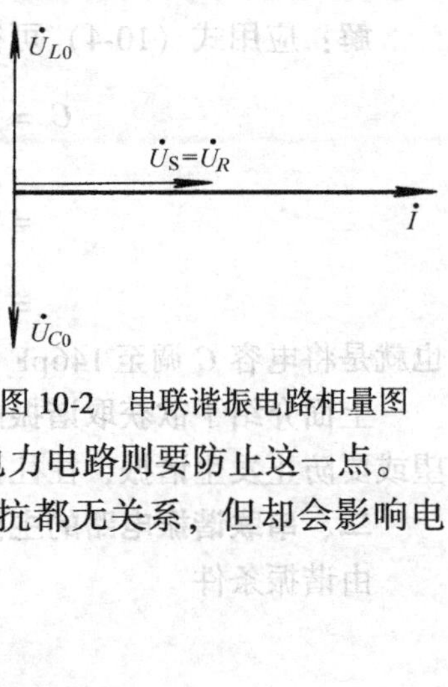

图 10-2　串联谐振电路相量图

Q 值反映了电容电压或电感电压在谐振时为电源电压的倍数。当 Q 很大时，即使外加电压不高，但在谐振情况下，电感和电容上将获得较高的电压。电子电路常利用这一点，而电力电路则要防止这一点。

从上面的分析看到，电阻 R 对产生谐振的条件以及特性阻抗都无关系，但却会影响电路的品质因数。

［例 10-3］ 已知在 R、L、C 串联电路中，$L=30\mu H$，$C=200pF$，$R=10\Omega$，电源电压 $U_S=100mV$，求：（1）电路的谐振频率；（2）电路的特性阻抗；（3）电路的品质因数；（4）电容上的输出电压。

解：（1）$f_0=\dfrac{1}{2\pi\sqrt{LC}}=\dfrac{1}{2\pi\sqrt{30\times10^{-6}\times200\times10^{-12}}}\text{Hz}$

$$=\frac{1}{2\pi\sqrt{6\times10^{-15}}}\text{Hz}=2.05\times10^{6}\text{Hz}=2.05\text{MHz}$$

（2）$\rho=\sqrt{\dfrac{L}{C}}=\sqrt{\dfrac{30\times10^{-6}\text{H}}{200\times10^{-12}\text{F}}}=387\Omega$

（3）$Q=\dfrac{\rho}{R}=\dfrac{387}{10}=38.7$

（4）$U_{C0}=QU_S=38.7\times100\times10^{-3}\text{V}=3.87\text{V}$

电容输出电压是电源输入电压的 38.7 倍。

第二节 串联谐振电路的频率特性

在 R、L、C 串联电路中，由于电抗与频率有关，使得电路中其他各量也将随频率的变化而变化。下面介绍有关量的频率特性。

阻抗频率特性如图 10-3 所示。

感抗 $X_L=\omega L$ 与 ω 成正比，如图 10-3 中曲线 1 所示。

容抗 $X_C=\dfrac{1}{\omega C}$与 ω 成反比，如图 10-3 中曲线 2 所示。

电阻 若不计集肤效应，与 ω 无关，如图 10-3 中曲线 3 所示。

阻抗 $|Z|=\sqrt{R^2+\left(\omega L-\dfrac{1}{\omega C}\right)^2}$，为一开口向上的曲线。当 $\omega=\omega_0$ 谐振时，$Z=R$；$\omega<\omega_0$ 电路显容性；$\omega>\omega_0$ 电路显感性，如图 10-3 中曲线 4 所示。

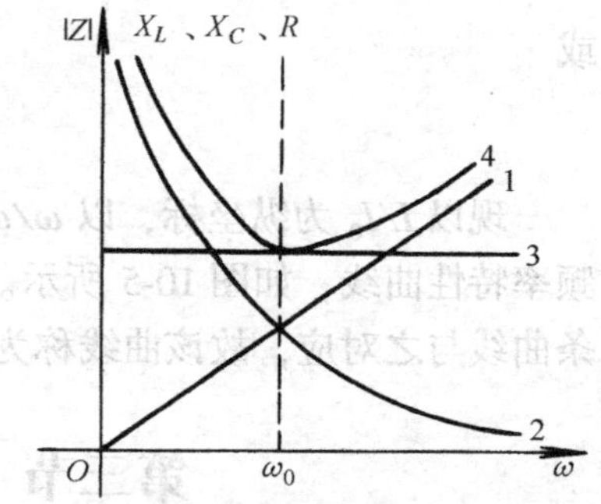

图 10-3 阻抗频率特性

回路中的电流

$$\dot{I}=\frac{\dot{U}_S}{Z}$$

电流有效值

$$I=\frac{U_S}{\sqrt{R^2+\left(\omega L-\dfrac{1}{\omega C}\right)^2}}$$

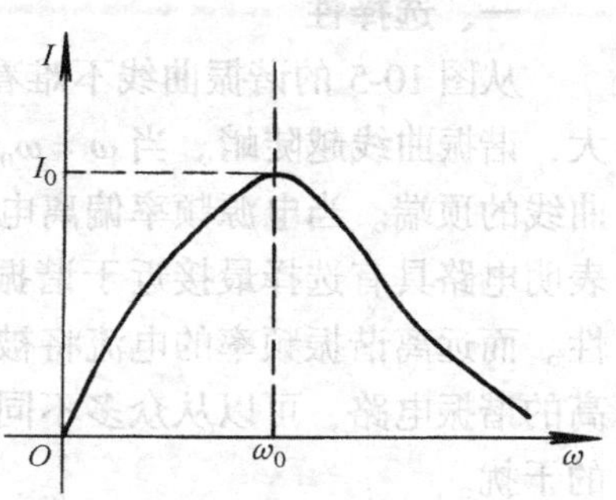

图 10-4 串联谐振电路电流频率特性曲线

当电源电压的有效值 U_S 为常数的情况下，电流 I 随角频率 ω 的变化而变化。从上式中可以看出，当 $\omega=0$ 时，容抗 $X_C=1/(\omega C)=\infty$，电路中的电流 $I=0$；当角频率 ω 由零逐渐增大到谐振角频率

ω_0 时，$\omega L-1/(\omega C)=0$，阻抗减小到最小值 $Z=R$，则电流 I 增大到最大值 $I=I_0=U_S/R$；当角频率 ω 从 ω_0 逐渐增大到∞时，电流则从最大值逐渐减小到零。串联谐振电路中电流 I 随频率变化的曲线如图 10-4 所示，我们把这条曲线称为串联谐振电路电流频率特性曲线。

当电路的 L、C 不变，谐振频率不变，回路中 R 的变化，可引起电路品质因数的变化，这将影响谐振曲线的陡度。

为了使谐振曲线具有对称性和便于比较，可采用相对值来作图。为此，将电流公式作如下变换

$$I=\frac{U_S}{\sqrt{R^2+\left(\omega L-\frac{1}{\omega C}\right)^2}}$$

$$=\frac{U_S}{R\sqrt{1+\left[\left(\frac{\omega_0 L}{R}\right)^2\left(\frac{\omega}{\omega_0}-\frac{\omega_0}{\omega}\right)^2\right]}}$$

$$=\frac{I_0}{\sqrt{1+Q^2\left(\frac{\omega}{\omega_0}-\frac{\omega_0}{\omega}\right)^2}}$$

或

$$\frac{I}{I_0}=\frac{1}{\sqrt{1+Q^2\left(\frac{\omega}{\omega_0}-\frac{\omega_0}{\omega}\right)^2}} \tag{10-8}$$

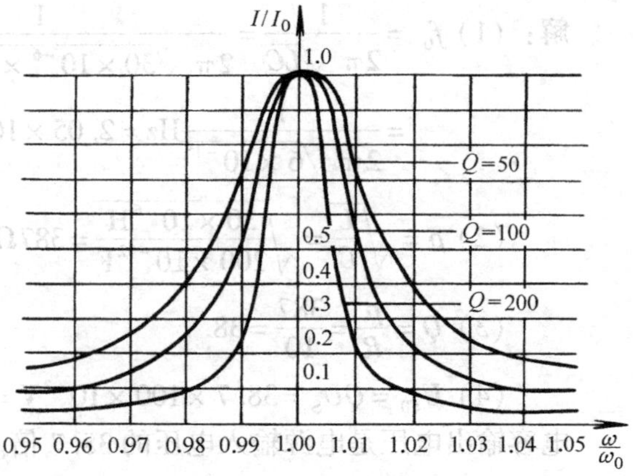

图 10-5 串联谐振电路通用电流频率特性曲线

现以 I/I_0 为纵坐标，以 ω/ω_0 为横坐标，绘出一组按式（10-8）中对应不同 Q 值的电流频率特性曲线，如图 10-5 所示。因为对于 Q 值相同的任何 R、L、C 串联谐振电路，只有一条曲线与之对应，故该曲线称为串联谐振电路通用电流频率特性曲线。

第三节 谐振电路的选择性与通频带

一、选择性

从图 10-5 的谐振曲线不难看出，Q 值的大小影响在谐振频率附近曲线的陡度。Q 值越大，谐振曲线越陡峭。当 $\omega=\omega_0$，即 $\omega/\omega_0=1$ 时，电路处于谐振状态。此时 $I/I_0=1$，对应曲线的顶端。当电源频率偏离电路的谐振频率时，$\omega<\omega_0$ 或 $\omega>\omega_0$，I/I_0 都将急剧下降，这表明电路具有选择最接近于谐振频率附近的电流性能，这种性能在无线电技术中称为选择性。而远离谐振频率的电流将被削弱得很小。可以说 Q 值越大，选择性越好。品质因数较高的谐振电路，可以从众多不同频率的信号中选出所需要频率的信号，而抑制其他频率信号的干扰。

二、通频带

如上所述，品质因数 Q 值越大，选择性越好，但并不是越大越好，因为在通信技术中，所传输的信号通常不是单一的频率，而是具有一个频率范围，该范围称为频带。广播电台为保证信号不失真的传输音乐节目，其频带宽度（带宽）可达数千赫。从这一角度看，谐振电

路的 Q 值不能太高。太高了，谐振曲线很陡，由图 10-5 的曲线可见，势必有一部分需要传输的频率成分被削弱，从而造成失真。为了衡量谐振电路对信号的传输能力，一般规定：在谐振曲线上，其他频率的电流 I 不小于谐振频率时电流 I_0 的 $1/\sqrt{2}$（$I \geqslant I_0/\sqrt{2}$）的一段频率范围称为谐振电路的“通频带”，也称为“通带宽度”，用字母 B 表示。可以证明，电路通频带 B 与 f_0、Q 的关系为

$$B = f_2 - f_1 = \frac{f_0}{Q}$$

式中，f_1 和 f_2 分别为通频带下边界频率和上边界频率，如图 10-6 所示。上式表明，当谐振频率 f_0 一定时，品质因数 Q 值越大，通频带越窄。B 还可以写成

$$B = (\omega_2 - \omega_0) + (\omega_0 - \omega_1) = \Delta\omega + \Delta\omega = 2\Delta\omega$$

只要选择谐振电路的通频带大于或等于传输信号的频率范围，使所需信号频率全部落在 ω_1 和 ω_2 所包的带宽内，失真度就可在允许范围内。

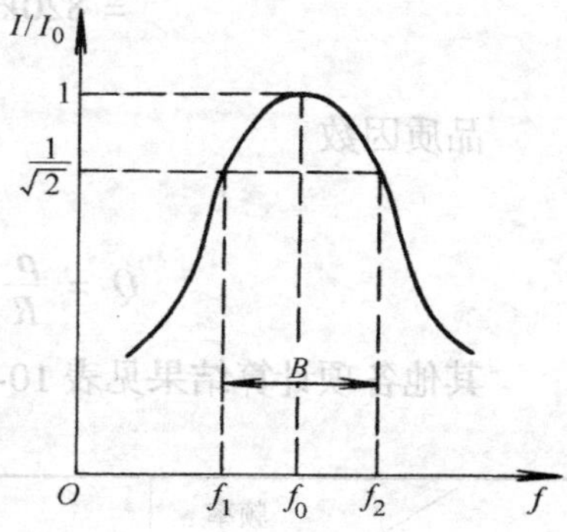

图 10-6　串联谐振的通频带

从以上分析可以看到，增大谐振电路的品质因数 Q，可以提高电路的选择性，但是通频带变窄了，接受信号有可能失真；而增大通频带宽度，选择性将会下降，两者似有矛盾。这个矛盾在实际电路设计中，要根据具体要求，分析得失，可以有所侧重，也可两者兼顾。

最后简单分析一下串联谐振时的能量关系。

谐振时，$\varphi = 0$，$\cos\varphi = 1$，所以 $P = S$，即电源提供给电路的功率全部转变为有功功率在电阻上消耗了。而电路吸收的无功功率 $Q = S\sin\varphi = 0$，即 $Q = Q_L - Q_C = 0$，所以 $Q_L = Q_C$。这表明电源与谐振电路之间没有能量交换，但在谐振电路内部，电感和电容两个储能元件之间不断进行能量交换。

下面以最简单的收音机调谐原理为例，来介绍一种串联谐振电路的实际应用。

如图 10-7a 所示，将具有 R、L 的线圈绕在磁棒上（磁性天线），在其两端串入可调电容器，就构成一个简单的调谐电路。

空中多种频率的电磁波在电感线圈中感应出相应频率的多个电压，利用改变电容的办法使该电路对某电台的电压信号发生谐振，就可将该台的信号选出，便听到了该台的广播。

图 10-7b 为图 10-7a 的等效电路，图中 u_1、u_2、u_3 为线圈感应出的不同频率的信号电压。这些电压的差别主要是频率不同，其次是各台信号的强弱和远近不同。如果在同一地区、信号强弱相当的情况下，只有频率与谐振频率相等的信号被选出来。

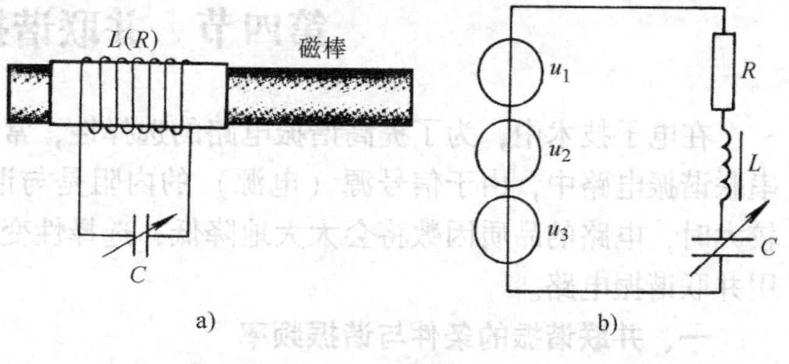

图 10-7　调谐电路

[例 10-4]　收音机中，利用串联谐振选择电台。图 10-7 为收音机的调谐输入回路及其等效电路，若 u_1、u_2、u_3 是频率分别为 1200kHz、820kHz、640kHz 的三个广播电台的信

号电压，有效值均为10μV。当 $L=250\mu H$、$C=150pF$、$R=20\Omega$ 时，试计算这三个信号电压在电路中产生的电流，并加以比较。

解：电路谐振频率

$$f_0=\frac{1}{2\pi\sqrt{LC}}=\frac{1}{2\pi\sqrt{250\times10^{-6}\times150\times10^{-12}}}\text{Hz}$$
$$=820\text{kHz}$$
$$\omega_0=2\pi f_0=5.15\times10^6\text{rad/s}$$

品质因数

$$Q=\frac{\rho}{R}=\frac{\sqrt{\frac{L}{C}}}{R}=\frac{1}{20}\times\sqrt{\frac{250\times10^{-6}}{150\times10^{-12}}}=64.5$$

其他各项计算结果见表10-1。

表10-1　计算结果

项目　计算结果　频率	820kHz	640kHz	1200kHz
$\omega/$（rad/s）	5.15×10^6	4.00×10^6	7.55×10^6
$X_L=\omega L/\Omega$	1290	1000	1890
$X_C=\frac{1}{\omega C}/\Omega$	1290	1666	885
$X=\omega L-\frac{1}{\omega C}/\Omega$	0	−666	1005
$\lvert Z\rvert=\sqrt{R^2+X^2}/\Omega$	20	667	1005
$I=\frac{U}{\lvert Z\rvert}/\mu A$	$I_0=0.5$	$I=0.015$	$I=0.01$
$\frac{I}{I_0}\times100\%$	100%	3%	2%

可见820kHz电台的信号电流远大于640kHz和1200kHz电台的信号电流。820kHz的电台就被“选”出来了。

第四节　并联谐振电路

在电子技术中，为了提高谐振电路的选择性，常常需要谐振电路有较高的品质因数。在串联谐振电路中，由于信号源（电源）的内阻是与谐振电路相串联的。如果信号源的内阻较大时，电路的品质因数将会大大地降低，选择性变差。因此，对于高内阻的信号源，常采用并联谐振电路。

一、并联谐振的条件与谐振频率

如前所述，“谐振”就是在 L、C 同时存在的电路中，出现了电路端口处电流与电压同相的现象。并联电路的谐振也是这样。

最简单的 R、L、C 并联谐振电路如图10-8所示。并联电路的分析用导纳法比较方便，

由图 10-8 可知

$$Y_1 = \frac{1}{Z_1} = \frac{1}{R}$$

$$Y_2 = \frac{1}{Z_2} = \frac{1}{\mathrm{j}\omega L} = -\mathrm{j}\frac{1}{\omega L}$$

$$Y_3 = \frac{1}{Z_3} = \frac{1}{-\mathrm{j}\frac{1}{\omega C}} = \mathrm{j}\omega C$$

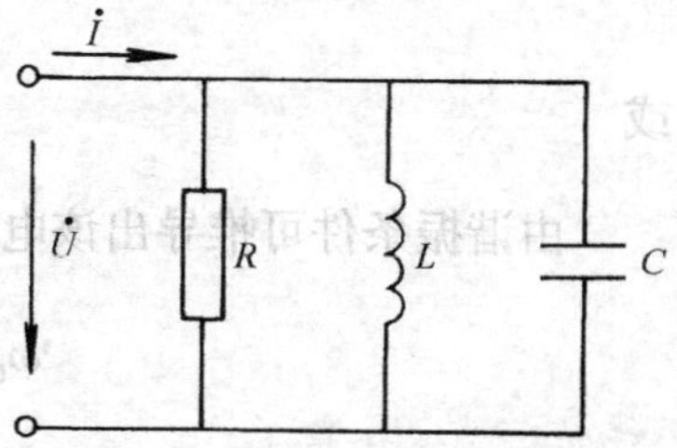

图 10-8　简单并联谐振电路

端口总导纳

$$Y = Y_1 + Y_2 + Y_3 = \frac{1}{R} + \mathrm{j}\left(\omega C - \frac{1}{\omega L}\right) = G + \mathrm{j}(B_C - B_L)$$

根据谐振定义，显然总导纳的虚部应为零，即

$$B_C - B_L = 0 \text{ 或 } \omega C - \frac{1}{\omega L} = 0$$

故产生并联谐振的条件为

$$\omega C = \frac{1}{\omega L} \tag{10-9}$$

也可写成

$$\omega L = \frac{1}{\omega C} \text{ 或 } X_L = X_C$$

由上式可以推导出并联电路的谐振角频率为

$$\omega_0 = \frac{1}{\sqrt{LC}}$$

可以相应地求出并联谐振频率为

$$f_0 = \frac{1}{2\pi\sqrt{LC}}$$

可见与串联电路相同。

在工程中遇到的问题并不像这样简单，因为任何电感线圈都有电阻，所以实际电感与电容（电容的损耗及漏电流一般很小，可略去不计）并联的电路，如图 10-9 所示。该电路的导纳为

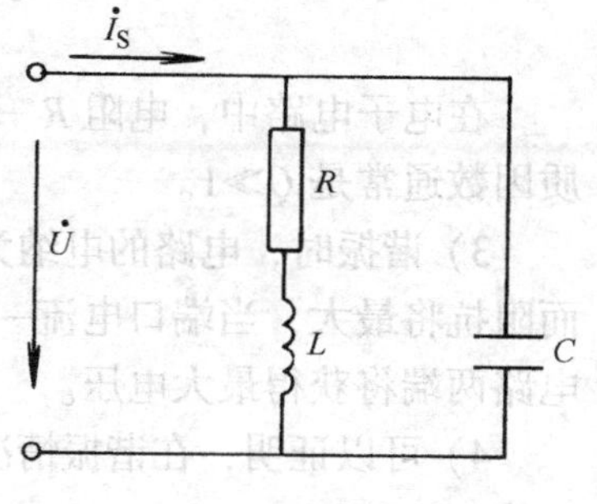

图 10-9　实际并联谐振电路

$$Y_1 = \frac{1}{Z_1} = \frac{1}{R + \mathrm{j}\omega L}$$

$$Y_2 = \frac{1}{Z_2} = \frac{1}{-\mathrm{j}\frac{1}{\omega C}} = \mathrm{j}\omega C$$

端口总导纳

$$Y = Y_1 + Y_2 = \frac{1}{R + \mathrm{j}\omega L} + \mathrm{j}\omega C$$

$$= \frac{R}{R^2 + (\omega L)^2} + \mathrm{j}\left(\omega C - \frac{\omega L}{R^2 + (\omega L)^2}\right) = G + \mathrm{j}(B_C - B_L)$$

根据定义产生谐振的条件为

$$\omega C = \frac{\omega L}{R^2 + (\omega L)^2}$$

或

$$C = \frac{L}{R^2 + (\omega L)^2} \tag{10-10}$$

由谐振条件可推导出该电路的谐振角频率为

$$\omega_0 = \sqrt{\frac{1}{LC} - \frac{R^2}{L^2}} = \frac{1}{\sqrt{LC}}\sqrt{1 - \frac{C}{L}R^2} \tag{10-11}$$

相应的并联谐振频率为

$$f_0 = \frac{1}{2\pi\sqrt{LC}}\sqrt{1 - \frac{C}{L}R^2} \tag{10-12}$$

一般地，实际电感线圈的电阻 R 都较小，若忽略不计，则

$$\omega_0 \approx \frac{1}{\sqrt{LC}} \tag{10-13}$$

$$f_0 \approx \frac{1}{2\pi\sqrt{LC}} \tag{10-14}$$

为了使 L、C 并联电路产生谐振，同串联电路一样，可以通过调整 L 和 C 或改变信号源（电源）频率来实现。

二、并联谐振电路特征

以常用的图 10-9 电路为例。

1）由式（10-12）可以看出，电路谐振频率完全由电路参数决定。通常要求 R^2C/L 小于 1，否则电路不产生谐振。

2）并联谐振电路的品质因数定义为电路的等效感纳 B_L 与等效电导 G 之比。

$$Q = \frac{B_L}{G} = \frac{\dfrac{\omega_0 L}{R^2 + (\omega_0 L)^2}}{\dfrac{R}{R^2 + (\omega_0 L)^2}} = \frac{\omega_0 L}{R}$$

在电子电路中，电阻 R 一般为线圈电阻，$R \ll \omega_0 L$，所以电子电路的品质因数通常是 $Q \gg 1$。

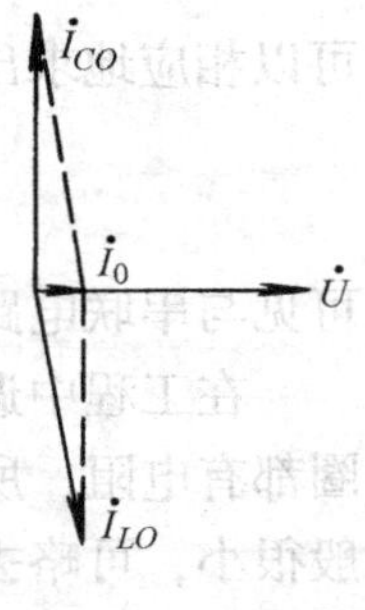

图 10-10 并联谐振的电流、电压相量图

3）谐振时，电路的电纳为零，导纳最小，总电路中的电流也最小。然而阻抗将最大，当端口电流一定时（如电子线路中常出现的电流源），谐振电路两端将获得最大电压。

4）可以证明，在谐振情况下，电感支路与电容支路的电流近似相等，并为端口电流的 Q 倍，

$$I_{L0} \approx I_{C0} = QI_0$$

所以并联谐振也称为电流谐振。

并联电路谐振时电压、电流相量图如图 10-10 所示。由图可知，电压 $\dot{U}$ 和总电流 $\dot{I}_0$ 同相；电容支路电流 $\dot{I}_{C0}$ 超前总电流 90°；而电感支路电流 $\dot{I}_{L0}$ 滞后总电流接近 90°，这是由于电感支路电阻很小的缘故。由于 $\dot{I}_{L0}$ 与 $\dot{I}_{C0}$ 接近于大小相等而相位相反，所以它们的相量和，

即总电流 $\dot{I}_0$ 很小。

谐振时，电感 L 与电容 C 之间发生电磁能量交换。电源只是补充电路振荡时在电阻上的损耗。

收音机中的中频放大器就是利用了 L、C 并联谐振电路，收音机收到任一广播频率的信号，通常都是首先把它转换成所谓中间频率（简称中频），然后经过放大电路加以放大。图 10-11 就是一个晶体管中频放大器的原理图。晶体管放大器的输出端接入一个 L、C 并联谐振电路，使其对中频电流产生谐振。根据晶体管特性，在一定范围内，它近似一个输出一定电流 i_C 的电流源。在谐振电路两端产生一个远高于其他频率的电压输出，可进一步提高收音机的选择性。

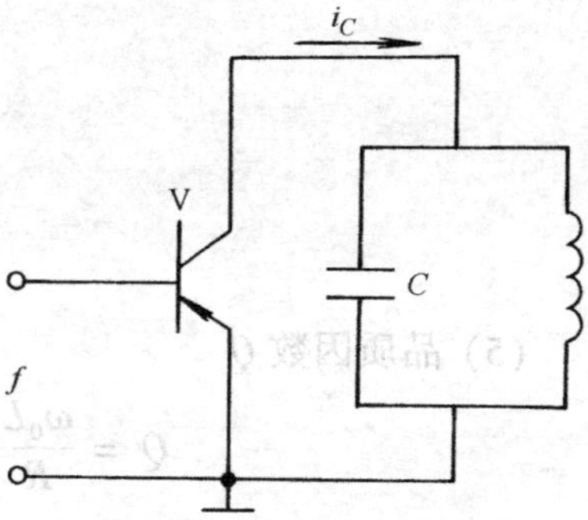

图 10-11　中频放大器

［例 10-5］　由电感线圈与电容并联组成的谐振电路如图 10-9 所示。若 $L=500\mu H$，$C=250pF$，$R=20\Omega$。

求：（1）谐振频率 f_0。

（2）谐振时电路的导纳 Y_0。

（3）电路输入电流源信号 $I_S=1\mu A$，求谐振时电路两端电压 U_0。

（4）通过电容支路的电流 I_{C0}。

（5）品质因数 Q。

解：（1）由图 10-9 所示电路

$$\frac{C}{L}R^2 = \frac{250\times10^{-12}}{500\times10^{-6}}\times20^2 = 2\times10^{-4}\ll1$$

由式（10-11）可知

$$\omega_0 = \frac{1}{\sqrt{LC}}\sqrt{1-\frac{C}{L}R^2}\approx\frac{1}{\sqrt{LC}}$$

$$=\frac{1}{\sqrt{500\times10^{-6}\times250\times10^{-12}}}\text{rad/s} = \frac{1}{\sqrt{1.25\times10^{-13}}}\text{rad/s}$$

$$=2.83\times10^6\text{rad/s}$$

谐振频率

$$f_0 = \frac{\omega_0}{2\pi} = \frac{2.83\times10^6}{2\times3.14}\text{Hz} = 4.51\times10^5\text{Hz} = 451\text{kHz}$$

（2）在谐振时，等效导纳等于等效电导

$$Y_0 = G = \frac{R}{R^2+(\omega_0L)^2}$$

将 $\omega_0=1/\sqrt{LC}$代入，得

$$Y_0 = \frac{R}{R^2+\dfrac{L}{C}}$$

由于 $R\ll L/C$，所以

$$Y_0 \approx \frac{R}{\frac{L}{C}} = \frac{RC}{L} = \frac{20 \times 250 \times 10^{-12}}{500 \times 10^{-6}}\text{S} = 10 \times 10^{-6}\text{S}$$

（3）谐振时并联电路的端电压

$$Z_0 = \frac{1}{Y_0} = \frac{1}{10 \times 10^{-6}}\Omega = 10^5\Omega$$

$$U_0 = I_S Z_0 = 1 \times 10^{-6} \times 10^5\text{V} = 0.1\text{V}$$

（4）通过电容支路的电流

$$I_{C0} = \frac{U_0}{\frac{1}{\omega_0 C}} = \frac{U_0}{\sqrt{\frac{L}{C}}}$$

$$= \frac{0.1}{\sqrt{\frac{500 \times 10^{-6}}{250 \times 10^{-12}}}}\text{A} = \frac{0.1}{\sqrt{2 \times 10^6}}\text{A}$$

$$= 7.07 \times 10^{-5}\text{A} = 70.7\mu\text{A}$$

（5）品质因数 Q

$$Q = \frac{\omega_0 L}{R} = \frac{2.83 \times 10^6 \times 500 \times 10^{-6}}{20} = 70.75$$

应当指出，品质因数的另一个定义为：谐振情况下，电容支路电流 I_{C0} 与总电路电流 I_0 之比。本题 $I_{C0} = 70.7\mu\text{A}$，$I_0 = I_S = 1\mu\text{A}$，则品质因数也可用下式计算：

$$Q = \frac{I_{C0}}{I_0} = \frac{70.7 \times 10^{-6}}{1 \times 10^{-6}} = 70.7$$

[例 10-6] 将电阻 $R = 15\Omega$、电感 $L = 0.25\text{mH}$ 的线圈与电容 $C = 85\text{pF}$ 分别连接成串联、并联，求两种情况下的谐振频率和谐振时的电路阻抗。

解：（1）串联　谐振时电路阻抗

$$Z_0 = R + \text{j}\left(\omega_0 L - \frac{1}{\omega_0 C}\right) = R = 15\Omega$$

谐振频率

$$f_0 = \frac{1}{2\pi\sqrt{LC}} = \frac{1}{2 \times 3.14 \times \sqrt{0.25 \times 10^{-3} \times 85 \times 10^{-12}}}\text{Hz}$$

$$= \frac{1}{6.28 \times \sqrt{21.25 \times 10^{-15}}}\text{Hz}$$

$$= 1.092 \times 10^6\text{Hz} = 1092\text{kHz}$$

（2）并联　谐振时角频率　$\omega_0 = \frac{1}{\sqrt{LC}}\sqrt{1 - \frac{CR^2}{L}}$

$$\frac{CR^2}{L} = \frac{85 \times 10^{-12} \times 15^2}{0.25 \times 10^{-3}} = 7.65 \times 10^{-6} \ll 1$$

$$\omega_0 \approx \frac{1}{\sqrt{LC}} = \frac{1}{\sqrt{0.25 \times 10^{-3} \times 85 \times 10^{-12}}}\text{rad/s}$$

$$= 6.86 \times 10^6\text{rad/s}$$

谐振频率 $f_0=\frac{\omega_0}{2\pi}=\frac{6.86\times10^6}{2\times3.14}\text{Hz}=1.092\times10^6\text{Hz}=1092\text{kHz}$

可见在电路参数 $CR^2/L\ll1$ 的情况下，L 与 C 串联或并联，它们的谐振频率是近似相等的。

谐振时电路阻抗

$$Z=\frac{R^2+(\omega_0L)^2}{R}$$

将式（10-11）代入可得

$$Z=\frac{L}{RC}=\frac{0.25\times10^{-3}}{15\times85\times10^{-12}}\Omega=196\times10^3\Omega=196\text{k}\Omega$$

可见，用相同电感元件和电容元件分别组成并联谐振电路和串联谐振电路，其并联谐振电路阻抗比串联谐振电路阻抗大得多。

本 章 小 结

本章讨论了正弦谐振电路，主要内容是：

1. 谐振现象是同时含有电感 L 和电容 C 的交流电路中的一种特殊现象，即当满足一定条件时，电路的端电压和电路电流同相，电路呈现阻性。可以通过调节频率或改变元件参数使电路达到谐振。

2. 串联谐振时，电路的阻抗 $Z=R$ 达到了最小值，电路中的电流 $I_0=U/R$ 达到最大值，且与电压同相；谐振条件是：$\omega L=1/(\omega C)$，电路的谐振频率是 $f_0=1/(2\pi\sqrt{LC})$；电感两端的电压与电容两端的电压大小相等，是电路端电压的 Q 倍，且相位相反。电感与电容中的无功功率相等。

3. 串联谐振电路的品质因数等于谐振时线圈的感抗（或电容器的容抗）和电阻的比值，即 $Q=\omega_0L/R=1/(\omega_0CR)$。品质因数越高，电路的选择性越好，但不能无限制地加大品质因数，否则通频带会变窄，使传输的信号产生失真。

4. 并联谐振电路（指线圈和电容器的并联）产生谐振的条件是 $C=L/[R^2+(\omega L)^2]$。在电阻较小时，谐振频率和串联谐振频率计算方法相同。电路的品质因数为 $Q=\omega_0L/R=I_{C0}/I_0$。同样，品质因数高，电路的选择性就好。

思考题与习题十

1-1　如题图 10-1 所示电路，已知：$L=0.5\text{mH}$，$R=10\Omega$，输入电压信号的频率 $f=500\text{kHz}$，C 为可调电容器。求使电路发生谐振时的电容器容量。

1-2　某收音机的调谐电路（与题图 10-1 相似）。已知电感 $L=300\mu\text{H}$，中央人民广播电台中波段信号的频率范围为 $f=525\sim1605\text{kHz}$。今欲接收该波段信号，求电容 C 的变化范围。

1-3　已知 RLC 串联电路中，$R=10\Omega$，$L=0.3\text{mH}$，$C=200\text{pF}$，信号源电压 $U_S=100\mu\text{V}$。

求：(1) 谐振电角频率。

(2) 电路特性阻抗。

(3) 电路品质因数。

(4) 谐振状态下电容端输出电压 U_{C0}。

1-4　如题图 10-2 所示，RLC 串联电路已处于谐振状态。问：(1) 将 R_0 串入电路，是否会改变原谐振频率？对电路工作状态有什么影响？(2) 将 R_0 与电容 C 并联，是否会改变谐振频率？如若改变，将会是多少？

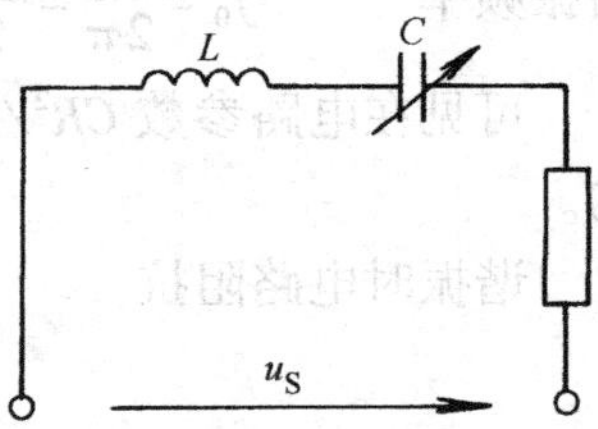

题图 10-1

1-5　如题图 10-3 所示为电视机内的一种"吸收电路"，即要求该电路对某一频率为 f_0 的信号发生串联谐振，使其旁路，而不进入本级放大电路。现已知 $C_1 = C_2 = 5\text{pF}$，要求"吸收"信号频率 $f_0 = 30\text{MHz}$，求：L 值。

4-1　如题图 10-4a、b 所示电路，分别写出其谐振电角频率和频率。当发生谐振时，哪个电路相当于短路，哪个电路相当于断路？为什么？

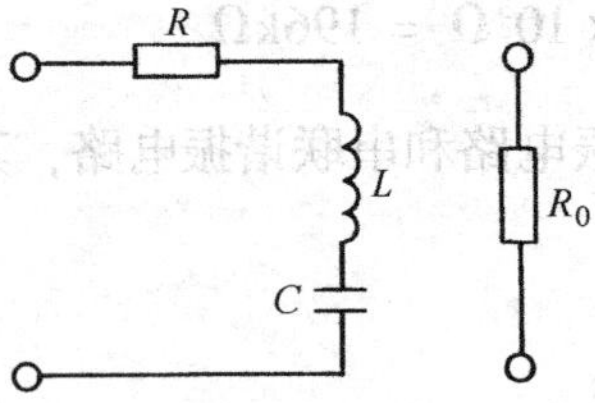

题图 10-2

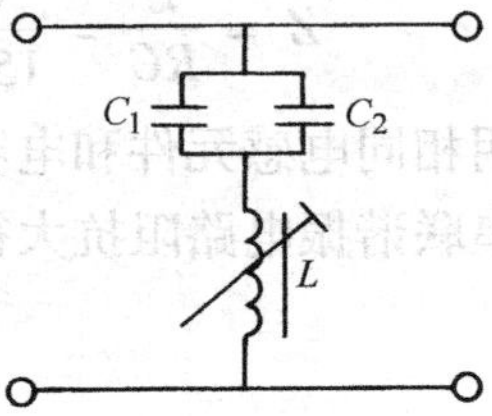

题图 10-3

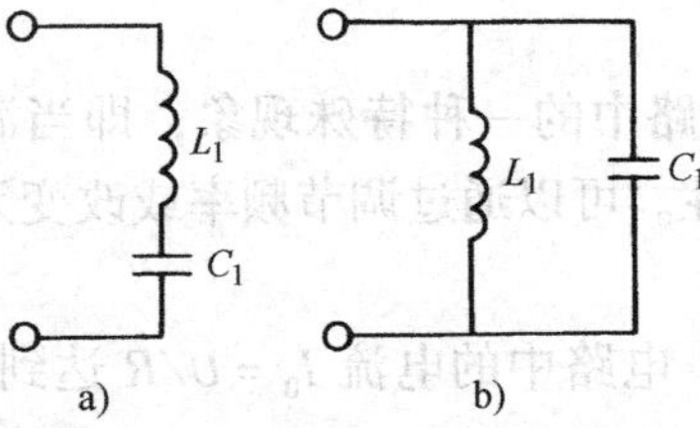

题图 10-4

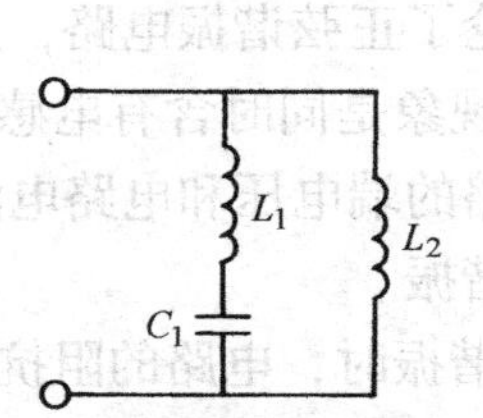

题图 10-5

4-2　如题图 10-5 所示，当 ω_0（谐振角频率）等于何值，该混联电路的阻抗等于无穷大，试写出推算过程。

4-3　如题图 10-6 所示，将 L、C 并联后接入信号输入电路。试解释此电路能筛除一个干扰信号频率的作用原理，即在什么状态下，被筛除频率 f_x 与 L、C 的关系？

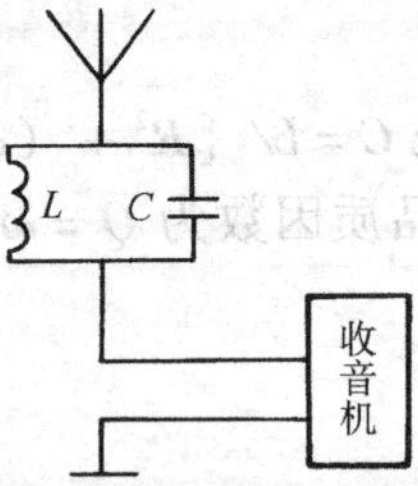

题图 10-6

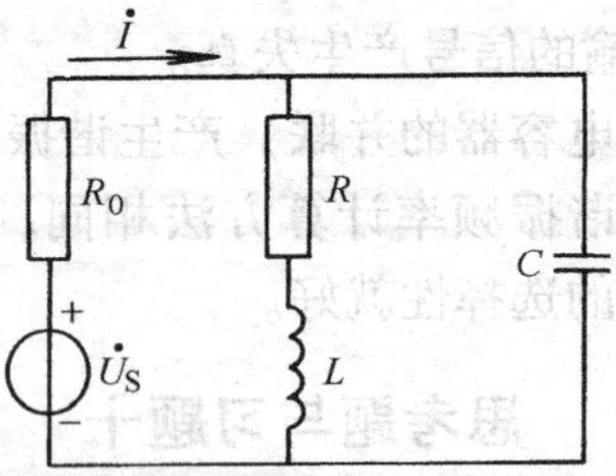

题图 10-7

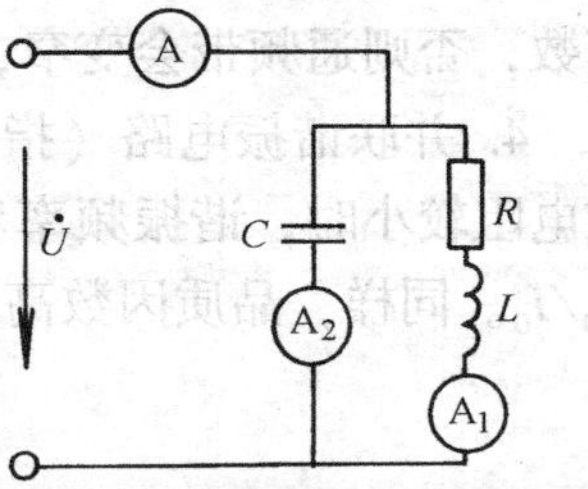

题图 10-8

4-4　如题图 10-7 所示，已知信号源 $\dot{U}_S = 20\angle 0°\text{V}$，$R_0 = 10\text{k}\Omega$，当并联电路处于谐振状态时，谐振阻抗 $Z_0 = R_0$（阻抗匹配），$\omega_0 = 10^8\text{rad/s}$，品质因数 $Q = 100$（即 $Q \geqslant 1$）。求：(1) L、C 和 R；(2) 谐振时电路中的电流 $\dot{I}$。

4-5　如题图 10-8 所示，当电路处于谐振状态时，第 1 只电流表读数为 $I_1 = 12\text{A}$；第 2 只电流表读数为 $I_2 = 10\text{A}$。求：总电流表读数 $I = ?$

△第十一章　非正弦周期性电路

在电工、电子技术中，不仅经常遇到直流电路和正弦交流电路，而且还会经常遇到非正弦周期性电路。所谓非正弦周期性电路是指电压、电流不按正弦规律变化，但还是作周期性变化的电路。

本章主要介绍非正弦周期量的产生及具有非正弦周期量电路的分析方法。

第一节　非正弦周期量的产生

非正弦周期性的电动势、电压或电流，统称为非正弦周期量。

在电工、电子技术中，产生非正弦周期量的主要原因是电源和电路中的非线性元件。

一、电源（信号源）

1. 电路中具有非正弦周期电动势

（1）电源本身的原因　例如交流发电机，尽管力求获得标准正弦波形，但由于多种原因（如槽、齿及磁极形状等）可能使发出的电压波形发生畸变，出现非正弦波形。图 11-1 所示为交流发电机产生的电压波形。

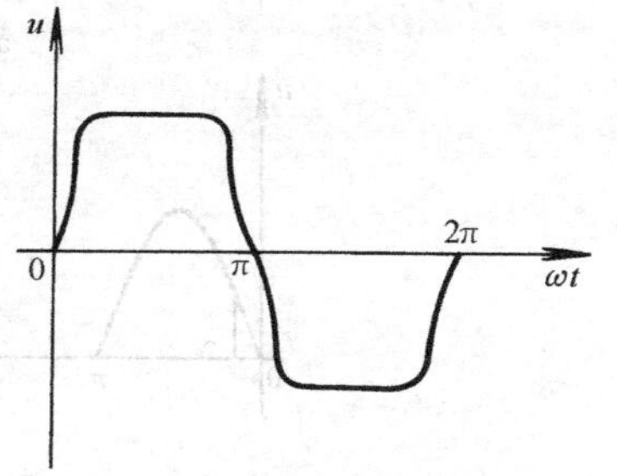

图 11-1　交流发电机产生的电压波形

（2）特殊信号源　在电子线路中，信号源的电压大量是非正弦的，如脉冲电源、方波信号发生器、锯齿波信号发生器等，它们的波形如图 11-2 所示。

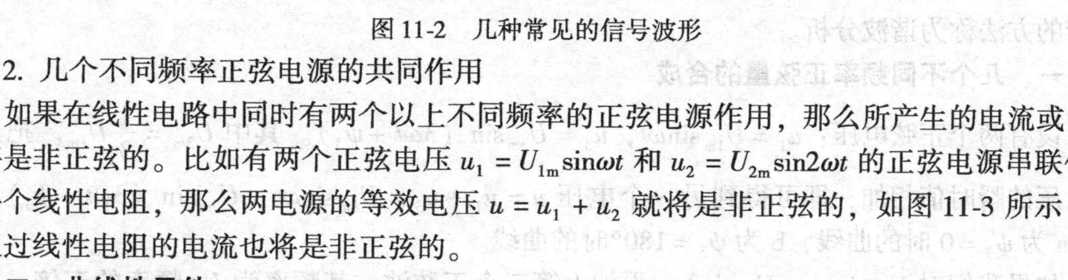

图 11-2　几种常见的信号波形

2. 几个不同频率正弦电源的共同作用

如果在线性电路中同时有两个以上不同频率的正弦电源作用，那么所产生的电流或电压也将是非正弦的。比如有两个正弦电压 $u_1 = U_{1m}\sin\omega t$ 和 $u_2 = U_{2m}\sin 2\omega t$ 的正弦电源串联作用于一个线性电阻，那么两电源的等效电压 $u = u_1 + u_2$ 就将是非正弦的，如图 11-3 所示，这时通过线性电阻的电流也将是非正弦的。

二、非线性元件

如果电路中存在非线性元件，例如，半导体二极管、晶闸管、具有铁心的电感线圈等，即使是正弦交流电源，电路中也会产生非正弦的电流和电压。如图 11-4a、b、c 所示，分别为二极管、晶闸管半波整流电路的输出电压与铁心线圈中电流的非正弦波形。

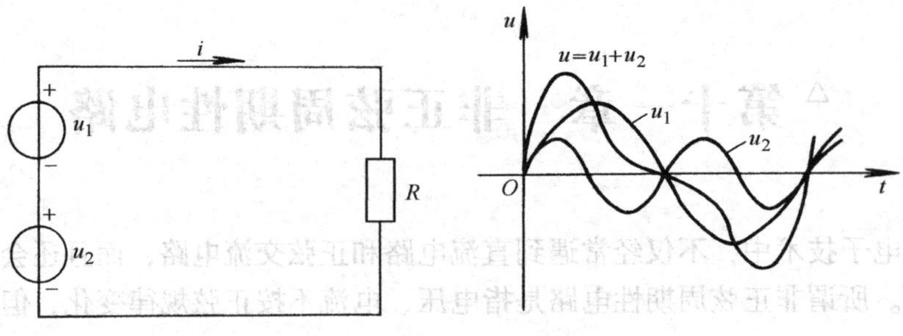

a)　　　　b)

图 11-3　两个不同频率正弦电源的共同作用

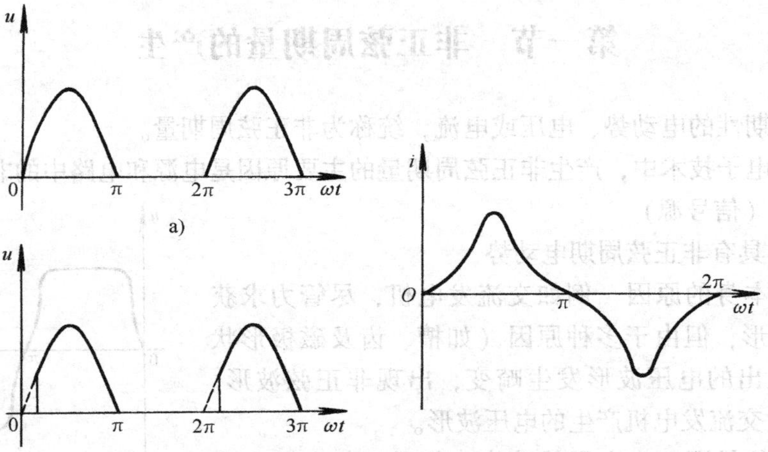

a)　　　　b)　　　　c)

图 11-4　半波整流电压及铁心电感电流波形

非正弦周期信号每经过一定的时间，电压或电流重复原来的变化，这个时间即为周期，周期的倒数即每秒重复变化的次数称为非正弦周期量的频率。

第二节　非正弦周期量的谐波分析

几个不同频率的正弦量可以合成为一个非正弦周期量，也就是说一个非正弦周期量可以看成是由多个不同频率正弦量的合成。将一个非正弦周期量分解成多个不同频率正弦量进行分析的方法称为谐波分析。

一、几个不同频率正弦量的合成

设有两个正弦电压：$u_1 = U_{1m}\sin\omega t$，$u_3 = U_{3m}\sin(3\omega t + \psi_3)$。其中 $U_{3m} = \frac{1}{3}U_{1m}$。把这两个电压的瞬时值相加，即可得到另一个电压 $u = u_1 + u_3 = U_{1m}\sin\omega t + U_{3m}\sin(3\omega t + \psi_3)$。图 11-5a 为 $\psi_3 = 0$ 时的曲线，b 为 $\psi_3 = 180°$时的曲线。

如果我们对 $U_{1m}\sin\omega t + U_{3m}\sin 3\omega t$ 再加上第三个正弦波，其频率为 U_1 频率的五倍、振幅为 U_{1m}的 1/5，则

$$u = U_{1m}\sin\omega t + U_{3m}\sin 3\omega t + U_{5m}\sin 5\omega t$$

合成曲线如图 11-6 所示，其波形接近于矩形波。

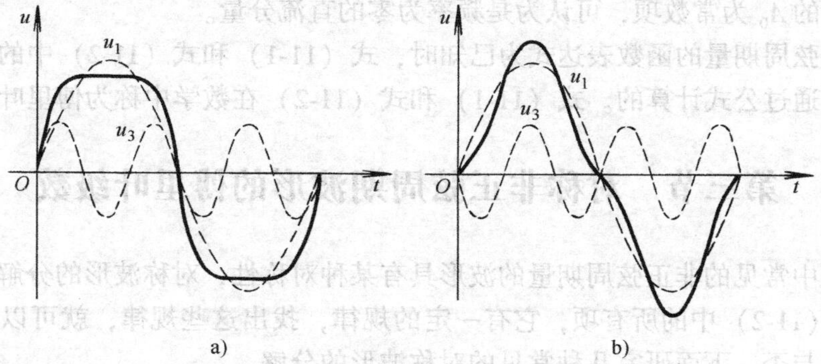

图 11-5　由基波和三次谐波合成的曲线

以 u_1 的频率为基数称为“基波”或一次谐波，大于基波频率的统称为“高次谐波”。如频率是基波 3 倍的称为三次谐波，是基波 5 倍的称为五次谐波等。

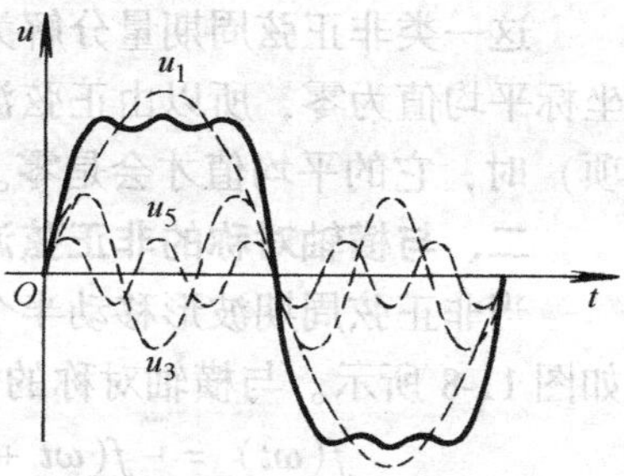

图 11-6　由基波、三次谐波和五次谐波合成的曲线

上述分析说明：几个频率相差整倍数、幅值不同的正弦量相加，为一个与基波频率相同、仍为周期性变化的非正弦量。

二、非正弦周期量的分解

如上所述，一个平顶波如图 11-5a 所示，可以分解为基波和三次谐波之和；一个尖顶波如图 11-5b 所示，也可以分解为基波和三次谐波之和。图 11-6 的非正弦波，可以分解为基波、三次谐波、五次谐波之和等等。

数学已经证明：一个非正弦周期量，只要满足一定条件（电工技术中的非正弦周期量大都满足），就可以分解为一组不同频率的正弦量之和，它们的频率都是非正弦周期量频率的整倍数。

如周期为 T 的非正弦函数 $f(\omega t)$，其分解式可表示为

$$f(\omega t) = A_0 + A_{1m}\sin(\omega t + \psi_1) + A_{2m}\sin(2\omega t + \psi_2) + \cdots + A_{km}\sin(k\omega t + \psi_k) + \cdots$$

或

$$f(\omega t) = A_0 + \sum_{k=1}^{\infty} A_{km}\sin(k\omega t + \psi_k) \tag{11-1}$$

若将式（11-1）的一般项分为正弦项和余弦项之和，即

$$A_{km}\sin(k\omega t + \psi_k) = A_{km}\sin k\omega t\cos\psi_k + A_{km}\cos k\omega t\sin\psi_k$$

令

$$A_{km}\cos\psi_k = B_{km};\quad A_{km}\sin\psi_k = C_{km}$$

式（11-1）可写成

$$f(\omega t) = A_0 + \sum_{k=1}^{\infty} B_{km}\sin k\omega t + \sum_{k=1}^{\infty} C_{km}\cos k\omega t \tag{11-2}$$

A_{km}、B_{km}、C_{km} 及 ψ_k 可通过图 11-7 的直角三角形关系进行互换。

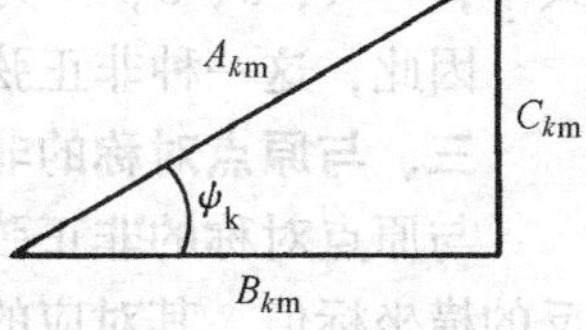

图 11-7　A_{km}、B_{km}、C_{km} 及 ψ_k 三角形

$$A_{km} = \sqrt{B_{km}^2 + C_{km}^2}$$

$$\psi_k = \arctan\frac{C_{km}}{B_{km}}$$

式（11-2）中的 A_0 为常数项，可认为是频率为零的直流分量。

如果非正弦周期量的函数表达式为已知时，式（11-1）和式（11-2）中的各项系数及初相位都是可以通过公式计算的。式（11-1）和式（11-2）在数学中称为傅里叶级数。

第三节　对称非正弦周期波形的傅里叶级数

电工技术中常见的非正弦周期量的波形具有某种对称性，对称波形的分解中并不含有式（11-1）或式（11-2）中的所有项，它有一定的规律，找出这些规律，就可以方便地判断各次谐波的存在与否。下面研究几种常见的对称波形的分解。

一、一个周期内平均值为零的非正弦波

这一类非正弦周期量分解为傅里叶级数时，将不含常数项。因为正弦波在一个周期内纵坐标平均值为零，所以由正弦波和常数项组成的非正弦量，只有在常数项为零（不含常数项）时，它的平均值才会是零。

二、与横轴对称的非正弦波

当非正弦周期波形移动半个周期后，便与原波形对称于横轴，称为该波形与横轴对称，如图 11-8 所示。与横轴对称的波形相差半个周期的两个值大小相等，符号相反，即

$$f(\omega t) = -f(\omega t+\pi)$$

或

$$f(\omega t) + f(\omega t+\pi) = 0 \tag{11-3}$$

根据式（11-2）可分别写出

$$f(\omega t) = A_0 + B_{1m}\sin\omega t + B_{2m}\sin 2\omega t + \cdots + B_{km}\sin k\omega t + \cdots + C_{1m}\cos\omega t + C_{2m}\cos 2\omega t + \cdots + C_{km}\cos k\omega t + \cdots$$

$$f(\omega t+\pi) = A_0 - B_{1m}\sin\omega t + B_{2m}\sin 2\omega t + \cdots - C_{1m}\cos\omega t + C_{2m}\cos 2\omega t + \cdots$$

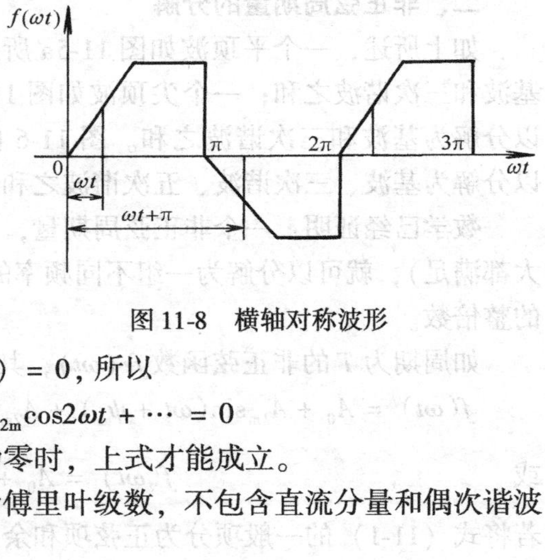

图 11-8　横轴对称波形

凡奇次波前都变成了负号。由于 $f(\omega t)+f(\omega t+\pi)=0$，所以

$$2A_0 + 2B_{2m}\sin 2\omega t + \cdots + 2C_{2m}\cos 2\omega t + \cdots = 0$$

可见，只有 A_0、B_{2m}、C_{2m} 及所有偶次波的数值都为零时，上式才能成立。

结论是：与横轴对称的非正弦周期曲线分解为傅里叶级数，不包含直流分量和偶次谐波分量，即

$$f(\omega t) = \sum_{k=1}^{\infty}[B_{km}\sin k\omega t + C_{km}\cos k\omega t]$$

式中，$k=1, 3, 5, \cdots$ 为奇数。

因此，这一种非正弦函数称为奇次谐波函数。

三、与原点对称的非正弦波

与原点对称的非正弦周期波形如图 11-9 所示，在该波形上，任取两个大小相等符号相反的横坐标值，其对应的两个纵坐标值也大小相等、符号相反。在数学上称为奇函数，即

$$f(\omega t) = -f(-\omega t) \text{ 或 } f(\omega t) + f(-\omega t) = 0 \tag{11-4}$$

根据式（11-2）可分别写出

$$f(\omega t) = A_0 + \sum_{k=1}^{\infty} B_{km}\sin k\omega t + \sum_{k=1}^{\infty} C_{km}\cos k\omega t$$

$$f(-\omega t) = A_0 - \sum_{k=1}^{\infty} B_{km}\sin k\omega t + \sum_{k=1}^{\infty} C_{km}\cos k\omega t$$

为满足式（11-4），显然必须

$$A_0 = 0,\ C_{km} = 0$$

结论是与原点对称的非正弦周期量，分解为傅里叶级数不包含直流分量和余弦谐波分量，即

$$f(\omega t) = \sum_{k=1}^{\infty} B_{km}\sin k\omega t$$

因此，仅含正弦谐波分量。

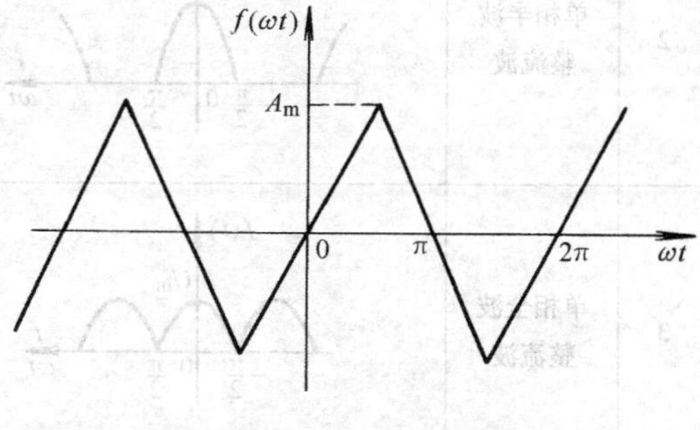

图 11-9　与原点对称波形

四、与纵轴对称的非正弦波

与纵轴对称的非正弦周期波形如图 11-10 所示，数学上称为偶函数，即

$$f(\omega t) = f(-\omega t)$$

或　　$f(\omega t) - f(-\omega t) = 0$

分析方法同上，可以证明：与纵轴对称的非正弦周期量分解为傅里叶级数不含正弦谐波分量，只有直流分量和余弦谐波分量，即

$$f(\omega t) = A_0 + \sum_{k=1}^{\infty} C_{km}\cos k\omega t$$

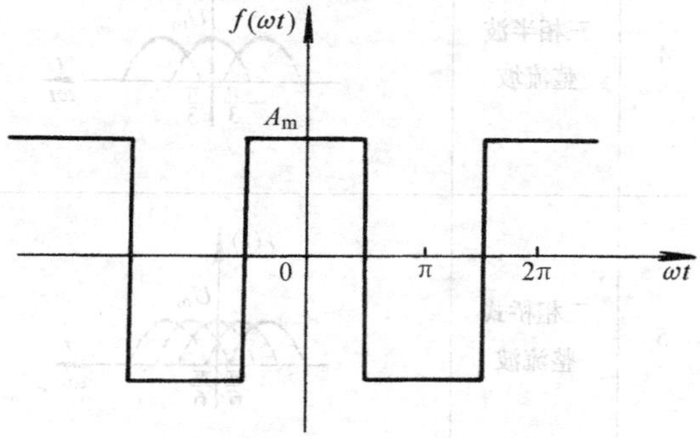

图 11-10　纵轴对称波形

五、既对称横轴又对称原点的非正弦波

这类波形，对称横轴将不含直流分量和偶次谐波，又对称原点将不含余弦项。前面提到的图 11-5 所示的平顶波、尖顶波、三角波都属此类，所以只含奇次正弦谐波分量。

$$f(\omega t) = \sum_{k=1}^{\infty} B_{km}\sin k\omega t$$

式中，$k = 1, 3, 5, \cdots$为奇数。

工程上，常采用查表的方法得到非正弦周期函数的傅里叶级数。电工技术中常见的几种周期函数波形的傅里叶级数展开式列于表 11-1 中。

由于傅里叶级数是一个收敛级数，谐波次数越高，幅值越小。在实际应用中，常常舍去高次谐波，只取前 3 ~4 项。

表 11-1　几种常见周期函数的傅里叶级数

序号	名　称	波　形	傅　里　叶　级　数
1	正弦波	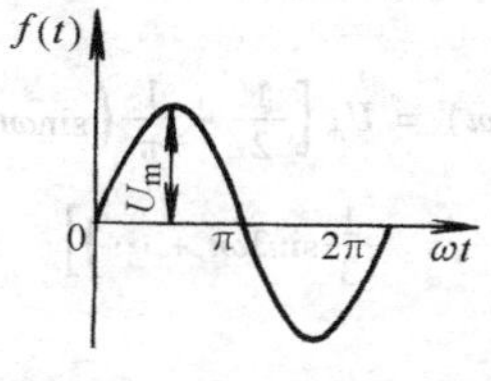	$f(\omega t) = U_m\sin\omega t$

（续）

序号	名 称	波 形	傅 里 叶 级 数
2	单相半波整流波	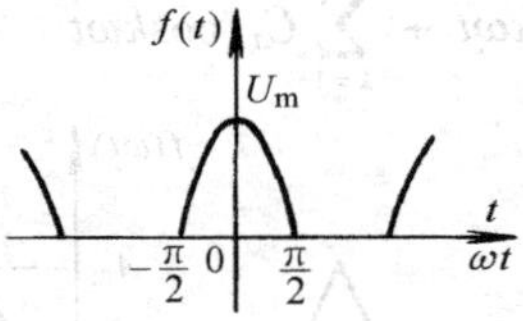	$f(\omega t) = \frac{2}{\pi}U_m\left(\frac{1}{2} + \frac{\pi}{4}\cos\omega t + \frac{1}{1\times 3}\cos 2\omega t - \frac{1}{3\times 5}\cos 4\omega t + \frac{1}{5\times 7}\cos 6\omega t + \cdots\right)$
3	单相全波整流波	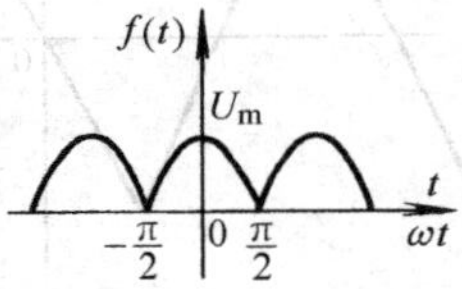	$f(\omega t) = \frac{4}{\pi}U_m\left(\frac{1}{2} + \frac{1}{1\times 3}\cos 2\omega t - \frac{1}{3\times 5}\cos 4\omega t + \frac{1}{5\times 7}\cos 6\omega t + \cdots\right)$
4	三相半波整流坡	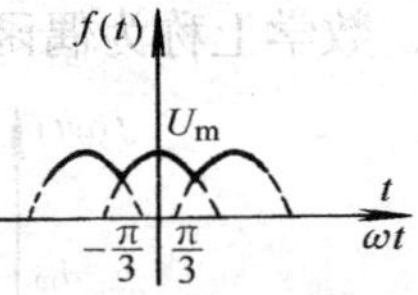	$f(\omega t) = \frac{3\sqrt{3}}{2\pi}U_m\left(1 + \frac{2}{2\times 4}\cos 3\omega t - \frac{2}{5\times 7}\cos 6\omega t + \frac{2}{8\times 10}\cos 9\omega t + \cdots\right)$
5	三相桥式整流波	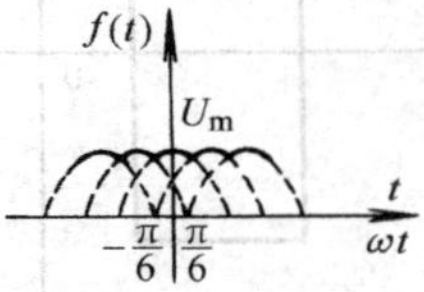	$f(\omega t) = \frac{3\sqrt{3}}{\pi}U_m\left(1 + \frac{2}{5\times 7}\cos 6\omega t - \frac{2}{11\times 13}\cos 12\omega t + \cdots\right)$
6	矩形波	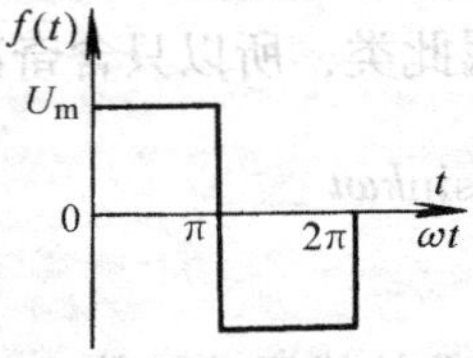	$f(\omega t) = \frac{4}{\pi}U_m\left(\sin\omega t + \frac{1}{3}\sin 3\omega t + \frac{1}{5}\sin 5\omega t + \cdots\right)$
7	矩形脉冲波	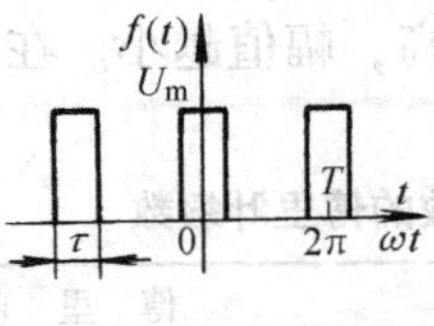	$f(\omega t) = U_m\left[\alpha + \frac{2}{\pi}\left(\sin\alpha\pi\cos\omega t + \frac{1}{2}\sin 2\alpha\pi\cos 2\omega t + \frac{1}{3}\sin 3\alpha\pi\cos 3\omega t + \cdots\right)\right]$ 式中，$\alpha = \tau/T$ 为脉冲持续时间占周期的百分比
8	锯齿波	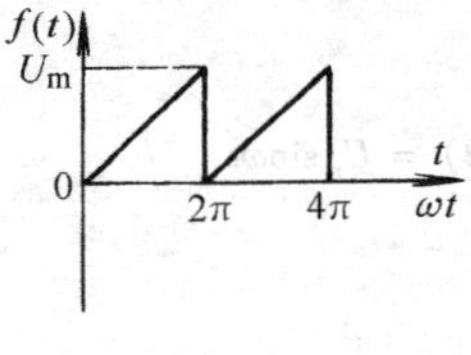	$f(\omega t) = U_m\left[\frac{1}{2} - \frac{1}{\pi}\left(\sin\omega t + \frac{1}{2}\sin 2\omega t + \frac{1}{3}\sin 3\omega t + \cdots\right)\right]$

（续）

序号	名称	波形	傅里叶级数
9	梯形波	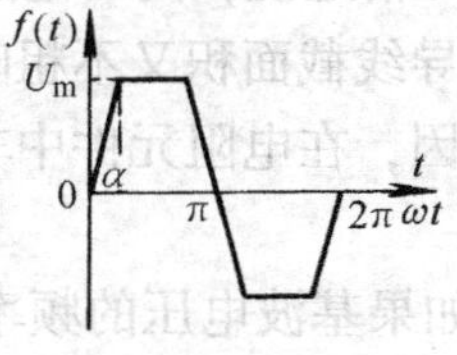	$f(\omega t)=\frac{4U_m}{\alpha\pi}\left(\sin\alpha\sin\omega t+\frac{1}{9}\sin3\alpha\sin3\omega t+\frac{1}{25}\sin5\alpha\sin5\omega t+\cdots\right)$
10	三角波	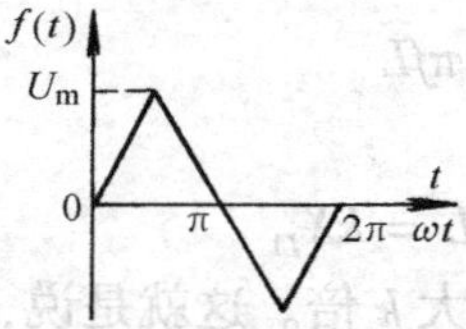	$f(\omega t)=\frac{8U_m}{\pi^2}\left(\sin\omega t-\frac{1}{9}\sin3\omega t+\frac{1}{25}\sin5\omega t+\cdots\right)$

第四节　非正弦周期性电路电流的计算

在第二章和第五章中我们已经掌握了线性电路中直流量与正弦交流量的计算。同时也讨论了叠加定理，已知它适用于任何线性电路。

对于非正弦周期电源作用下的线性电路，我们可以将非正弦周期电源通过傅里叶级数将其展开成一个直流分量电源和多个各次谐波分量的正弦交流电源共同作用的电路，再利用叠加定理对电路进行计算，这样就将非正弦量转换成了直流量与正弦量的计算。

一、电路的展开

若有一个非正弦周期电压源 u_S 作用于一个线性电路，如图 11-11a 所示。首先将非正弦电压 u_S 通过傅里叶级数展开成直流分量 U_0，基波分量 u_{S1} 和多个高次谐波分量 u_{S2}、u_{S3}…的叠加（试计算精度适当取前几项）。这样就相当于若干不同频率的正弦交流电压源和直流分量 U_{S0} 串联作用于线性电路，若取前三项 U_{S0}、u_{S1} 和 u_{S2}，电路如图 11-11b 所示。此时利用叠加定理进行电路计算，其电路如图 11-11c 所示。

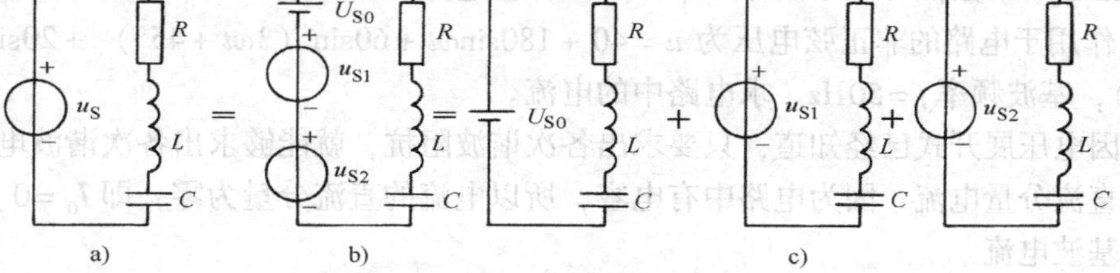

图 11-11　非正弦周期电路的展开

二、电路的计算

在已知各次谐波电压分量后，通过图 11-11c 所示电路计算出各次谐波电压单独作用下的各次谐波电流 i_0，i_1，i_2，…，这时已变成普通直流电路和正弦交流电路的计算。电路电流 $i=i_0+i_1+i_2+\cdots$。

在进行各谐波分量单独计算时，应注意电路元件参数 R、L、C。对不同频率的谐波，将呈现不同的阻抗。

（1）电阻 R　由于集肤效应是与频率有关的，严格地说，同一电阻元件对各次谐波表现出的电阻值是有所不同的。但是当谐波次数不高、导线截面积又不粗时，可以不考虑集肤效应的影响，仍然认为电阻是一个常数。由于这个原因，在电阻元件中非正弦电压的波形和由它所产生的非正弦电流波形是相似的。

（2）电感 L　由于感抗的数值与频率成正比。如果基波电压的频率为 f，那么，电感为 L 的元件，对基波的感抗为

$$X_{L1} = \omega L = 2\pi fL$$

对 k 次谐波的感抗则为

$$X_{Lk} = k\omega L = 2\pi kfL = kX_{L1}$$

即同一电感 L 对 k 次谐波的感抗要比对基波的感抗大 k 倍。这就是说，电感具有限制或削弱高频交流分量的作用，对于直流电，则相当于短路。这时，电压与电流的波形就不再相似了。因为电压中虽然有高次谐波分量，但在电流中的高次谐波分量相对来说被削弱了。

（3）电容 C　当电容元件的容量一定时，对基波频率的容抗为

$$X_{C1} = \frac{1}{\omega C} = \frac{1}{2\pi fC}$$

对 k 次谐波的容抗为

$$X_{Ck} = \frac{1}{k\omega C} = \frac{1}{2\pi kfC} = \frac{X_{C1}}{k}$$

谐波次数越高，容抗越小。在电容电路中，即使电源电压中高次谐波分量的幅值很小，产生的电流中也会含有比较大的高次谐波分量。

（4）谐波阻抗　电感和电容对各次谐波表现出不同的电抗，这是一个值得重视的概念。在 R、L、C 串联电路中，阻抗应用下式表示

$$Z_k = R + \mathrm{j}\left(k\omega L - \frac{1}{k\omega C}\right) = |Z_k| \angle \varphi_k \tag{11-5}$$

式中，ω 为基波电角频率；Z_k 称 k 次谐波阻抗；φ_k 为 k 次谐波电压与其电流的相位差。

下面以实例来介绍非正弦电源作用下求解线性电路的步骤。

[例 11-1]　如图 11-11 所示 R、L、C 串联电路，已知：$R = 10\Omega$，$L = 50\text{mH}$，$C = 22.5\mu\text{F}$，作用于电路的非正弦电压为 $u = 40 + 180\sin\omega t + 60\sin(3\omega t + 45°) + 20\sin(5\omega t + 18°)$（V），基波频率 $f = 50\text{Hz}$。求电路中的电流。

解：因电压展开式已经知道，只要求出各次谐波阻抗，就能够求出各次谐波电流。

（1）直流分量电流　因为电路中有电容，所以电流的直流分量为零，即 $I_0 = 0$。

（2）基波电流

$$\begin{aligned}
Z_1 &= R + \mathrm{j}\left(\omega L - \frac{1}{\omega C}\right) \\
&= \left[10 + \mathrm{j}\left(2\pi \times 50 \times 50 \times 10^{-3} - \frac{10^6}{2\pi \times 50 \times 22.5}\right)\right]\Omega \\
&= [10 + \mathrm{j}(15.7 - 141.5)]\Omega = (10 - \mathrm{j}125.8)\Omega \\
&= 126.2 \angle -85.46°\Omega\text{（电容性）}
\end{aligned}$$

$$\dot{I}_{1m} = \frac{\dot{U}_{1m}}{Z_1} = \frac{180\ \angle 0°\text{V}}{126.2\ \angle -85.46°\Omega} = 1.43\ \angle 85.46°\text{A}$$

$$i_1 = 1.43\sin(\omega t + 85.46°)$$

（3）三次谐波电流

$$Z_3 = R + \text{j}\left(3 \times X_{L1} - \frac{X_{C1}}{3}\right) = \left[10 + \text{j}\left(3 \times 15.7 - \frac{141.5}{3}\right)\right]\Omega$$

$$= [10 + \text{j}(47.1 - 47.1)]\Omega = 10\Omega(\text{电阻性})$$

可见该电路对三次谐波发生谐振（$X_{L3} = X_{C3}$）。

$$\dot{I}_{3m} = \frac{\dot{U}_{3m}}{Z_3} = \frac{60\ \angle 45°\text{V}}{10\Omega} = 6\ \angle 45°\text{A}$$

$$i_3 = 6\sin(3\omega t + 45°)$$

（4）五次谐波电流

$$Z_5 = R + \text{j}\left(5X_{L1} - \frac{X_{C1}}{5}\right) = \left[10 + \text{j}\left(5 \times 15.7 - \frac{141.5}{5}\right)\right]\Omega$$

$$= [10 + \text{j}(78.5 - 28.3)]\Omega = (10 + \text{j}50.2)\Omega$$

$$= 51.19\ \angle 78.73°\Omega(\text{电感性})$$

$$\dot{I}_{5m} = \frac{\dot{U}_{5m}}{Z_5} = \frac{20\ \angle 18°\text{V}}{51.19\ \angle 78.73°\Omega} = 0.39\ \angle -60.73°\text{A}$$

$$i_5 = 0.39\sin(5\omega t - 60.73°)\text{A}$$

（5）电路中的瞬时电流为各次谐波电流叠加

$$i = I_0 + i_1 + i_3 + i_5$$

$$= 1.43\sin(\omega t + 85.46°) + 6\sin(3\omega t + 45°) + 0.39\sin(5\omega t - 60.73°)$$

此题可以看到，电路输入电压中虽然有直流分量，但在电路电流中没有了直流分量。这是因为电路中有电容存在，显示了电容的隔直作用。

［**例 11-2**］　有一个电感线圈 $R = 20\Omega$，基波感抗 $\omega L = 60\Omega$，与基波容抗 $1/(\omega C) = 80\Omega$ 的电容器并联后，接单相全波整流电压 u，如图 11-12 所示。已知全波整流电压的最大值为 $U_m = 282\text{V}$，求总输入电流。

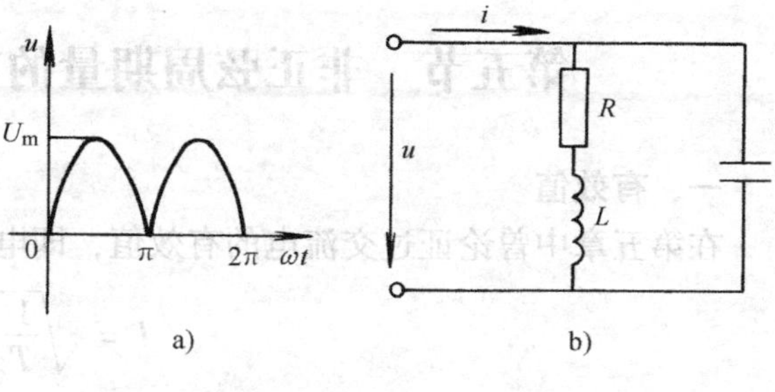

图 11-12　例 11-2 图

解：参照表 11-1，把 u 分解为傅里叶级数

$$u = \frac{4}{\pi}U_m\left(\frac{1}{2} + \frac{1}{3}\cos2\omega t - \frac{1}{15}\cos4\omega t + \cdots\right)$$

$$= 180 + 120\cos2\omega t - 24\cos4\omega t + \cdots$$

因四次以上谐波幅值很小，故只计算到四次谐波。

（1）直流分量电流　对于直流电，电感相当于短路，电容相当于断路，则

$$I_0 = \frac{U_0}{R} = \frac{180\text{V}}{20\Omega} = 9\text{A}$$

（2）二次谐波电流

$$X_{L2} = 2\omega L = 2 \times 60\Omega = 120\Omega, X_{C2} = \frac{1}{2\omega C} = \frac{80}{2}\Omega = 40\Omega$$

$$Z_2 = \frac{(R + \text{j}X_{L2})(-\text{j}X_{C2})}{R + \text{j}X_{L2} - \text{j}X_{C2}}$$

$$= \frac{(20 + \text{j}120) \times (-\text{j}40)}{20 + \text{j}120 - \text{j}40}\Omega = 59 \underline{/-85.42°}\Omega$$

$$\dot{I}_{2\text{m}} = \frac{\dot{U}_{2\text{m}}}{Z_2} = \frac{120 \underline{/90°}}{59 \underline{/-85.42°}}\text{A} = 2.03 \underline{/175.42°}\text{A}$$

$$i_2 = 2.03\cos(2\omega t + 85.42°)$$

（3）四次谐波电流

$$X_{L4} = 4\omega L = 4 \times 60\Omega = 240\Omega; X_{C4} = \frac{1}{4\omega C} = \frac{80}{4}\Omega = 20\Omega$$

$$Z_4 = \frac{(R + \text{j}X_{L4})(-\text{j}X_{C4})}{R + \text{j}X_{L4} - \text{j}X_{C4}}$$

$$= \frac{(20 + \text{j}240) \times (-\text{j}20)}{20 + \text{j}240 - \text{j}20}\Omega = 21.8 \underline{/-89.57°}\Omega$$

$$\dot{I}_{4\text{m}} = \frac{\dot{U}_{4\text{m}}}{Z_4} = \frac{24 \underline{/90°}}{21.8 \underline{/-89.57°}}\text{A} = 1.09 \underline{/179.57°}\text{A}$$

$$i_4 = 1.09\cos(4\omega t + 89.57°)$$

（4）电路总电流

$$\begin{aligned} i &= I_0 + i_2 - i_4 \\ &= 9 + 2.03\cos(2\omega t + 85.42°) - \\ &\quad 1.09\cos(4\omega t + 89.57) + \cdots \end{aligned}$$

第五节　非正弦周期量的有效值、平均值及功率

一、有效值

在第五章中曾论证过交流电的有效值，即电流为

$$I = \sqrt{\frac{1}{T}\int_0^T i^2 \text{d}t} \tag{11-6}$$

而且已经知道电流 i 为正弦量时，有效值与最大值的关系为：$I = I_\text{m}/\sqrt{2}$。

对于一个非正弦周期电流，虽然可以用一组正弦级数表示，但在实用中也可用一个有效值来表示。

可以证明（略）：将非正弦周期电流的一般展开式代入式（11-6），得出总体电流有效值为各次谐波（直流分量为零次波）电流有效值二次方和的平方根，即

$$I = \sqrt{I_0^2 + I_1^2 + I_2^2 + \cdots + I_k^2 + \cdots} \tag{11-7}$$

对电压可写成

$$U = \sqrt{U_0^2 + U_1^2 + U_2^2 + \cdots + U_k^2 + \cdots} \tag{11-8}$$

需要指出：除直流分量外，其他各次谐波都是正弦量，有效值与最大值之间仍存在$\sqrt{2}$关系。但就非正弦整体而言，有效值与最大值之间通常不存在$\sqrt{2}$关系。

[例 11-3] 已知单相全波整流的电压展开式为

$$u = 0.9U + 0.6U\cos2\omega t - 0.12U\cos4\omega t + \cdots$$

六次以上谐波幅值太小，忽略不计。若 $U = 220\text{V}$，求此非正弦周期电压的有效值。

解：由题可知 $U = 220\text{V}$，则

$$U_0 = 0.9U = 0.9 \times 220\text{V} = 198\text{V}$$

$$U_2 = \frac{0.6U}{\sqrt{2}} = \frac{0.6 \times 220\text{V}}{\sqrt{2}} = 93.35\text{V}$$

$$U_4 = \frac{0.12U}{\sqrt{2}} = \frac{0.12 \times 220\text{V}}{\sqrt{2}} = 18.67\text{V}$$

$$U = \sqrt{U_0^2 + U_2^2 + U_4^2}$$

$$= \sqrt{(198)^2 + (93.35)^2 + (18.67)^2}\text{V} = 219.7\text{V}$$

二、平均值

非正弦周期量的平均值，是指它的一个周期内的平均值。对含有直流分量的非正弦周期量，因谐波分量的一个周期平均值为零，所以平均值就是它的直流分量。对不含直流分量的非正弦周期量在一个周期内，其平均值为零，将无意义。但在工程上，为了便于研究问题，将平均值定义为

$$F_{av} = \frac{1}{T}\int_0^T |f(t)|\,dt \tag{11-9}$$

即一个周期内函数绝对值的平均值称为该周期函数的平均值。对电流可写成

$$I_{av} = \frac{1}{T}\int_0^T |i|\,dt \tag{11-10}$$

对电压为

$$U_{av} = \frac{1}{T}\int_0^T |u|\,dt$$

对于横轴对称的非正弦波，其平均值可取半周期平均

$$F_{av} = \frac{2}{T}\int_0^{\frac{T}{2}} |f(t)|\,dt \tag{11-11}$$

[例 11-4] 若已知某电压信号为图 11-13 所示的三角波。由表 11-1 可得其傅里叶级数展开式为

$$u = \frac{8U_m}{\pi^2}\left(\sin\omega t - \frac{1}{9}\sin3\omega t + \frac{1}{25}\sin5\omega t + \cdots\right)$$

当图中的 $U_m = 100\text{V}$ 时，

求：(1) 此三角波的有效值。

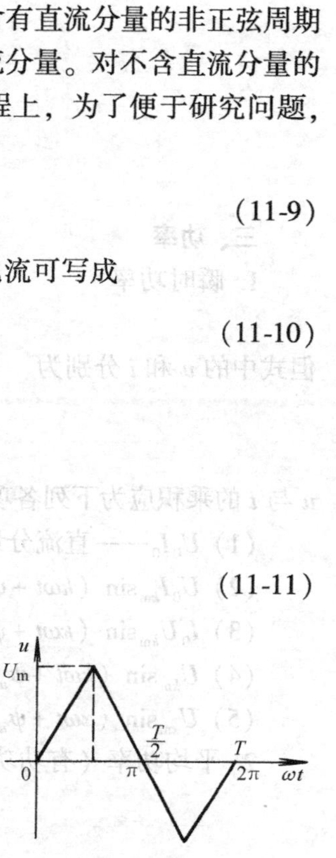

图 11-13　例 11-4 图

(2) 此三角波的平均值。

解：(1) 有效值

各次谐波的有效值分别为

$$U_1=\frac{8U_m}{\pi^2}\times\frac{1}{\sqrt{2}};$$

$$U_3=\frac{8U_m}{\pi^2\times 9}\times\frac{1}{\sqrt{2}};$$

$$U_5=\frac{8U_m}{\pi^2\times 25}\times\frac{1}{\sqrt{2}}$$

将其代入式（11-8）得

$$U=\sqrt{U_1^2+U_3^2+U_5^2}=\frac{8U_m}{\pi^2\sqrt{2}}\sqrt{1^2+\left(\frac{1}{9}\right)^2+\left(\frac{1}{25}\right)^2}\text{V}$$

$$=\frac{8\times 100}{\pi^2\sqrt{2}}\times\sqrt{1.0139}\text{V}=57.32\times 1.0069\text{V}$$

$$=57.72\text{V}$$

(2) 平均值（用半个周期平均）

$$U_{av}=\frac{2}{T}\int_0^{\frac{T}{2}}u\mathrm{d}t=\frac{4}{T}\int_0^{\frac{T}{4}}100\frac{t}{\frac{T}{4}}\mathrm{d}t$$

$$=\frac{4}{T}\times\frac{400}{T}\times\frac{1}{2}t^2\Big|_0^{\frac{T}{4}}$$

$$=\frac{800}{T^2}\times\left[\left(\frac{T}{4}\right)^2-0\right]\text{V}=50\text{V}$$

三、功率

1. 瞬时功率

$$p=ui$$

但式中的 u 和 i 分别为

$$u=U_0+\sum U_{km}\sin\left(k\omega t+\psi_{uk}\right)$$

$$i=I_0+\sum I_{km}\sin\left(k\omega t+\psi_{ik}\right)$$

u 与 i 的乘积应为下列各项之和

(1) U_0I_0——直流分量

(2) $U_0I_{km}\sin\left(k\omega t+\psi_{ik}\right)$ ——正弦量

(3) $I_0U_{km}\sin\left(k\omega t+\psi_{uk}\right)$ ——正弦量

(4) $U_{km}\sin\left(k\omega t+\psi_{uk}\right)I_{km}\sin\left(k\omega t+\psi_{ik}\right)$ ——同频正弦量之积

(5) $U_{xm}\sin\left(x\omega t+\psi_{ux}\right)I_{ym}\sin\left(y\omega t+\psi_{iy}\right)$ ——不同频正弦量之积

2. 平均功率（有功功率）

$$P=\frac{1}{T}\int_0^T p\mathrm{d}t=\frac{1}{T}\int_0^T ui\mathrm{d}t$$

包含上面分析的5类平均值之和。由数学可知：

第（1）类为 $P_0=U_0I_0$；第（2）、（3）、（5）类平均值（或一个周期的积分值）均为零；第（4）类正是第五章所讲过的同频率电压和电流的平均功率，应为

$$P_k=U_kI_k\cos\varphi_k$$

式中，U_k、I_k 为 k 次谐波电压、电流的有效值；φ_k 为 k 次谐波电压与同次谐波电流的相位差。

可见，非正弦周期电流电路的有功功率为各次谐波有功功率之和（直流分量为零次波）。即

$$\begin{aligned}P&=P_0+P_1+P_2+\cdots+P_k+\cdots\\&=U_0I_0+U_1I_1\cos\varphi_1+U_2I_2\cos\varphi_2+\cdots\end{aligned}$$

3. 无功功率

$$\begin{aligned}Q&=Q_1+Q_2+\cdots+Q_k+\cdots\\&=U_1I_1\sin\varphi_1+U_2I_2\sin\varphi_2+\cdots\end{aligned}$$

4. 视在功率

$$S=UI=\sqrt{U_0^2+U_1^2+\cdots U_k^2+\cdots}\sqrt{I_0^2+I_1^2+\cdots I_k^2+\cdots}$$

但视在功率不等于各次谐波视在功率之和，而且

$$S>\sqrt{P^2+Q^2}$$

平均功率与视在功率的比值称为非正弦周期性电路的功率因数，即

$$\cos\varphi=\frac{P}{S}$$

必须注意，这里的 $\cos\varphi$ 只表示功率因素，φ 并不表示非正弦电压与电流间的相位差。

[例11-5]　若有一个两端网络，其两端电压为

$$u=40+180\sin\omega t+60\sin(3\omega t+30°)+20\sin(5\omega t+15°)\ (\mathrm{V})$$

产生的电流为

$$i=2.5\sin(\omega t+60°)+5\sin(3\omega t+30°)+0.5\sin(5\omega t-45°)\ (\mathrm{A})$$

求：电路功率。

解：各次谐波电压和电流的有效值

$$U_1=\frac{180}{\sqrt2}\mathrm{V}\quad U_3=\frac{60}{\sqrt2}\mathrm{V}\quad U_5=\frac{20}{\sqrt2}\mathrm{V}$$

$$I_1=\frac{2.5}{\sqrt2}\mathrm{A}\quad I_3=\frac{5}{\sqrt2}\mathrm{A}\quad I_5=\frac{0.5}{\sqrt2}\mathrm{A}$$

$$\varphi_1=0-60°=-60°$$

$$\varphi_3=30°-30°=0°$$

$$\varphi_5=15°-(-45°)=60°$$

（1）平均功率

$$P_1=\frac{180\mathrm{V}}{\sqrt2}\times\frac{2.5\mathrm{A}}{\sqrt2}\cos(-60°)=225\times0.5\mathrm{W}=112.5\mathrm{W}$$

$$P_3=\frac{60\mathrm{V}}{\sqrt2}\times\frac{5\mathrm{A}}{\sqrt2}\cos(0°)=150\mathrm{W}$$

$$P_5 = \frac{20\text{V}}{\sqrt{2}} \times \frac{0.5\text{A}}{\sqrt{2}} \cos 60° = 5 \times 0.5\text{W} = 2.5\text{W}$$

$$P_0 = U_0 I_0 = 40 \times 0 = 0$$

$$P = P_0 + P_1 + P_3 + P_5 = (0 + 112.5 + 150 + 2.5)\text{W} = 265\text{W}$$

（2）无功功率

$$Q_1 = \frac{180}{\sqrt{2}} \times \frac{2.5}{\sqrt{2}} \sin(-60°)\text{var} = 225 \times (-0.866)\text{var} = -194.85\text{var}$$

$$Q_3 = \frac{60}{\sqrt{2}} \times \frac{5}{\sqrt{2}} \sin(0°)\text{var} = 0$$

$$Q_5 = \frac{20}{\sqrt{2}} \times \frac{0.5}{\sqrt{2}} \sin 60°\text{var} = 5 \times 0.866\text{var} = 4.33\text{var}$$

$$Q_0 = 0$$

$$Q = Q_0 + Q_1 + Q_3 + Q_5 = (-194.85 + 4.33)\text{var} = -190.52\text{var}$$

（3）视在功率

$$U = \sqrt{40^2 + \left(\frac{180}{\sqrt{2}}\right)^2 + \left(\frac{60}{\sqrt{2}}\right)^2 + \left(\frac{20}{\sqrt{2}}\right)^2} = \sqrt{19800}\text{V} = 141\text{V}$$

$$I = \sqrt{I_0^2 + \left(\frac{2.5}{\sqrt{2}}\right)^2 + \left(\frac{5}{\sqrt{2}}\right)^2 + \left(\frac{0.5}{\sqrt{2}}\right)^2} = \sqrt{15.75}\text{A} = 3.97\text{A}$$

$$S = UI = 141\text{V} \times 3.97\text{A} = 560\text{VA}$$

（4）功率因数

$$\cos\varphi = \frac{P}{S} = \frac{265}{560} = 0.473$$

阅读与应用六　滤波电路简介

通过对谐波阻抗的分析不难看出，电感有削弱（或抑制）高次谐波电流的作用；电容有削弱（或抑制）低次谐波电流的作用。在电子线路中，常利用这种特性将电感、电容组成一定的电路使其连接在电源与负载之间，就可以使负载获得所需要的谐波分量，而将不需要的谐波分量去（滤）掉。如图 11-14 所示，这种电感、电容组合电路称为滤波电路，或称为滤波器。

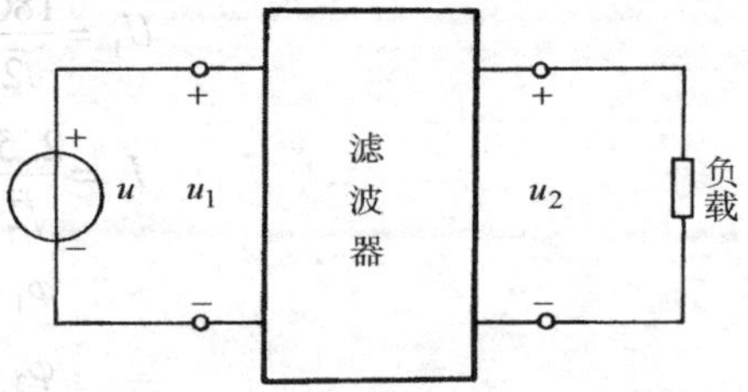

图 11-14　滤波器在电路中一般接法

滤波器在电子技术中应用很普遍。例如，收音机所需要的直流电，通常是由交流电经整流先成为脉动直流电，然后通过滤波器将其谐波分量滤掉，才能变成平滑的直流电。又如电视机天线在接受到的信号中，既有图像信号，又有伴音信号，两种信号的频率范围是不同的，可以通过滤波器将其分开，分别送入“视频通道”和“伴音通道”。有些电子控制的机床，也常采用滤波电路。

滤波电路的种类较多，根据功能的不同可分为“低通滤波电路”、“高通滤波电路”、“带通滤波电路”和“带阻滤波电路”等类型。

一、低通滤波电路

如图 11-15 所示，图 a 为 π 形滤波电路，图 b 为 T 形滤波电路，作用相同。

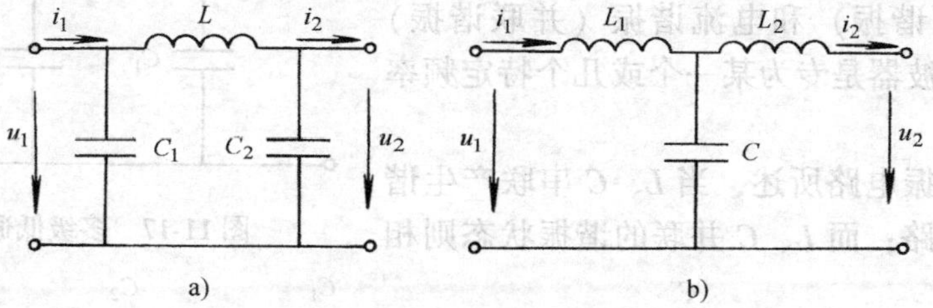

图 11-15　低通滤波电路

这种电路将电感作“串联”而将电容作“并联”组成电路。使直流分量和低于某一频率的谐波分量易于通过，这个频率称为滤波器的“截止频率”。

低通滤波电路的原理，以图 11-15a 为例解释如下：由电感和电容对谐波的抑制作用不同，电源电流 i_1 中的高次谐波分量不易通过电感（感抗大）而容易通过电容（容抗小），因而高频分量在“串联”部分被抑制（削弱），在“并联”部分被分流，流入负载的电流 i_2 中主要为直流分量和低次谐波分量。另外，电感对高频的感抗大，电容对高频的容抗小，因此，输入电压 u_1 中的高频分量主要降在电感上，电容 C_2 两端的（输出）电压 u_2 中所含的高频分量极小。

“截止频率”的高低，与电路参数 L、C 有关。如果电感 L 和电容 C 的数值足够大，截止频率可以很低，能使通过负载的电流基本上是直流分量。

图 11-15b 的原理与图 a 相似。将这种滤波电路接在整流电路的输出端，可使负载获得近似直流的电压和电流。

如果要求不高，可采用简单的低通滤波元件。图 11-16a 是在全波整流后的电源与负载之间串一个电感 L，可阻碍高频电流通过。该电感称为“扼流线圈”。图 11-16b 是将一只电容与负载并联，可将高频分量旁路掉。这个电容称为“滤波电容”。

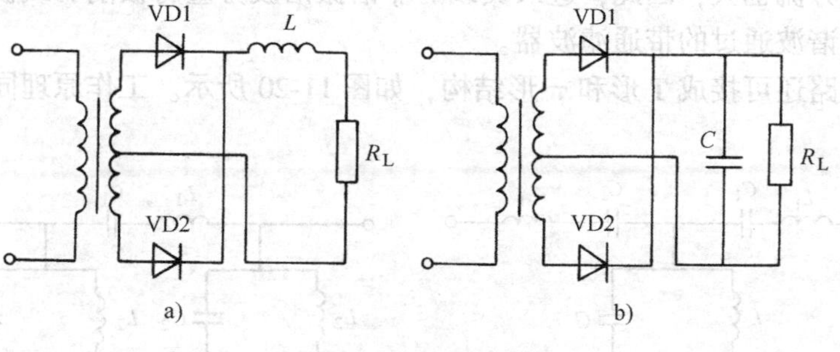

图 11-16　简单滤波电路

如果为了强化滤波作用，可以采用“多级低通滤波”电路，如图 11-17 所示。

二、高通滤波电路

与低通滤波相比，高通滤波的作用是将低频分量和直流分量削弱（抑制），而让高频分量通过，即保留高于截止频率的谐波分量，把低于截止频率的谐波分量和直流分量滤掉。

如图 11-18 所示，高通滤波电路只需把图 11-15 中的电感、电容位置互换即可。其工作原理可仿照低通滤波电路进行分析，不再赘述。

三、带通滤波电路

带通滤波电路的工作原理，是应用了电路中的电压谐振（串联谐振）和电流谐振（并联谐振）的特性。这种滤波器是专为某一个或几个特定频率而设计的。

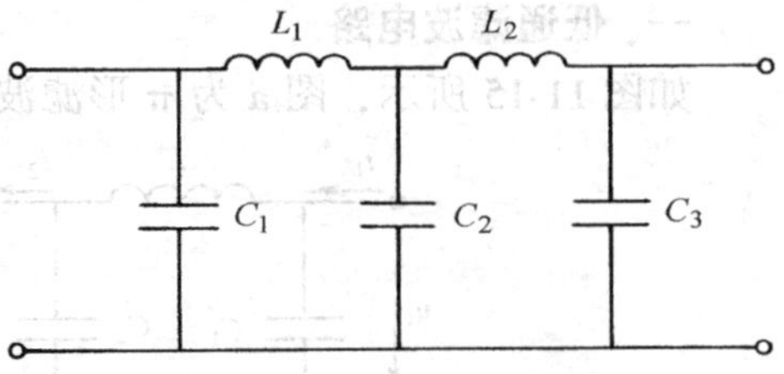

图 11-17　多级低通滤波电路

如第十章谐振电路所述，当 L、C 串联产生谐振，就相当于短路；而 L、C 并联的谐振状态则相当于开路。利用这一特性，可使电路能够对某次谐波电流给予“畅通”或“阻断”。

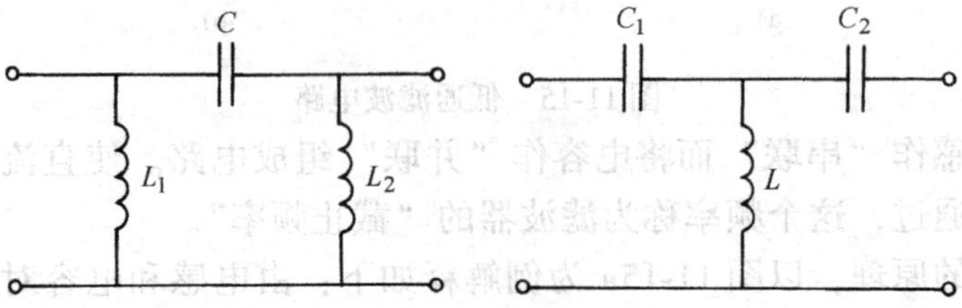

图 11-18　高通滤波电路

如图 11-19 所示，将 L_1、C_1 串联组合串在电路中，将 L_2、C_2 并联组合后并在电路中。

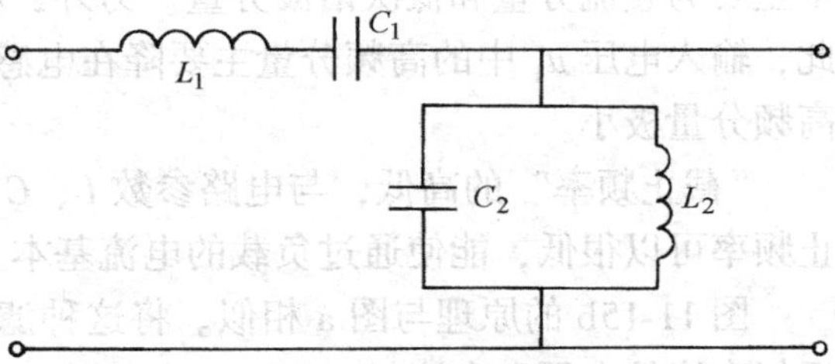

图 11-19　带通滤波电路

当它们对 k 次谐波频率 f_k 产生谐振时，则 f_k 附近频带的谐波电流可顺利通过 L_1、C_1 串联电路（因为电抗为零），而不能被 L_2、C_2 并联电路分流（因为电纳为零），负载中便得到 f_k 附近频带的谐波电流。对其他频率的谐波电流，由于电路不处于谐振状态，L_1、C_1 串联电路呈现大的电抗，又因 L_2、C_2 并联部分的电纳大，分流也大，因此，进入负载的非谐振谐波分量将被削弱或被滤掉。这就构成了允许一定频带谐波通过的带通滤波器。

带通滤波电路还可接成 T 形和 π 形结构，如图 11-20 所示。工作原理同上，滤波效果更好。

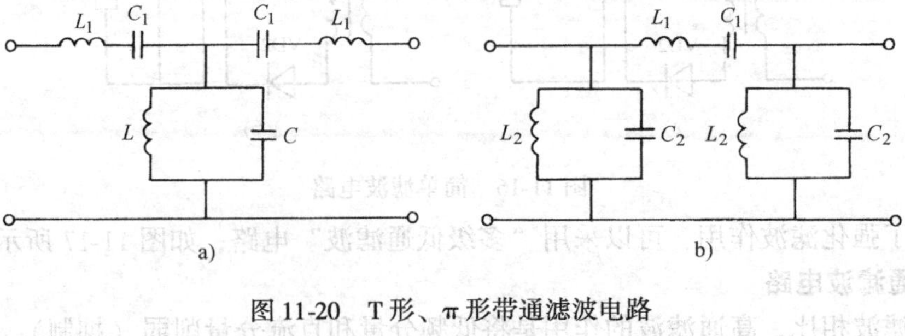

图 11-20　T 形、π 形带通滤波电路

四、带阻滤波电路

在带通滤波电路中，若将 LC 的串联组合与并联组合的位置进行互换就构成了带阻滤波电路，如图 11-21 所示。

带阻滤波电路的作用是阻止一定频带的谐波通过，而允许其他频率的谐波通过。其工作

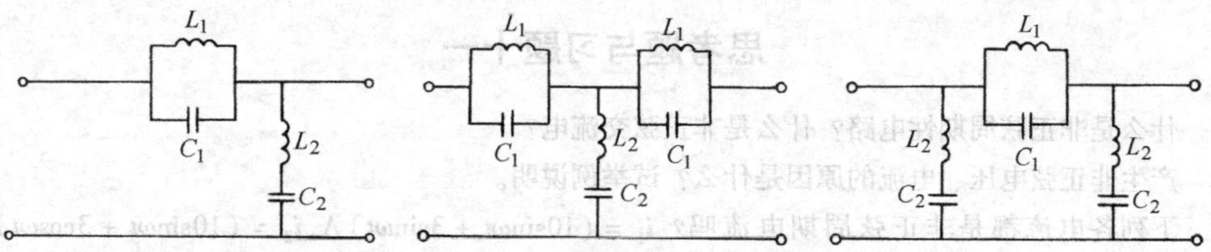

图 11-21 带阻滤波电路

原理与分析带通滤波电路相仿，不再赘述。

需要指出，这里对滤波原理的分析，是依据 *L*、*C* 的频率特性，从静态的角度介绍了几种组合的滤波特点。这与今后电子技术中对滤波电路的分析有所不同。那里是从动态的角度来分析的，结论是一致的。

本 章 小 结

本章讨论了非正弦周期性电路，主要内容是：

一、非正弦周期性电路的概念及非正弦周期量的产生

1. 若在线性电路中电压、电流不是按正弦规律变化，但却是按周期性变化，这种电路称为非正弦周期性电路。

2. 电路中非正弦周期量的产生，主要来源于电源（信号源）和电路中的非线性元件。

二、非正弦周期量的计算

1. 电工技术中经常遇到的非正弦周期量，均可用傅里叶级数分解为直流分量和一个基波及多个高次谐波的正弦交流分量。

2. 非正弦周期量的各次谐波分量存在与否，与波形的对称性有关。

3. 非正弦周期性电路的计算是将非正弦周期电源分解成一个直流电源与一系列各次谐波分量的正弦交流电源的叠加，再利用叠加定理进行计算。应注意各谐波分量所对应的电路中电感和电容的电抗值是不同的。

4. 对各次谐波电路的计算可以用相量法和相量图，但各次谐波的叠加只能用瞬时值进行。

三、非正弦周期量的有效值、平均值及功率

1. 非正弦周期量的有效值等于它的直流分量与各次谐波交流分量有效值的二次方和的平方根。交流分量各次谐波都是正弦波，其最大值是有效值$\sqrt{2}$倍的关系依然成立。

2. 一个非正弦周期量在一周期内绝对值的平均值，称为该周期量的平均值。

3. 在非正弦周期电路中有功功率 P 等于各次谐波分量的平均功率之和（直流分量看作是零次谐波分量）；无功功率 Q 等于各次谐波的无功功率之和；视在功率 S 为电压的有效值与电流有效值的乘积，但不等于各次谐波视在功率之和，且 $S > \sqrt{P^2 + Q^2}$。

4. 非正弦周期电路的功率因数 $\cos\varphi$ 等于平均功率 P 与视在功率 S 之比，即

$$\cos\varphi = \frac{P}{S}$$

但 φ 并不表示非正弦电压与电流间的相位差。

思考题与习题十一

1-1　什么是非正弦周期性电路？什么是非正弦交流电？

1-2　产生非正弦电压、电流的原因是什么？试举例说明。

1-3　下列各电流都是非正弦周期电流吗？$i_1=(10\sin\omega t+3\sin\omega t)$ A，$i_2=(10\sin\omega t+3\cos\omega t)$ A，$i_4=(10\sin\omega t-5\sin\omega t)$ A。

1-4　电路如题图 11-1 所示，作用于电路上的电压 $U_1=5\text{V}$，$u_2=5\sin 314t\text{V}$。试画出作用于电路的总电压的波形。

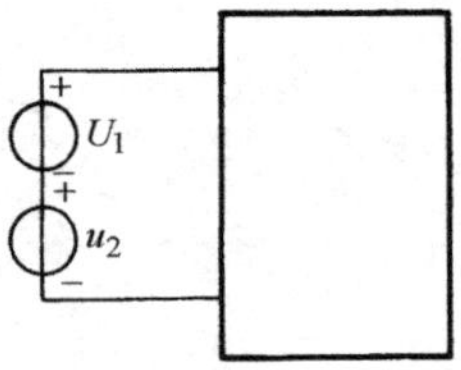

题图 11-1

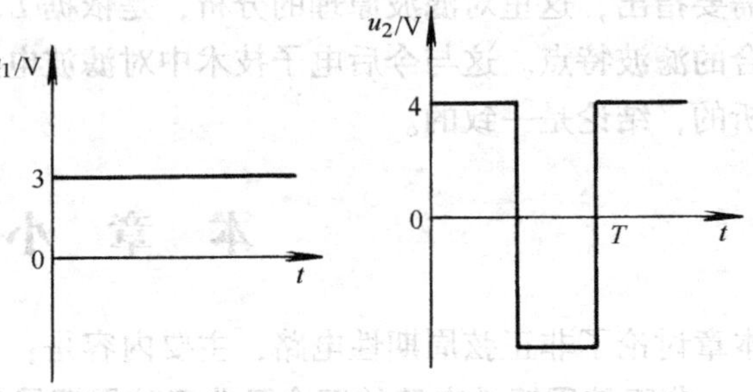

题图 11-2

1-5　已知 u_1 和 u_2 的波形如题图 11-2 所示，试画出 $u=u_1+u_2$ 的波形。

1-6　试求下列两组电压 $u=u_1+u_2$ 的波形：

（1）$u_1=2\sin\omega t\text{V}$，$u_2=\sin 2\omega t\text{V}$。

（2）$u_1=2\sin\omega t\text{V}$，$u_2=\sin\omega t\text{V}$。

从上述 u 的两组波形将得出什么结论？

3-1　已知全波整流后波形中的电压最大值 $U_\text{m}=500\text{V}$，试写出傅里叶级数展开式（只写前三项），并指出缺少哪些项？

3-2　已知矩形电流波形的最大值为 $I_\text{m}=10\text{A}$，试写出傅里叶级数表达式（只写前三项），并指出属何种性质的波形，缺少哪些项？

4-1　感抗 $\omega L=5\Omega$ 中通过电流 $i(t)=[5\sin(\omega t+60°)+10\sin(3\omega t+30°)]$ A 时，则其端电压 $u_L(t)=?$

4-2　容抗 $\dfrac{1}{\omega C}=12\Omega$ 的电容器端电压 $u(t)=[24\sin(\omega t+20°)+12\sin(3\omega t+70°)]$ V 时，流过该电容的电流 $i_C(t)=?$

4-3　在 RL 串联电路和 RC 串联电路各加一个含有高次谐波的非正弦电压，两电路中的电流波形哪一个更近似正弦波？为什么？

5-1　若非正弦周期电流已分解为傅里叶级数，$i(t)=I_0+I_{1\text{m}}\sin(\omega t+\psi_1)+\cdots$，试判断下面各式的正误：

（1）有效值 $I=I_0+I_1+I_2+\cdots+I_k+\cdots$

（2）有效值相量 $\dot{I}=\dot{I}_0+\dot{I}_1+\dot{I}_2+\cdots+\dot{I}_k+\cdots$

（3）振幅 $I_\text{m}=I_0+I_{1\text{m}}+I_{2\text{m}}+\cdots+I_{k\text{m}}+\cdots$

（4）$I=\sqrt{\left(\dfrac{I_0}{\sqrt{2}}\right)^2+\left(\dfrac{I_{1\text{m}}}{\sqrt{2}}\right)^2+\cdots}$

（5）$I=\sqrt{I_0^2+I_1^2+I_2^2+\cdots+I_k^2+\cdots}$

(6) 平均功率　$P=\sqrt{P_0^2+P_1^2+\cdots+P_k^2+\cdots}$

(7) $P=P_0+P_1+P_2+\cdots+P_k+\cdots$

5-2　已知锯齿波波形中的最大电压值为 $U_m=100\text{V}$，求该锯齿波的有效值。

5-3　已知非正弦周期电流的直流分量 $I_0=0$，基波为 $\dot{I}_1=5\angle{-45°}\text{A}$；二次谐波为 $\dot{I}_2=0.559\angle{-63.4°}\text{A}$，三次谐波为 $\dot{I}_3=0.158\angle{76.1°}\text{A}$，基波频率 $f_1=50\text{Hz}$，

求：(1) $i(t)$ 的瞬时值表达式。(2) 电流的有效值 I。

5-4　$R-L$ 串联电路，已知：$R=2\text{k}\Omega$，$L=4\text{H}$，接在半波整流电压下，波形中电压最大值为 $U_m=200\text{V}$，基波频率 $f_1=50\text{Hz}$。

求：(1) 电路电流 i 及其有效值。(2) 电阻 R 两端电压 u_R 及其有效值。

5-5　若 R、C 串联电路的电流为 $i=2\sin314t+\sin942t$ (A)，总电压有效值为 155V，且总电压不含直流分量，电路消耗的功率为 120W，求 R、C 的值。

5-6　如题图 11-3 所示电路中，已知 $R=\omega L=\dfrac{1}{\omega C}=10\Omega$，外加电压为 $u=220\sin\omega t+90\sin3\omega t+50\sin5\omega t$ (V)，求各支路电流和总电流的瞬时值与有效值、电路的平均功率。

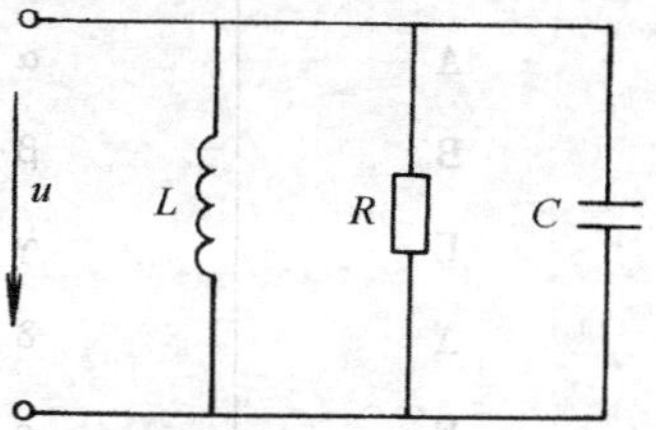

题图 11-3

5-7　已知 R、L、C 串联电路中 $R=1000\Omega$，$L=1.13\text{H}$，$C=1\mu\text{F}$。电路输入电压 ($f_1=50\text{Hz}$) 为

$$u=[100+\sqrt{2}\times300\sin\omega t+\sqrt{2}\times100\sin3\omega t+\sqrt{2}\times50\sin(5\omega t+30°)+\cdots]\text{V}$$

求：(1) 各次谐波阻抗。(2) 电路中的电流 i 和 I。(3) 电路中的平均功率、无功功率、视在功率及功率因数。

5-8　如题图 11-4 所示，已知：$R=6\Omega$，$\omega L=2\Omega$，$\dfrac{1}{\omega C}=18\Omega$，

$$u=[10+80\sin(\omega t+30°)+18\sin(3\omega t)+\cdots]\text{V}$$

求：各表的读数。

5-9　接在 $R=15\Omega$ 电阻两端的电压

$$u=[100+22.4\cos(\omega t-45°)+4.11\cos(3\omega t-67°)+\cdots]\text{V}$$

求：(1) 电阻中通过的电流 i；(2) 电压及电流的有效值；(3) 电阻所消耗的有功功率（可用两种算法加以比较）。

5-10　如题图 11-5 所示滤波器中，要求 4ω 的谐波电流通过滤波器送至负载，而将基波电流全部滤掉，不能达到负载，如电容 $C=1\mu\text{F}$，$\omega=10^3\text{rad/s}$，求电感 L_1、L_2 的参数。

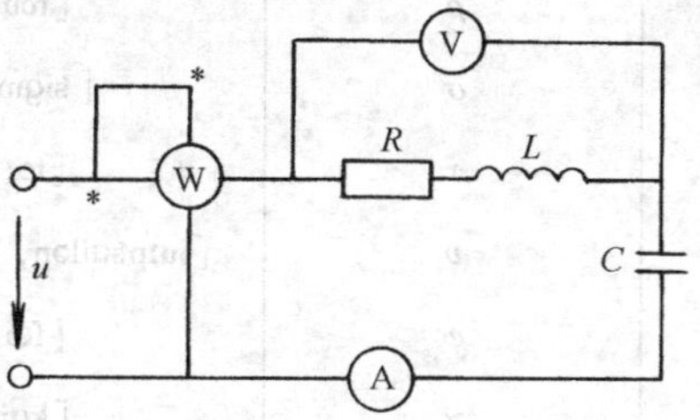

题图 11-4

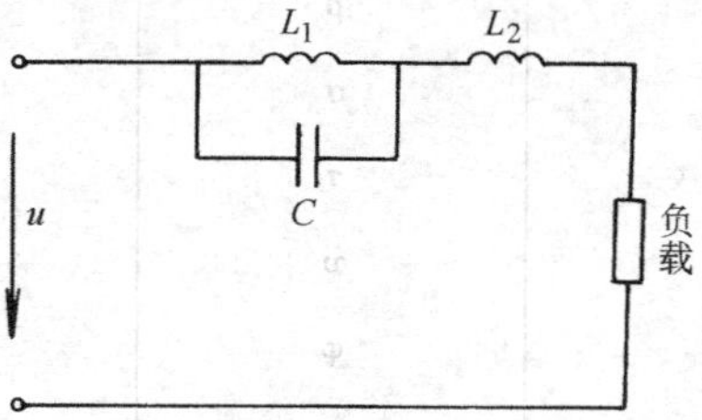

题图 11-5

附　录

附录A　希腊字母表

正　体		斜　体		读　音（国际音标注音）
大　写	小　写	大　写	小　写	
Α	α	A	α	[ˈælfə]
Β	β	B	β	[ˈbiːtə，ˈbeitə]
Γ	γ	Γ	γ	[ˈgæmə]
Δ	δ	Δ	δ	[ˈdeltə]
Ε	ε	E	ε	[epˈsailən，ˈepsilən]
Ζ	ζ	Z	ζ	[ˈziːtə]
Η	η	H	η	[ˈiːtə，ˈeitə]
Θ	θ	Θ	θ	[θiːtə]
Ι	ι	I	ι	[ɑiˈoutə]
Κ	κ	K	κ	[ˈkæpə]
Λ	λ	Λ	λ	[ˈlæmdə]
Μ	μ	M	μ	[mjuː]
Ν	ν	N	ν	[njuː]
Ξ	ξ	Ξ	ξ	[gzɑi，ksɑi，zɑi]
Ο	ο	O	o	[ouˈmɑikrən]
Π	π	Π	π	[pɑi]
Ρ	ρ	P	ρ	[rou]
Σ	σ	Σ	σ	[ˈsigmə]
Τ	τ	T	τ	[tɔː]
Υ	υ	Υ	υ	[juːpˈsɑilən，ˈjuːpsilən]
Φ	φ	Φ	φ	[fɑi]
Χ	χ	X	χ	[kɑi]
Ψ	ψ	Ψ	ψ	[psɑi]
Ω	ω	Ω	ω	[ˈoumigə]

附录B 常用物理量单位换算表

物理量的名称	单位符号	中文简写	换算关系
电流（I）	A mA μA	安 毫安 微安	1A = 1 000mA 1A = 1 000 000μA
电压（U）	V mV μV kV	伏 毫伏 微伏 千伏	1V = 1 000mV 1V = 1 000 000μV 1kV = 1 000V
电阻（R）	Ω kΩ MΩ	欧 千欧 兆欧	1kΩ = 1 000Ω 1MΩ = 1 000 000Ω
功率（P）	W mW μW	瓦 毫瓦 微瓦	1W = 1 000mW 1W = 1 000 000μW
频率（f）	Hz kHz MHz	赫 千赫 兆赫	1kHz = 1 000Hz 1MHz = 1 000 000Hz
电容（C）	F μF pF	法 微法 皮法	1F = 1 000 000μF 1μF = 1 000 000pF
电感（L）	H mH μH	亨 毫亨 微亨	1H = 1 000mH 1H = 1 000 000μH
时间（t）	s ms μs ns	秒 毫秒 微秒 纳秒	1s = 1 000ms 1s = 1 000 000μs 1s = 10^9ns

附录C 绝缘材料的电性能

材　料	相对介电常数 ε_r	绝缘强度/（kV/cm）	电阻率/Ω · m（20℃）
空气	1.000 54	30	10^{16}
蒸馏水（20℃）	80		
矿物油	2.2	150~300	10^{10}~10^{13}
云母	6	600~1 600	10^{11}~10^{15}
玻璃	5~9	100~300	10^{10}~10^{14}
瓷	5~7	100~150	10^{11}~10^{13}
蜡纸	3~4	120~200	
凝聚石英	4~5	80~300	10^{15}~10^{16}
大理石	8.3	40~70	10^{10}~10^{13}
软橡胶	2.5~3	150~250	10^{13}~10^{15}
聚乙烯	2.3	400	10^{13}
硫磺	3.6~4		10^{15}

参 考 文 献

[1] 谭恩鼎，瞿龙祥. 电工基础[M]. 北京：高等教育出版社，2001.
[2] 王占元，纪锋. 电工基础[M]. 北京：机械工业出版社，2002.
[3] 裴家度. 电工基础[M]. 北京：航天工业出版社，1997.
[4] 陈菊红. 电工基础[M]. 北京：机械工业出版社，2001.
[5] 刘志平. 电工技术基础[M]. 北京：高等教育出版社，1994.
[6] 李树燕. 电工基础[M]. 哈尔滨：黑龙江科学技术出版社，1987.
[7] 陈梓城. 电子技术实训[M]. 北京：机械工业出版社，1999.
[8] 王延才. 电子技术实训[M]. 北京：机械工业出版社，2002.
[9] 周绍敏. 电工基础[M]. 北京：高等教育出版社，2001.
[10] 王运哲. 电工基础[M]. 北京：高等教育出版社，1990.
[11] 曾祥富，邓朝平. 电工技术[M]. 北京：高等教育出版社，2001.
[12] 于长新. 电工基础与电工技术[M]. 济南：山东科学技术出版社，1999.
[13] 储克森. 电工技术实训[M]. 北京：机械工业出版社，2002.